紙の日本史

古典と絵巻物が伝える文化遺産

池田寿［著］
IKEDA Hitoshi

勉誠出版

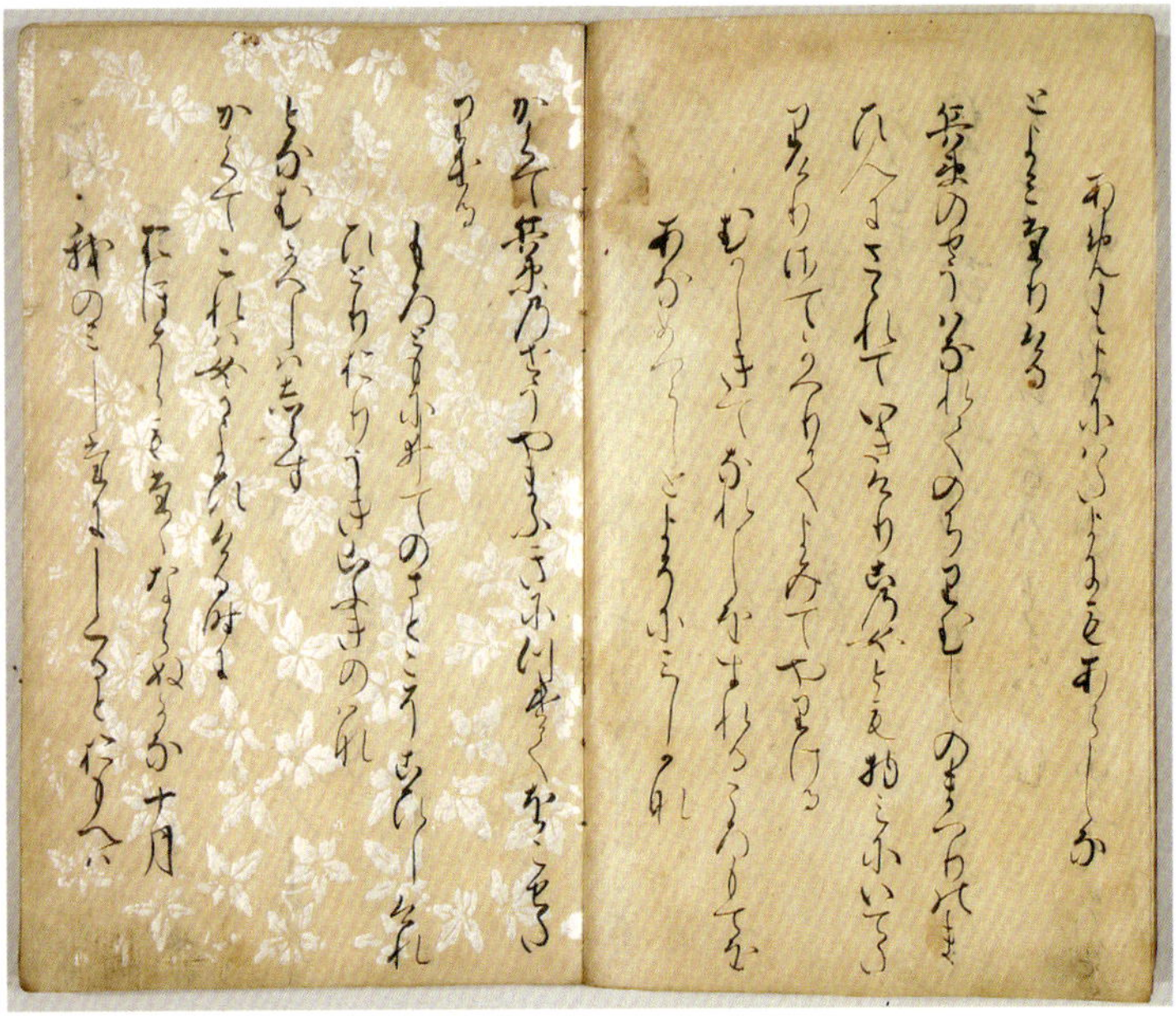

『彩牋墨書大和物語』(文化庁保管)

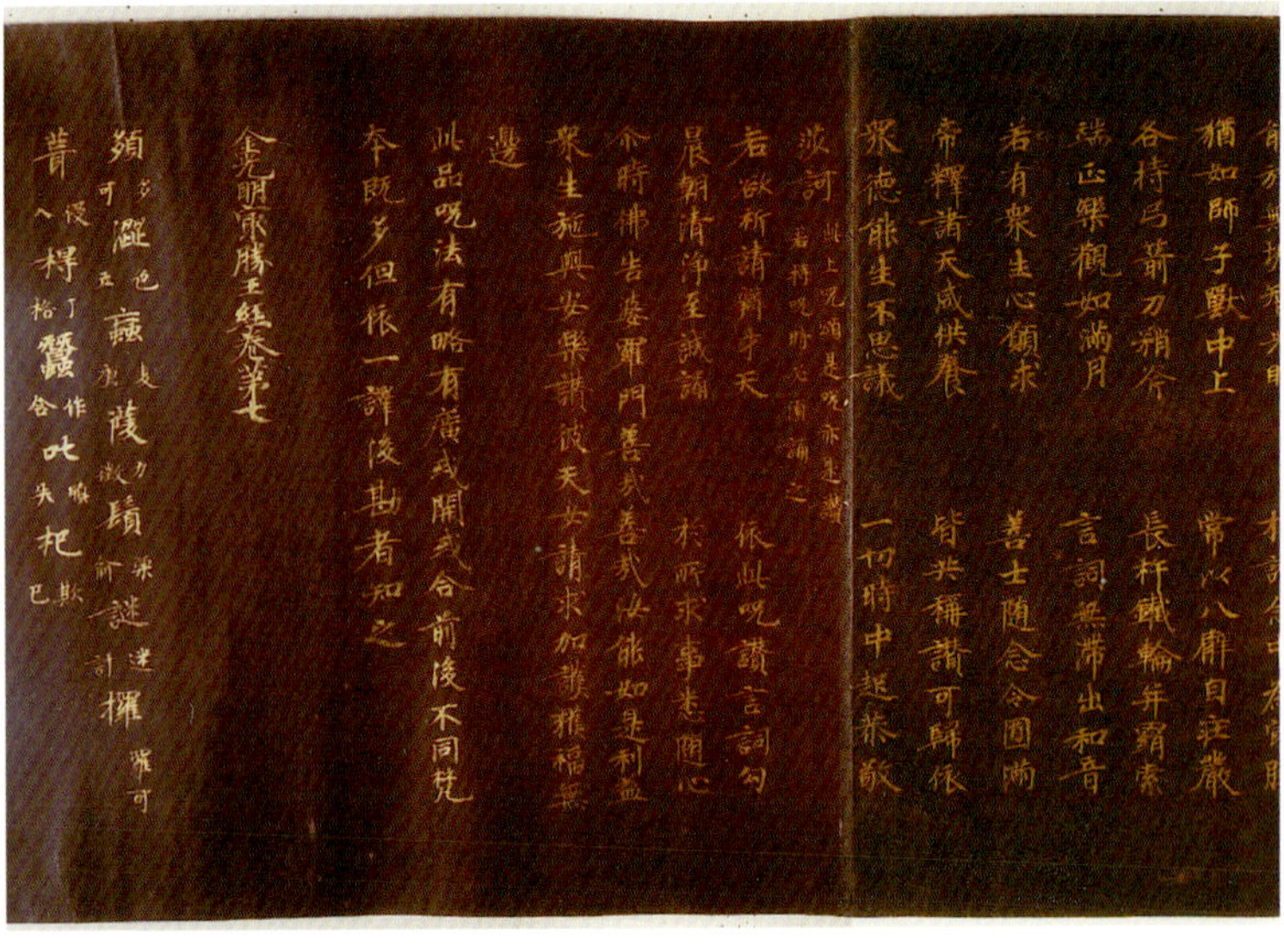

『紫紙金字金光明最勝王経』(文化庁保管)

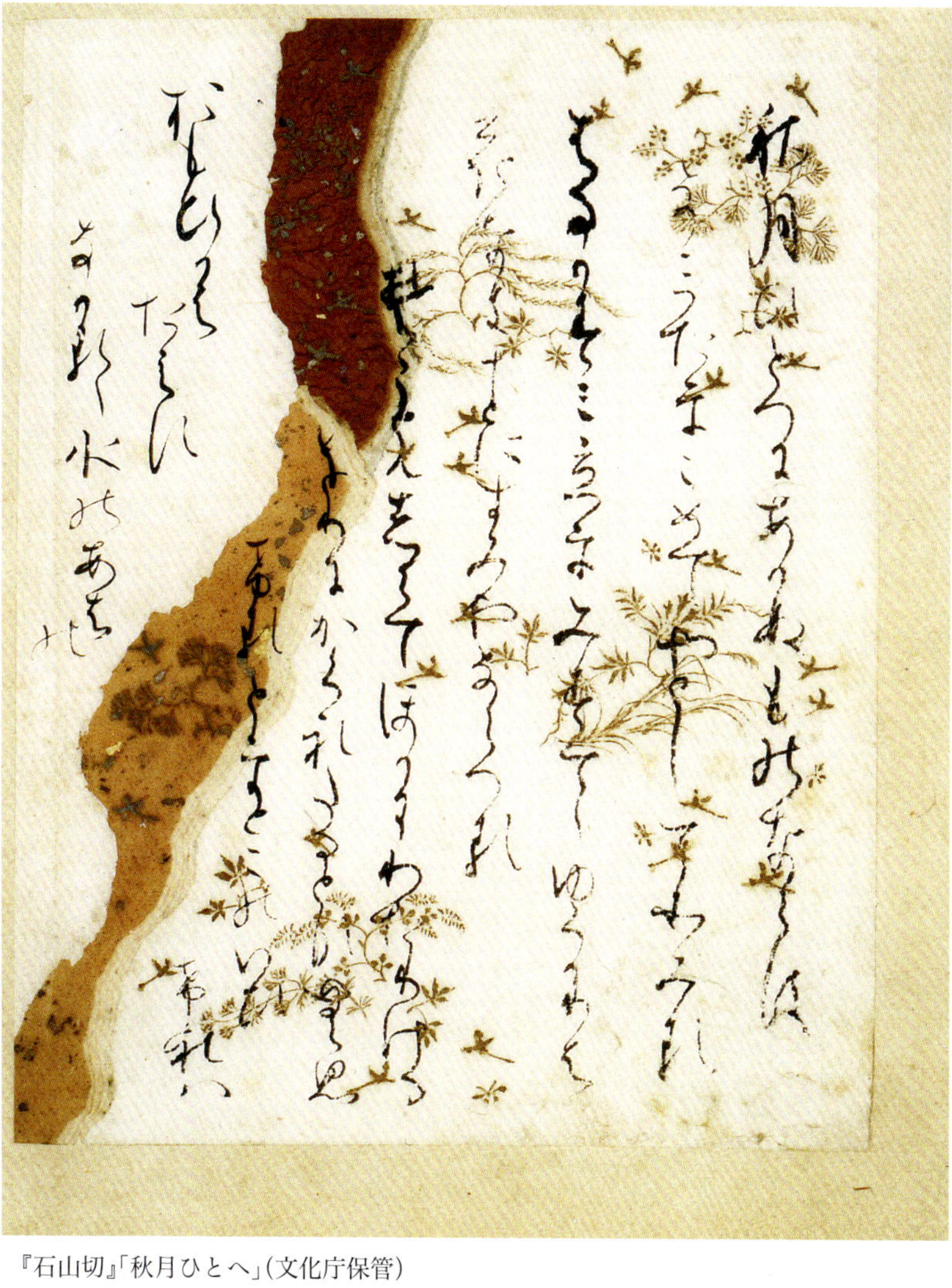

『石山切』「秋月ひとへ」(文化庁保管)

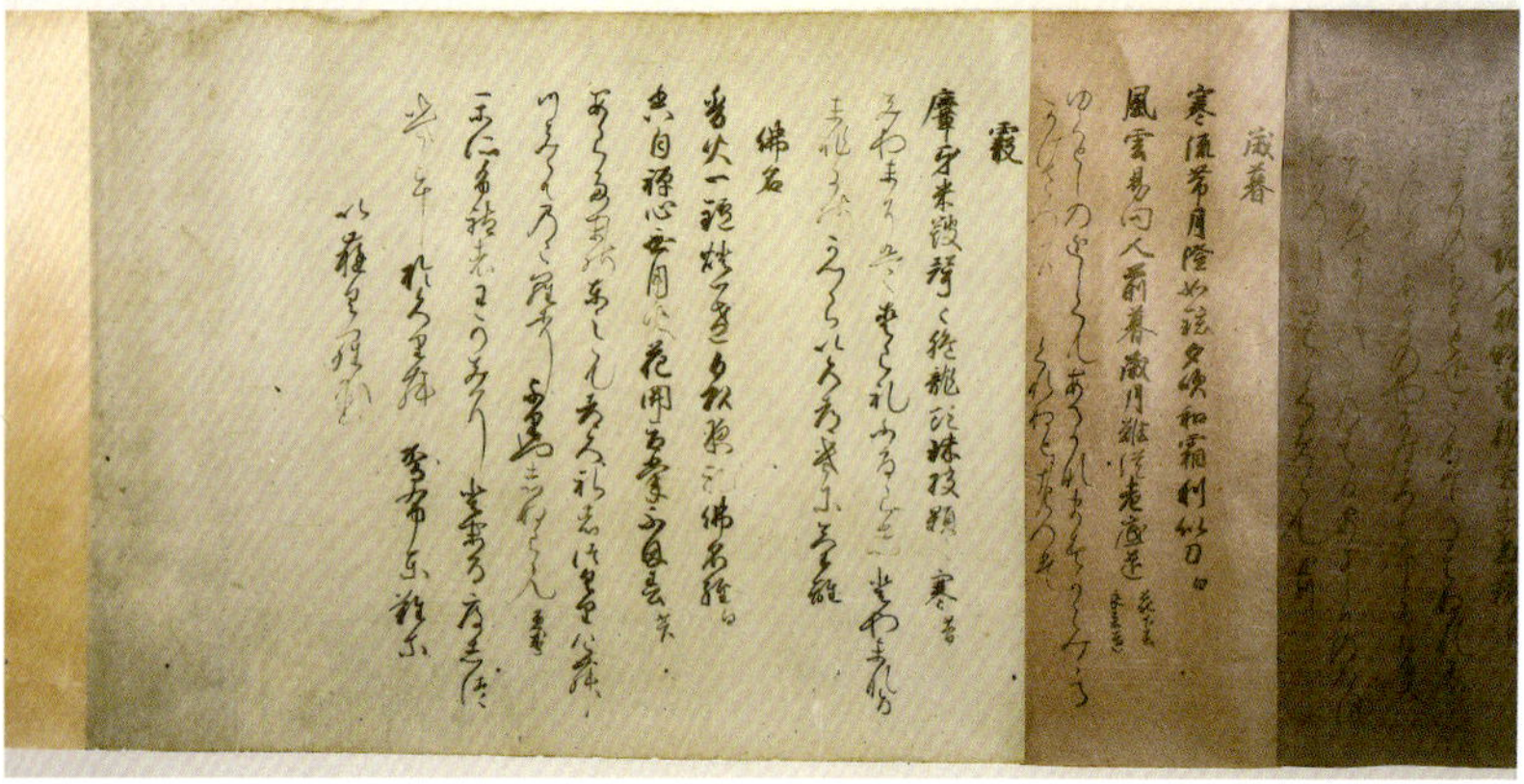

関戸本『和漢朗詠集』上巻（文化庁保管）

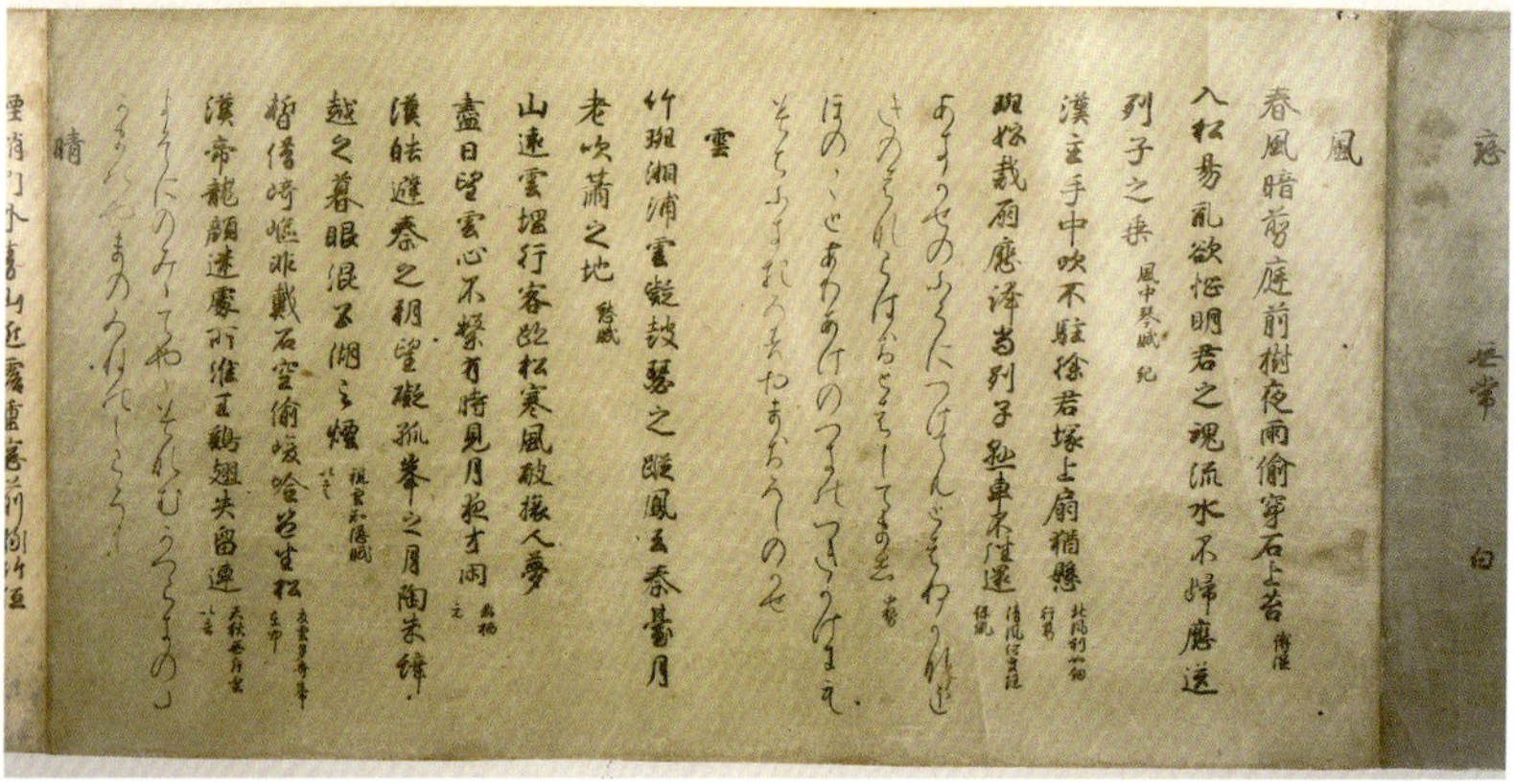

関戸本『和漢朗詠集』下巻（文化庁保管）

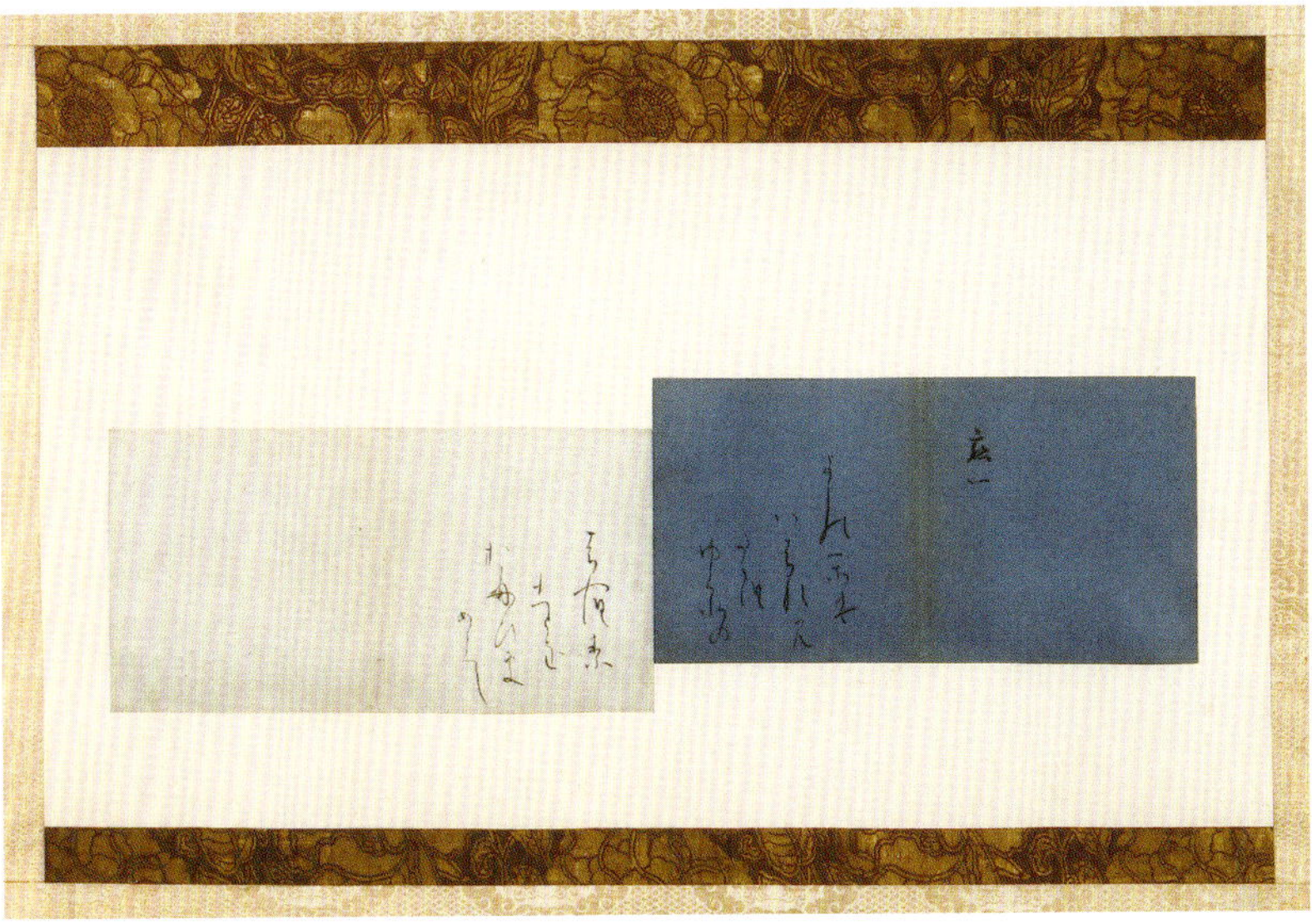

継色紙「よしのかは」(文化庁保管)

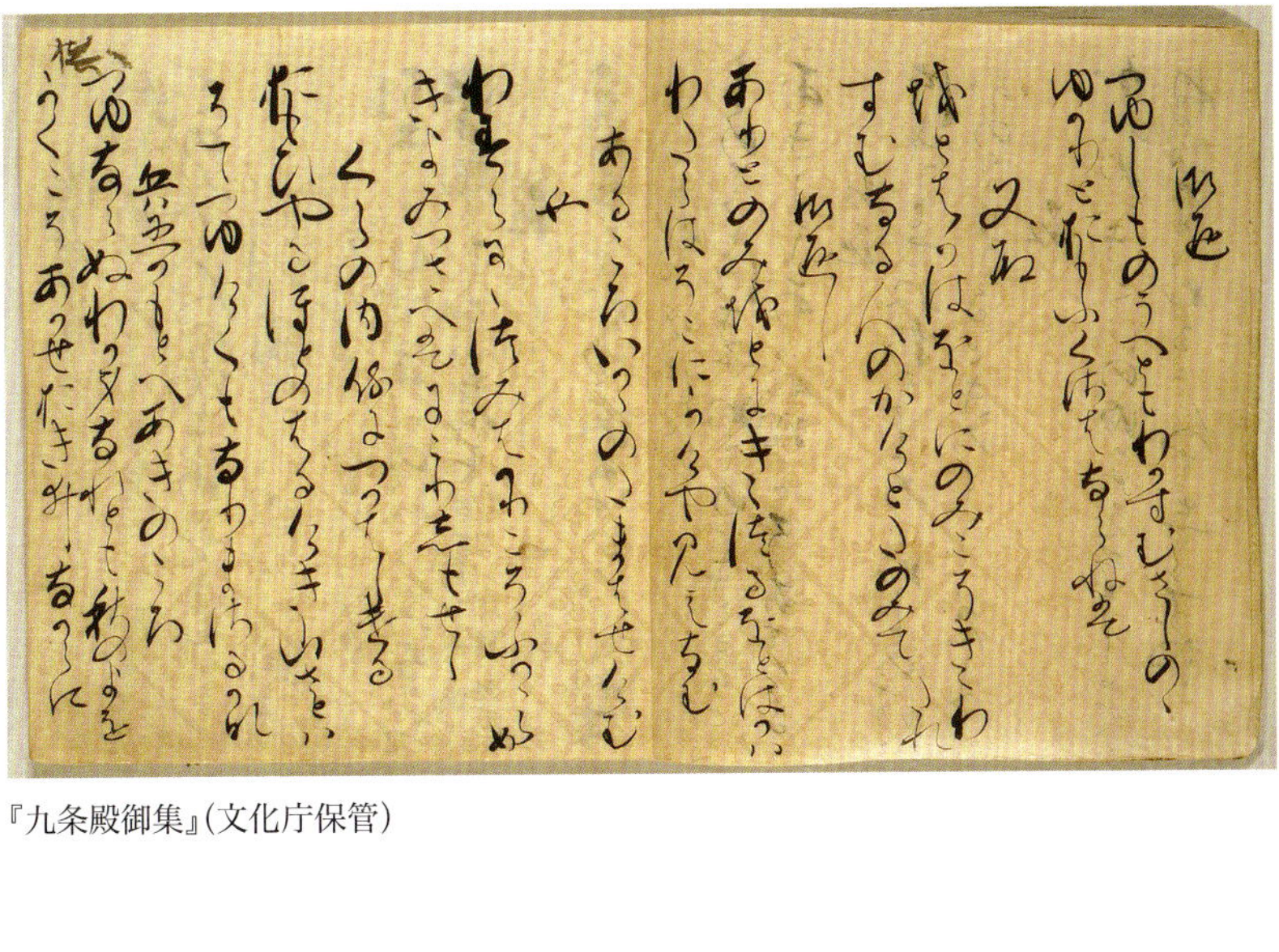

『九条殿御集』(文化庁保管)

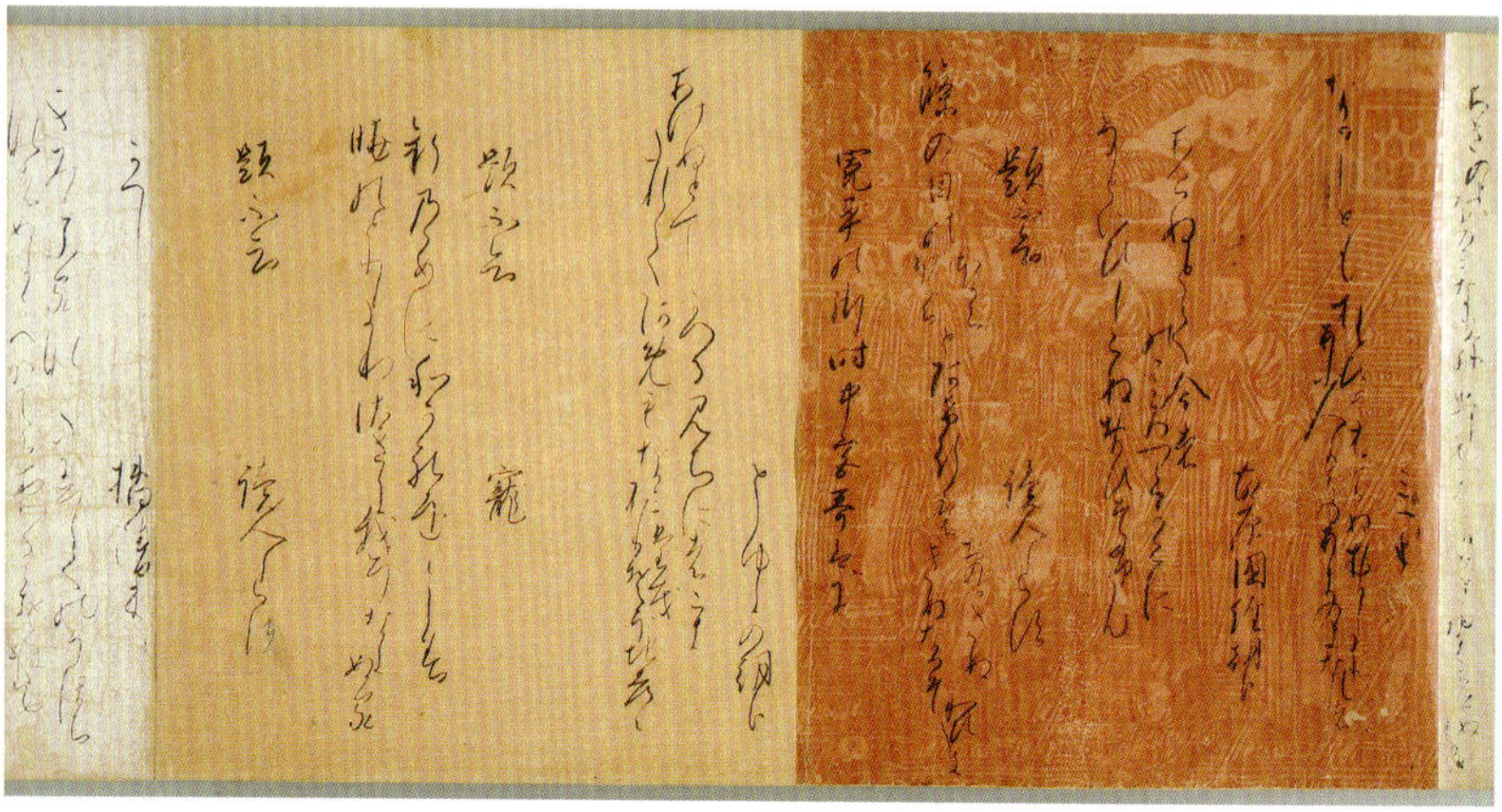

「巻子本古今和歌集」（文化庁保管）

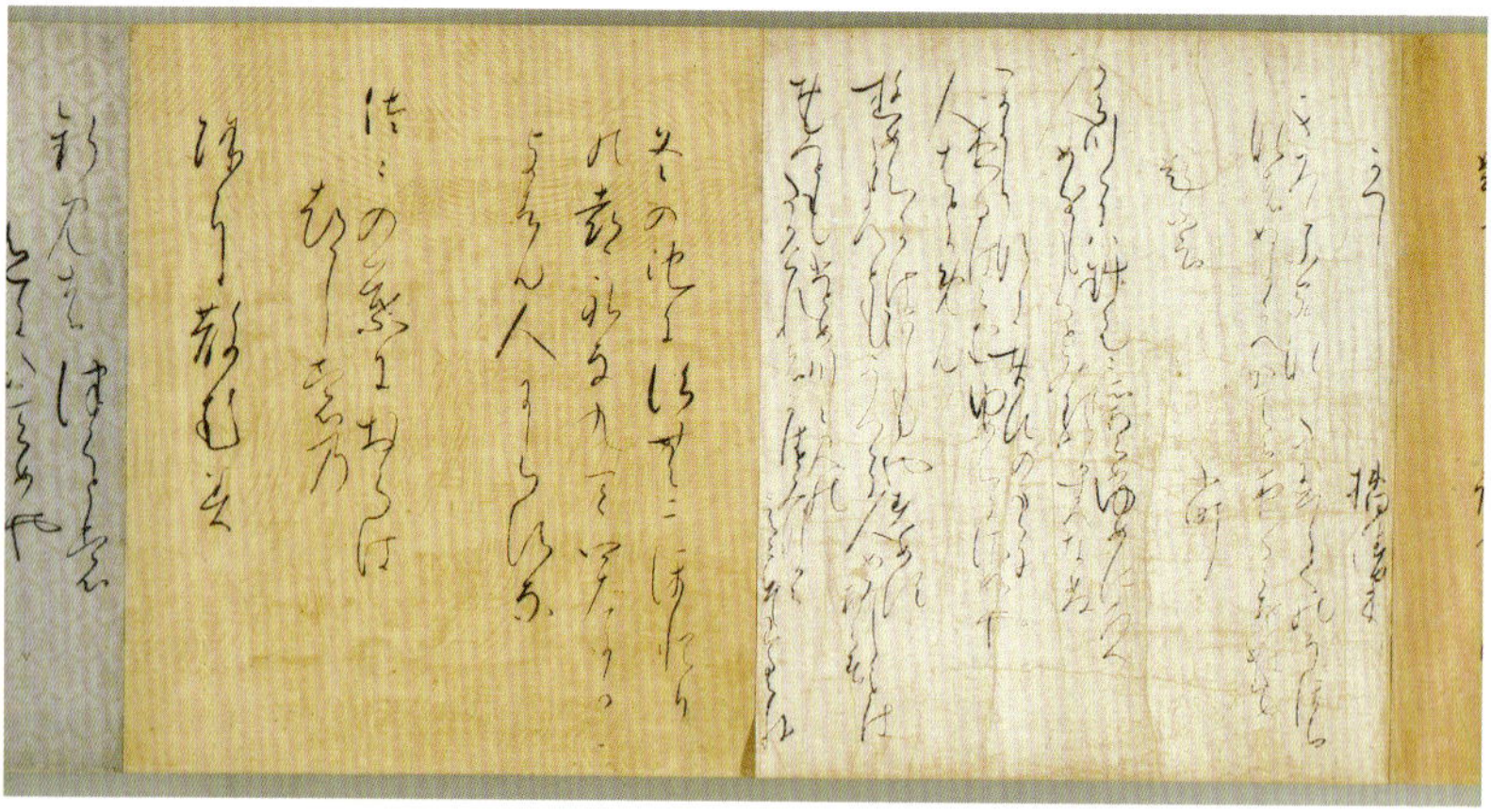

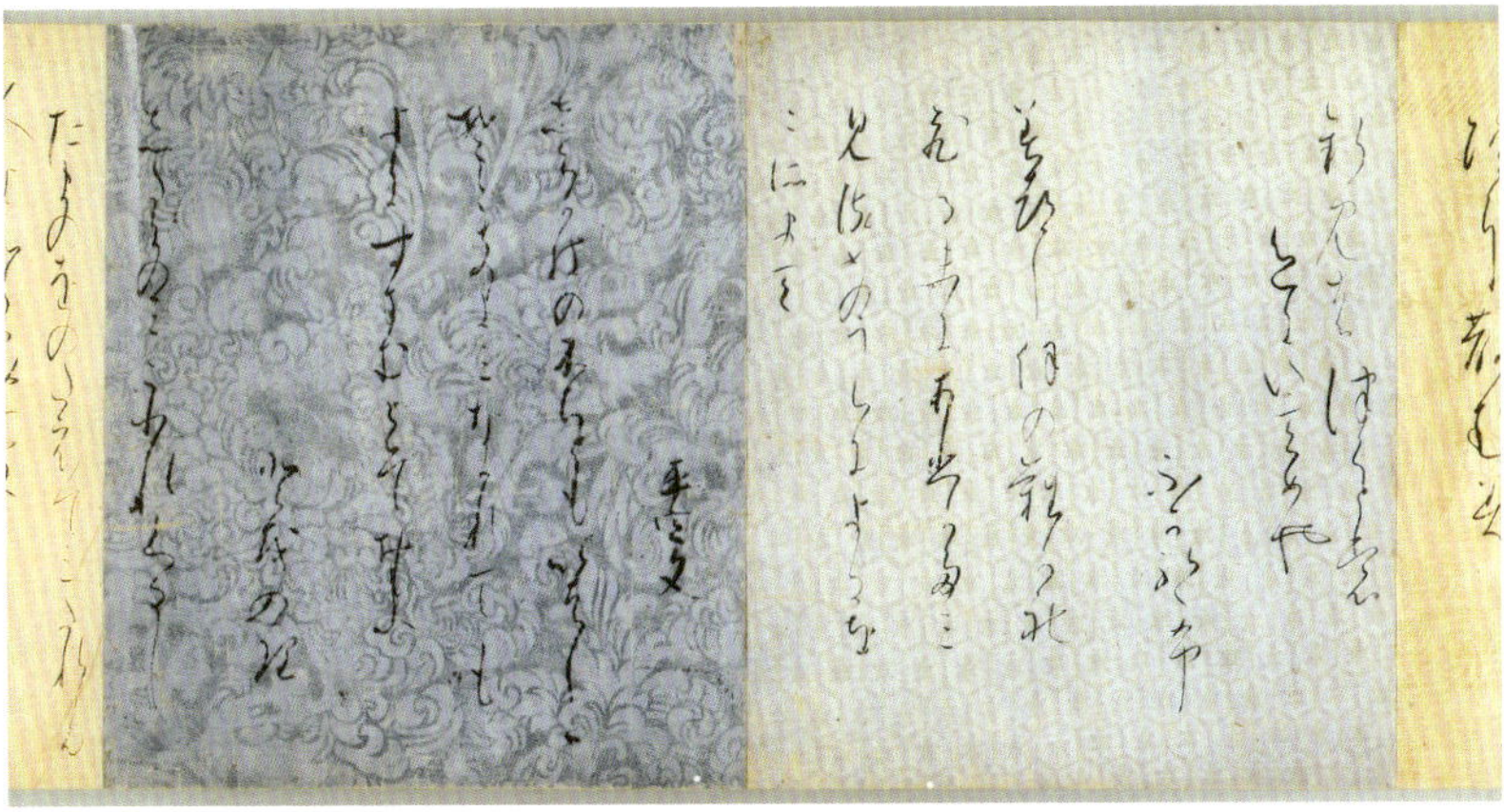

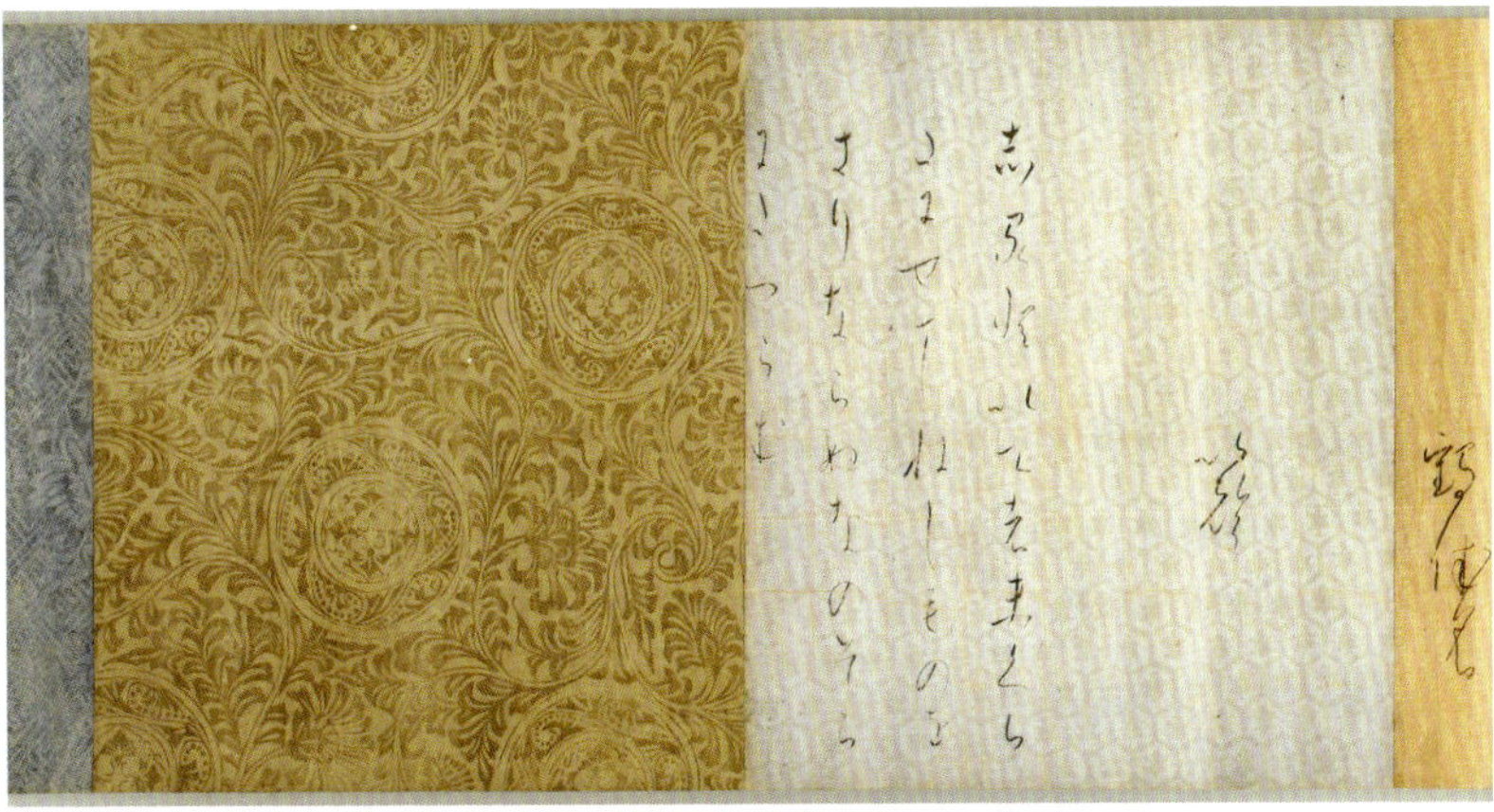

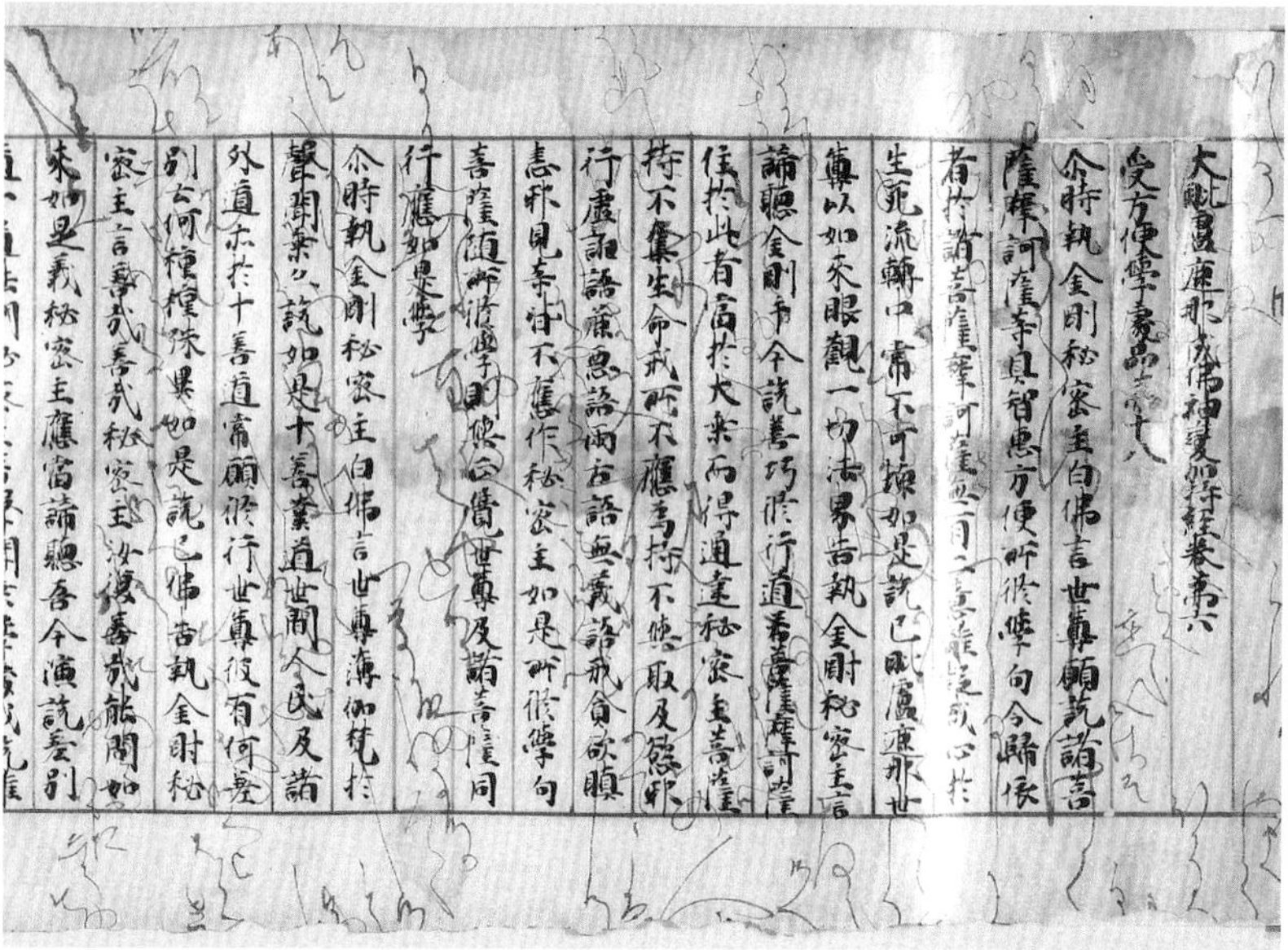

『大毗盧遮那成仏経巻第六』（文化庁保管）

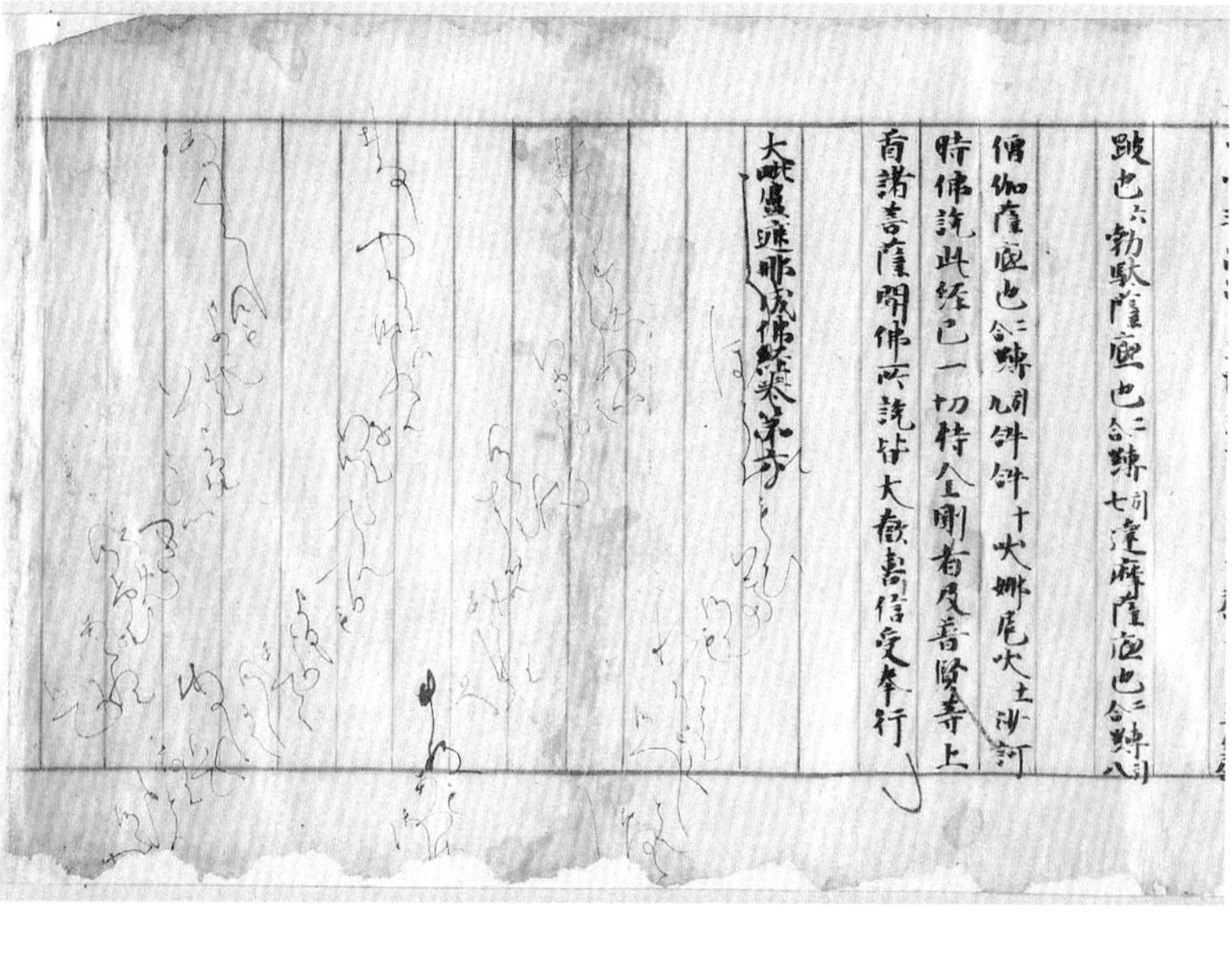

はじめに

紙が、人類の文化遺産として果たした極めて大きな役割に関しては、言を俟たないであろう。細川紙《ほそかわし》、本美濃紙《ほんみのし》、石州半紙《せきしゅうばんし》という三種の限られた産地のもののみではあったが、和紙が、平成二十六年に無形文化遺産に登録されたことは、うれしい出来事であった。伝統的な手漉き和紙の良さが見直される機会になることを期待したいところではあるが、紙をめぐる現状をみてみると、身の回りには、あふれるほどの紙があるにも関わらず、社会状況の変化によるペーパーレス化や情報のデジタル化などが急速に進行したことで、紙の需要がこれまで以上に激減している。また、紙のもつ重要な特性として、ものを記し残していく記録性という機能があげられるが、この点においてもインターネットなどが広く普及するなかで、電子書籍などの別の媒体が文化の伝達を担う記録媒体の主流を占めるに至る趨勢にある。紙という媒体の存在意義を見直して再認識する必要性が喫緊の課題として浮かび上がってきていることを感じざるを得ない。

本書で述べるように、日本人の生活は古来、紙と共にあった。紙は用途に応じて、さまざまに作られ、加工され、多様な機能を果たすものであった。しかし、紙を取り巻く現在の環境は厳しく、紙の果たしてきた役割は忘れ去られようとしている。また、伝統的な家内工房による手漉き和紙についても、担い手の問題など存続への不安は常に隣合わせにあるといえよう。

このような失われつつある伝統的な紙漉きの技術と紙をめぐる課題に対して、日本の紙がこれまでに果たしてきた歴史的役割を明らかにするとともに、文化の創造としての紙のあり方と紙が未来に向けて果たすべき役割、つまり、日本の文化における地下茎の如き、文化の源泉としての紙の実像を描き出すことが本書の目的である。

日本文化の遺産の中に、日本的なものや伝統的なものを求めようとする場合には、過去の遺産に対する真摯な、かつ素直な対話や対面が求められる。つまり、「もの」そのものに多くを語らせることである。

ここでの「もの」とは文化財である。とりわけ、日本の文化財のうち古典文学と絵巻物には、日本人の美意識を表現する多くの言葉や表現が、綺羅星の如くにちりばめられている。そこで本書では、日本の古典のうち、文学作品と絵巻物を通して、日本人と紙とのかかわり、そして、そこにあらわれる紙の諸相に迫っていきたい。文書・記録類の多くは官人や右筆等の手になるもので、女性の姿が表れることは極めて少ないといえる。かつて玉上琢弥氏は、古典文学とりわけ物語を、女性のための、女性による、女性の物語と位置付け、物語と絵巻物とはいっしょに観賞されるべきものであると主張された。(1)それゆえ、紙に関する女性の視点を今に伝えるものとして、物語や日記などの古典文学の作品、そして絵巻物に着目する。

なお、文学作品にみえる紙については、既に和紙に関する総合的な研究をまとめられた寿岳文章氏『日本の紙』(2)において「平安時代の紙」の事例として言及されている。他方、文書料紙の研究において、富田正弘氏が記録を中心として文献にみえる紙種の名称等について考察している。(3)また町田誠之氏は百人一首を素材にしながら、日本人と和紙とのかかわりの様相を明らかにしている。(4)さらに和紙の歴史、製法、用具までをも対象にした増田勝彦編『和紙の研究』(5)がある。

加えて、湯山賢一氏は文化財学上の「モノ」としての料紙に注目し、その変遷をたどりながら、料紙論を展開しつつ広く日本の紙文化を論じている。(6)また、近年では、保立道久氏らが「編纂と文化財科学」(7)において新たな紙の同定と分類とを展開されている。

そして、これらと関連するものとして、顕微鏡画像を提供した江前敏晴氏「中世古文書に使用された料紙の顕微鏡画像のデータベース化と非繊維含有物の分析(8)」と、髙橋裕次氏の日本・中国・韓国に伝存する書跡・典籍の料紙に関する原本調査の報告(9)などがある。

こうした研究成果を踏まえながら、本書では特に富田正弘氏の提唱する地域的特質と時代的変遷とを明らかにするという手法に学びながら、これまでの文書料紙研究においてあまり言及されていない、(一)紙漉きの様子、(二)紙の機能と用途、(三)紙名と紙色、(四)反古紙という四点について明らかにしていきたい。

取り上げる古典文学の作品は、紫式部の『源氏物語《げんじものがたり》』や清少納言の『枕草子《まくらのそうし》』など、既に数多く引用されている事例に関しては、必要最小限の言及にとどめることにし、まず女性の日記や物語、私家集など、次に地域的な特質が表出する説話集や紀行文など、さらに時代的な変遷を伝える歴史物語や往来物などを主たる対象とする。また、絵巻物は、平安時代から室町時代までの絵巻物を主たる対象とする。絵巻物は絵と詞書とによって物語を表現するもので、画中には紙そのものの描写がみえる。

例えば、鎌倉時代末期制作の高僧絵伝である『法然上人絵伝《ほうねんしょうにんえでん》』（国宝、京都・知恩院）の巻三一第二段では、弟子で浄土真宗の開祖・親鸞（一一七三～一二六二）を前に机上にて門弟の邪見を諫める「七箇条起請文」を書いている場面が謹密な筆致で、賦彩も美しく描かれている。

正安元年（一二九九）に一遍（一二三九～八九）の弟子で歓喜光寺開山の聖戒が時宗の開祖・一遍上人の十周忌に際して報恩謝徳のために制作した絵巻である『一遍上人《いっぺんしょうにん》絵伝《えでん》』（国宝、神奈川・清浄光院）の巻六には、大きな傘の長い柄に巻物を括り付けている様が確認できる。そこにみえる墨染衣の絵解きは、克明かつ写実的に表現されている。この巻物は横に巻き広げるものではなく、懸けて広げる簡便な軸物であろう。

絵解法師なる言葉は、同時代の広橋経光の日記『民経記《みんけいき》』（重文、国立歴史民族博物館）寛喜元年（一二二九）十月二十五日条に表れている。絵解きという行為自体は『醍醐《だいご》寺雑事記《じぞうじき》』（重文、京都・醍醐寺）所収になる重明親王の日次記である『李部王記《りぶおうき》』承平元年（九三一）九月三十日条に「礼良房太政大臣堂仏、観楹絵八相、寺座主説其意」とみることができる。京都内外の名所や町衆らの生活を描いた『洛中洛外図屏風《らくちゅうらくがいずびょうぶ》』（国宝、山形・米沢市博物館など）には、熊野比丘尼が観心十界曼荼羅の掛軸で絵解きを行っている姿を描き込んでいる。なお、絵解きが大きな傘を持つのは、傘を神の憑代とし、寺社の縁起などを語るに相応しい権威や威厳を示すための象徴であったことによる。

このように絵巻物が伝える紙に関する具体的な描写は、我々にイメージをもって多くの情報を伝えてくれる。但し、ここで描かれている絵が必ずしも当時の社会などをそのまま写したものではないことに注意しなくてはならない。保立道久氏は「絵巻に描かれた文書」[10]にて、文書と紙とに焦点を絞りながらも、残されている課題として「もの」としての紙の生産・流通などの実態の解明、収納具・梱包具・家具・衣料などに利用される紙の研究が不可欠であるとしており、文化の源泉としての、今後の和紙研究のあり方を提示している。

本書が対象とする古典文学と絵巻物は、おおよそ八世紀から十七世紀初期までにまたがるものであり、地域的には都から鄙までの広がりをもっている。奈良時代から安土桃山時代における紙の総体的な状況を把握できるといえよう。各時代における男女、聖俗、都鄙などによる紙との関わり方の諸相を検討することによって、多彩な紙の文化を解明するための一助となることを願っている。

目　次

三　紙名と紙色

四　反古紙

凡例

本書における文学作品の本文引用は基本的に『新日本古典文学大系』（岩波書店）、『新編日本古典文学全集』（小学館）、『日本思想体系』（岩波書店）、『新訂増補国史大系』（吉川弘文館）所収本により、表記は私に改めた。

色彩については伊原昭氏『古典文学における色彩』、染色については吉岡幸雄氏『日本の色を染める』を参考にした。

口絵にカラー掲載した図版は本文中の図版番号に「＊」を附した。

なお、国宝・重要文化財などの画像は、文化庁が運営する文化遺産オンラインで検索することができる。あわせて参照していただきたい。

一　紙漉き

一　絵巻物にみる紙漉き

和紙はどのように作られてきたのか。まずは伝統的な製法である「紙漉き」に目を向けてみたい。京都の教王護国寺《きょうおうごこくじ》（東寺《とうじ》）伝来になる『弘法大師《こうぼうだいし》行状《ぎょうじょう》絵詞《えことば》』第一二巻（重文）に描かれている情景のなかに、紙漉きの場面がみられる（図1）。この紙漉き場面は、白河法皇《しらかわほうおう》（一〇五三～一一二九）による高野山参詣の途次の一場面として描き出されたものである。この絵巻物は康応元年（一三八九）成立になるものであることから、南北朝時代における高野山麓での紙漉きの様相を視覚的に伝えている重要な絵画史料である。白河法皇は『平《へい》家物語《けものがたり》』に「賀茂河の水、双六《すごろく》の賽《さい》、山法師、是ぞわが心にかなはぬもの」とあるように治天《ちてん》の君《きみ》として絶大な権力を誇示していた。

図1　『弘法大師行状絵巻』第一二巻

　絵巻物からは、まず紙漉きを行っているのが、藍染の格子文様の筒袖《つつそで》や垂髪《すいはつ》に白元結《しろもとゆい》の髪型などから女性であることが確認できる。場所は谷の少し開けた所で、板敷きの建物がみえるが、紙漉きは屋外で行っている。その前を流れの緩やかな谷川がみえる。また、紙漉き道具として漉き舟、枠のようなものがあることから漉き桁《けた》を使用しているのが確認できる。漉き舟の中は浅葱《あさぎ》色で紙料が入っていることを示している。女性は台のようなものに座っており、動きがわからないものの、当時の漉き方を考えると流し漉きをしているのであろうか。この場面は紙を漉きあげた所のようである。漉き場の左奥では、漉いた紙を干している。木で組まれた干し場の上に置くだけの簀伏《すふ》せである可能性が高いと判断できるものと、縦長の板が二枚あり、各々に一枚ずつ貼り付けて、天日《てんぴ》干しをしているものもある。日に乾かすことで、紙を白くしているのである。赤子を背中におんぶし白い頬被りをした女性は、手に何も持たずに紙を板に張り付けている。建物の前には、白髪の老婆が子供に手を引かれて、干場の方に向かっている。季節は冬の二月末で、寒漉《かんず》きと呼ばれる最も紙漉きに適した時期である。

現在、高野山麓で漉かれている紙に古沢紙《こさわがみ》（高野紙）がある。古沢紙の特徴は、簀に萱簀《かやす》、粘剤にトロロアオイを使い、漉き方は流し溜め漉きで、水切りは重しをせず、板干しする。その際には刷毛を使わない、という。絵巻物にみえる紙漉きの様子と、ほとんど変わりない。中世以来の紙漉きが伝承されている。かつて高野紙は、現存最古の高野版である建長五年（一二五三）『三《さん》教指帰《ごうしいき》』や同六年『秘密曼荼羅十住心論《ひみつまんだらじゅうじゅうしんろん》』（和歌山・高野山大学）などの用紙や傘紙などに用いられていた。なお高野紙の初見は、明応五年（一四九六）の『大乗院寺社雑事記《だいじょういんじしゃぞうじき》』（重文、国立公文書館）の記事である。

二　職人歌合にみる紙漉き

職人の名称を数多く伝える史料に各種の職人歌合がある。職人の風体を描いた絵とその仕事内容に仮託した歌が詠まれている。その職人歌合の世界で「紙漉き」がみえるのは『七十一番職《ななじゅういちばんしょく》人歌合《にんうたあわせ》』（東京国立博物館・前田育徳会）である（図２）。『七十一番職人歌合』は明応九年（一五〇〇）頃の成立とされ、職人尽歌合絵ともいわれ、巻頭に序があり、次に歌題「月」「戀《（恋）》」がある。七十一番の左右の歌と判詞が続き、次いで相対する職人の姿一四二人が描かれている。

図2　「かみすき」（東博本『七十一職人歌合』）

この歌合で「かみすき」は、「さいすり」と番《つが》えられており、その絵の様子は室町時代の紙漉きの実相を反映したものである。また、「さゝやかしかたりぬけな」と紙を漉く姿がみえる。なお、「さいすり」とは博打の別称である。

紙漉の歌（一九番）は、次のようである。

すきかへしうすゞみぞめの夕暮もしらがみ
色に月ぞいでぬる

わすらるゝ我身よいかにならがみのうすきちぎりはむすばざりしを

前者は洛中における漉き返し（使用済みの和紙を漉き直したもの）による薄墨紙《うすずみかみ》を詠い、後者は大和国における薄い奈良紙《ならかみ》を詠っている。広く世に知られる紙漉きの紙として室町時代には薄墨紙と奈良紙が社会的に認識されていたことになる。これらの紙は都の紙と地方の紙を代表するものであったともいえよう。この二首の歌からだけでも、紙漉き場の違いによって抄紙される紙に明白な違いがあったことがわかる。

絵巻物にみえる紙漉職人の風体に注目してみると、漉き手は成人の男で、胡坐《あぐら》の姿勢で、裾を二の腕まで上げて襷《たすき》掛けしている。木製とおぼしき漉き舟は長方体で、横長に置かれた干し板に、漉きあげた紙を張り付けている様子が確認できる。『弘法大師行状絵詞』でみた紙漉きの場面と比較してみると、漉き手の女と男、干し板の縦と横の使い方の違いが知られる。これらの相違が、地域の違い、あるいは約一〇〇年という時代的変遷の違いによるものであるかは、不明とせざるをえない。相違の理由がどちらであったとしても、職人歌合に描かれた様子と歌とは、室町時代の紙漉きの実態を的確に捉えていると考えたい。

なお、これ以前、鎌倉時代における職人名を記しているものに、永仁五年（一二九七）良季《りょうき》撰述になる『普通唱導集《ふつうしょうどうしゅう》』があり、その「世間部」に「紙漉」がみえる。

三　古典文学にみる紙漉き

紙漉きの様子を具体的に知りうる文書や記録などの史料(11)が極めて少ないなかにあって、文学作品には紙漉きの実態を伝えている記述が以下の如く確認できる。

1　都での紙漉き

まず、都での紙漉きの様子を伝えるものに『宇治拾遺物語《うじしゅういものがたり》』がある。そこには、

上人、供にわかき聖《ひじり》三人具したり。一人は縄をとりあつむる聖なり。みちに落ちたるふるき縄をひろひて、壁土にくはへて、古堂のやぶれたる壁をぬることをす。一人は瓜の皮をとり集て、水にあらひて、獄衆《ごくしゅう》にあたへけり。一人は反古のおち散りたるを、ひろひあつめて、紙にすきて経を書写し奉る。その反古《ほご》の聖を、臂りたる御布施に、僧正に奉りければ、よろこびて弟子になして、義観と名づけ給。ありがたかりけることなり。（巻一二―六）

とある。『宇治拾遺物語』は、仏教や世事に関する説話を中心に、一九七話を所収している。その成立は十三世紀初めになるもので、鎌倉時代における説話文学中、最も秀でた説話集である。

「わらしべ長者」や口誦的な「こぶ取り爺さん」（鬼に瘤取らるる事）のような奇談が多く、芥川龍之介による「芋粥《いもがゆ》」の利仁《としひと》将軍の話など、興趣に富む多彩な話材が集録されており、民衆の生活や人間性などをありのままに描き出している。序には「大納言の物語にもれたるをひろひ集め、又その後の事など書き集めたる」ものであると述べている。

この説話によると、諸国を遊行しながら、念仏の功徳を布教して市聖《いちのひじり》と呼ばれた空也《くうや》（九〇三〜七二）の弟子三人の内の一人が洛中《らくちゅう》に落ち散らかっている反古紙を拾い集めて、これを漉いて紙にしている。反古紙を原料に用いて漉き返し、すなわち再生紙にしていることになる。これは職人歌合でみた洛中における紙漉きの世界と全く同じである。

この漉き返した紙を料紙にして写経している実例が知られる。これは「漉返経」と呼ばれるもので、故人の供養のために、また冥福を祈るために相応しい写経であった。漉き返し紙の抄紙の理由の一つとしては、平安時代中期の洛中において不用になった使い古しの紙が普通に棄てられているという社会状況を背景としている。例えば、末法到来の危機感が世の中に広がっていた十二世紀の成立になる河本家本『餓鬼草紙《がきぞうし》』第三段（東京国立博物館）は、六道輪廻《ろくどうりんね》の餓鬼の姿や醜悪な光景などをためらうことなく生き生きと描き出しており、真に迫るほどで見る人に不快で好ましくない世界を痛感させる。そこには、散乱する落し紙が描かれている（図3）。説話や絵巻物にあるように、洛中では紙以外にも、古縄や瓜の皮が路上のいたるところに落ちている状況であった。これらもまた、再利用、再使用されていく。紙をはじめ様々な資源を再活用することは、当時としては当たり前のことであった。

江戸時代前期の『人倫訓蒙図彙《じんりんきんもうずい》』には、「紙屑」買いが描かれている。大きな布の袋を肩に担ぎ、棹秤を腰に差し、紙切れや反古の破れ紙などを買い集めて「直し屋」へ売り渡す女性の姿である。

2　地方での紙漉き

図3　『餓鬼草紙』第三段

地方での紙漉きの様子は、どのようなものであったのであろうか。『古今著聞集《ここんちょもんじゅう》』のある説話を示してみよう。

越後国に乙寺《きのと》といふ寺に、法花経持者の僧住て、朝夕誦しけるに、二の猿きたりて経をきゝけり。二三日をへて、僧こゝろみに猿に向て云やう、「汝なにの故につねにきたるぞ。もし経を書たてまつらんと思ふか」といへば、二の猿掌を合て、僧を頂礼しけり。あはれに不思議におもふ程に、五六日をへて数百の猿あつまりて、楮の皮を負て来りて、僧の前にならべをきたり。この時僧これをとりて、料紙にすかせて、やがて経を書たてまつる。（巻第二〇、魚蟲禽獣第三〇）

『古今著聞集』は、橘成季《たちばなのなりすえ》編になる建長六年（一二五四）成立の説話集で、詩歌管弦《しいかかんげん》に心を寄せつつ、王朝の盛期を思慕する尚古《しょうこ》思想のもとに、わが国における古今の説話を広く多方面にわたって集録したものである。題材別に分類して、ほぼ年代順に並べる整然とした構成になるもので、かつ末尾に教訓を加えており、説話中で最も形式的に整備されている。地方的、庶民的な色彩が強く新時代である鎌倉時代の息吹を感じさせる。『今昔物語集《こんじやくものがたりしゅう》』につぐ大規模な説話集で、成立に際して竟宴《きょうえん》が行われ、『新古今和歌集《しんこきんわかしゅう》』成立の例に倣っているところから、説話文学の価値と位置付けを高めんとしていることが認められる。序で「それ『著聞集』といふは、宇県の亜相巧語の遺類、江家の都督清談の余波なり」と記していることからも察せられる。編者の橘成季は、藤原定家《さだいえ》（一一六二～一二四一）の日記『明月記《めいげつき》』（国宝、京都・冷泉家時雨亭文庫）によると、橘清則《きよのり》の男で、同族の光秀《みつひで》の養子となり、九条道家《くじょうみちいえ》（一一九三～一二五二）に仕えている。『明月記』は源平の争乱から承久の乱後に至る変動期の宮廷、公家社会の実像や武家の動静などをはじめとして、定家自らの所感や文学活動などを記した内容になっている。

この説話の舞台である越後国の乙寺は、新潟県胎内市にある真言宗の古刹《こさつ》である。この記載によれば、持経者《じきょうしゃ》の誦す法華経を二匹の猿が聞いていた。僧侶が猿に向かって、経を書いてもらいたいのかと問うと、後日に猿は仲間数百匹とともに楮《こうぞ》の皮を持ってきて、僧侶の前に並べた。そこで、僧侶は猿がもたらした楮の皮を使って紙を漉かせ、そして、この漉いた紙を写経用の料紙とした。楮は山地に自生していたという。持経者の姿は、室町時代の制作になる『鶴岡放生《つるおかほうじょう》会《え》職人歌合』三番（前田育徳会ほか）にみえる（図4）。その歌に「しのびかね心を人にそめ紙のくりかへすにも色は見ゆらぬ」とあり、「そめ紙」＝経を詠み込んでいる。

この説話では、誰が紙漉きを行ったか、その具体的な記述はみえない。おそらく乙寺に属する紙工によって抄造されたと想像される。例えば、福岡県の鷹尾《たかお》神社《じんじゃ》大宮司《だいぐうじ》家《け》文書《もんじょ》（重文）あるいは愛媛県の大山祇《おおやまづみ》神社《じんじゃ》三島《みしま》家《け》文書《もんじょ》（重文、建長七年（一二五五）伊予国社寺免田注文）などには「紙工」の言葉がみえている。紙工とは「道々《みちみち》外才《げさい》人等《にんら》」といわれる職人の一つであり、まさに紙漉職人というべき存在である。また、飛騨国の土地台帳である仁安元年（一一六六）の大田《おおた》文《ぶみ》には「紙漉」の人給田が設定されている。こう

図4　「持経者」（松下本『鶴ヶ岡放生会』）

した社寺や国衙《こくが》に属する紙工集団のあり方を伝える文書が残されている。

再び『古今著聞集』に目を向けてみると、

近比常陸国たかの郡に、一人の上人ありけり。大なる猿を飼けり。件上人如法経《によほうきよう》をかゝんとて、かうぞをこなして料紙すきける。（巻第二〇、魚蟲禽獣第三〇）

とある。この説話によれば、常陸国多賀《たが》郡に住していたある上人は、法華経を写経するために、自分自身で紙の原料である楮をこなして、写経用紙を漉きあげている。とすれば、紙漉技術を習得している僧侶の存在が知られるとともに、僧侶自身が原料となる紙の繊維をこなしたり、紙漉きの道具を所持していたことになる。また、恒常的に紙漉きができる施設や人材が寺院内にあったことを示唆しており、紙漉きの実態を考える上で興味深い内容である。

これらの事例は、いずれも紙漉きと写経料紙と僧侶との関係が極めて緊密な関連性を持っていることを示している。紙漉きの場所は洛中のみならず、越後と常陸というように東国でも確認できることから、写経用などにかかる紙漉きは、地域に関わりなく、必要とする僧侶あるいは紙工の手によって楮などの紙漉きの原料が準備され、抄造されていたといえそうである。聖なる経典を写経する料紙を作ることと、僧侶との関連性を注視していく必要がある。

3　寺院と紙漉き

南都・東大寺に関する諸記録類を蒐集し、編次した『東大寺要録続録《とうだいじようろくぞくろく》』[12]（重文、東大寺）の「東大寺拝堂用意記」の中には、「色紙漉」なる言葉がみえる。この「色紙漉」とともに、拝堂儀式に参加して布施米《ふせまい》の下行《げぎょう》に与《あずか》る寺内所職が列記されている。寺内所職とは俗人の工人集団に係る「諸職」のことである。この諸職には「経師《きょうじ》」「薄師《はくし》」等の専門技術職人とともに「色紙漉」が取り上げられている。

これら職人名は、往来物の代表的な一書で、十四世紀半ば成立の玄恵《げんえ》撰になる『庭訓往来《ていきんおうらい》』（重文、島根・神門寺）にもみえる。「紙漉」は「唐紙師《からかみし》」「経師」らと共に寺院に招き据えられるべき職人として挙げられている。「経師」は経巻の表装《ひょうそう》を行う職人、「薄師」は金や銀などを薄く打ち延ばして箔《はく》を作る職人、「唐紙師」は胡粉《ごふん》や雲母《きら》などで模様を施した唐紙を製作する職人のことである。

彼らは『七十一番職人歌合』にもみえる中世の職人である。二六番「経師」（図5）の画中詞は「此巻きり、いかにしたるか、きりめのそろはぬよ」とあり、巻物の小口《こぐち》を切り揃える仕立てが難しいことを示している。三一番「薄師」（図6）の歌は「いけ水のつき影みればしろはくのていになりてもひかりやはけつ」とあり、また画中詞は「なむりやうにて、うちいてわろく」とあることから、ここでは金箔ではなく銀箔を作っていることがわかる。なお『宇治拾遺物語』（巻二—

図5　「経師」（東博本『七十一番職人歌合』）

図6　「薄打」（東博本『七十一番職人歌合』）

四）には大和の金峯山《きんぷせん》の金を使って金箔を作る京・七条の薄打《はくうち》の話が載る。二三番「唐紙師」（図7）の歌は「そら色のうす雲ひけとから紙のしたきらゝなる月のかけかな」と「ひとこゝろかゝらましかばひねのみのなにゝつけてもはなれがたきを」とあり、また、画中詞に「のりかちとこはきはきらゝを入る」とあることから、仕事では糊加減《のりかげん》がとても大事であることが知られる。

写経に必要な紙を抄造し、写経した経巻を表装したり、写経料紙に装飾を加えたりする職人が寺院の周辺に広く存在していたのであろう。

また『沙石集《しやせきしゆう》』では、ある経典に、

汝が身の皮をはぎて紙とし、血をいだして墨とし、骨を折りて筆とせば、仏法を説くべし

（巻第二）

とあることを記している。この説話の「ある経典」とは梵網経《ぼんもうきょう》で、啓蒙的な性格が強い内容ではあるものの、写経に必要な紙・墨・筆を用意することが、僧侶としての務めであることを伝えており、紙漉きと僧侶との深い関係性がここでも語られている。この『沙石集』は、臨済宗の僧である無住《むじゅう》（一二二六～一三一二）が「沙を集め（中略）石を拾」って黄金や宝石を求めるのに擬《なぞら》えて、見聞したことを思い出すに従って、弘安二年（一二七九）から同六年に書き集めた仏教説話集である。東国の説話が多く、内容的には顕密《けんみつ》を兼ね、禅を主としながらも一宗に偏することなく、平易な文章で理解しやすく仏の功徳や極楽往生について著述している。

図7　「唐紙師」（東博本『七十一番職人歌合』）

　このように、古典文学などにみえる紙漉きでは、写経料紙などを漉くのは寺院などに属する専門の紙工や僧侶自身による紙漉きであったと想定でき

そうである。

四　『紙漉重宝記』にみる紙漉き

紙の漉き方を図入りで簡潔に説明している『紙漉重宝記《かみすきちようほうき》』(13)（国東治兵衛《くにさきじへえ》著）は、寛政十年（一七九八）四月に大坂で刊行されたもので、最初に出版された製紙技法書である。同書で昔と今の紙漉きとを比較しており、そこでは、紙の漉き方は略《ほぼ》同じであるとし、良い紙を漉くためには労力と時間、つまり手間暇《てまひま》を惜しんではいけないとする。手間暇を惜しまないのは、手仕事を行ういずれの職人にも通じる言葉である。

その中の「半紙漉之圖《ず》」には「杉原などハけた重く男の職也、半紙ハ女漉なり」とあり、抄紙する紙の大きさと桁との違いによって、漉き手に男と女の別があったことを記している。

国東治兵衛は石見《いわみ》国浜田藩の紙問屋であったから、紙の漉き方は基本的に石州半紙《せきしゆうはんし》の抄紙方法によっている。石州半紙の紙漉きの作業工程に注目してみると、①楮苧《こうぞ》を蒸籠で蒸す、②楮苧の皮を剝ぐ、③黒皮を水に漬け置く、④青い薄皮を小刀などで削る、⑤白皮の楮苧を叩く、⑥半紙を漉く、⑦紙を板に張り付けて天日で干す、となっている。まさに、紙作りの技術や技法は、すべてが手作業による骨の折れるものであった。

『弘法大師行状絵詞』や『職人歌合』などの絵巻物、そして、『宇治拾遺物語』『古今著聞集』『紙漉重宝記』などの文学作品から、紙漉きの様子を追ってきた。中央と地方での紙漉きのあり方、仏教との密接なかかわり、漉き手に男女の別があることなど、古記録類ではあまり知ることのできない実相が明らかになったものと思う。いつの時代でも、紙作りの技術や技法は、すべてが手作業による骨の折れるものであったことが窺える。次章では、これら抄造された紙がどのように使われてきたのか、その実際を明らかにしていこう。

二　紙の機能と用途

ポルトガルのイエズス会宣教師であるルイス・フロイス（一五三二〜九七）は、その著『日欧文《にちおうぶん》化比較《かひかく》』で、

日本には紙の種類が五十種以上もあり、樹皮を原料としている。家屋にも多くの紙を使っている

と述べ、比較文化論的観点から紙の機能や用途などに言及している。(14)

フロイスは、書写材としての機能と用途にとどまらず、手拭《てぬぐい》、着物（紙子）、髪を結ぶ、指貫《ゆびぬき》、護符《ごふ》、画像、火縄《ひなわ》、膏薬《こうやく》、部屋の仕切り、壁飾り、蚊帳《かや》、封《ふう》などについて、各々を個別に、しかも具体的に注目しており、安土桃山時代の紙の諸相を総合的に提示している。

また、江戸時代中期の国学者で『古事記伝《こじきでん》』において「もののあわれ」「やまとだましい」を追究し、古典研究の方法や復古思想を大成した本居宣長《もとおりのりなが》（一七三〇〜一八〇一）は、その随筆集である『玉勝間《たまかつま》』（重文、三重・松阪市）で、

紙の用、物をかく外にいと多し、まづ物をつゝむこと、拭ふこと、また箱籠のたぐひに張て器となす事、又かうより、かんでうよりといふ物にして、物を結ふことなどなり、これらの

外にも猶ことにふれて多かるべし

と、物を書く以外に、包む、拭うなどの紙の用途を示し、日常生活の必需品であることを説いている。

フロイスや本居宣長が指摘した紙の機能のうち、檀紙《だんし》の機能的な面について、富田正弘氏は包み、敷物、紙縒《こより》の材料であることを論じている。(15)また町田誠之氏は、紙の用途として、歌集、草子、物語、日記、絵巻、暮らし、祈りの造形などに注目している。(16)

これら紙の機能と用途とに関わる様々な研究成果からは、紙の機能として（一）書く、（二）包む、（三）飾る、（四）補う、（五）着る、かぶる、（六）結ぶ、付ける、（七）拭く、撫でる、（八）隠す、（九）隔てる、敷く、（十）張るなどを想定することができる。つまり、書写・記録などの材料と生活の材料とに大別でき、とくに生活の材料には、さまざまに加工された紙製品を含んでいることがわかるのである。以下、この分類に従い、紙の機能の諸相について明らかにしていきたい。

一　書く（書写・記録材）

今日まで、紙は書写・記録などの材料として機能し、その用途の第一とされている。書写、記

図8　『信貴山縁起絵巻』山崎長者巻

録するための要件として、紙には表面が滑らかで、丈夫で長い間保存できることが求められる。また、軽くて持ち運びに便利であることも加わる。情報の媒体としての紙の重要性はことさらに説くまでもなく周知の如くである。

まず、この何かを書く、記録するという行為において、紙がいかに利用されてきたか。その様子をみてみよう。例えば、十二世紀の制作になる信貴山の毘沙門天《びしゃもんてん》信仰の霊験縁起談を描く『信貴山縁起《しぎさんえんぎ》絵巻』山崎長者巻《やまさきちょうじゃのまき》（国宝、奈良・朝護孫子寺）では、山崎長者の母《おも》屋《や》の庇《ひさし》に経机が置かれ、机上には巻物や重ねられた紙のようなものがみえる（図8）。机の横では、庭先に侍る下部《しもべ》の報告を聞きながら、紙に報告内容を書き付けている僧侶の姿がある。僧侶の前には硯と墨が備えられている。僧侶の手にする紙は真ん中で二つに折られ、二枚重ねになっている。また筆先が動いているかのような表現方法を採って描いている。

これと同じような様子が十二世紀後半の作で、粉河寺草創の由来と本尊・千手観音《せんじゅかんのん》の霊験説話とからなる『粉河寺縁起《こかわでらえんぎ》』第四段（国宝、和歌山・粉河寺）にもみえ、筆を手にし、倉から運び出される「七珍万宝」（金、銀、瑠璃《るり》、琥珀《こはく》、珊瑚《さんご》、瑪瑙《めのう》などのあらゆる宝物）を確認しながら書き付ける家司《けいし》らしき男の姿がある。

文永、弘安二度の元寇《げんこう》に出陣した肥後国の御家人《ごけにん》であった竹崎季長《たけざきすえなが》の戦いの様子を伝える永仁元年（一二九三）の作になる『蒙古襲来絵詞《もうこしゅうらいえことば》』下巻（宮内庁三の丸尚蔵館）の巻末には、竹崎季長が分捕った頸を前にして肥後国守護城盛宗《じょうもりむね》に合戦の実情を口上している。その場面には記録役の「執筆《しゅひつ》」がいる。執筆は紙を左手にしながら、口上の内容を聞き取っている最中で、右手の傍には携帯用の硯箱と筆とが置かれている。

『源氏物語絵《げんじものがたりえ》』（奈良・大和文華館）には、薫への返事を書く料紙を前にして筆を手にしながらも書きあぐねている浮舟の姿が白描で表現されている。応長元年（一三一一）作になる『松崎天神縁起絵巻』巻五（重文、山口・防府天満宮）には、播磨守有忠《ありただ》の寝所で寝そべって書きものをする妻の姿がある。十四世紀前半の作である『住吉物語絵巻《すみよしものがたりえまき》』上巻第二段（重文、東京・静嘉堂）の場面には、侍者の持つ硯箱と紙を手にし文を書く少将の姿がみえる。紙は紅の重紙《かさねがみ》である。文字を

図9　『石山寺縁起絵巻』巻二

書く紙面は白色になっている。

　鎌倉時代後期作で石山寺の草創の縁起と本尊・如《によ》意輪観音《いりんかんのん》の霊験を描いた絵巻物である『石山寺縁起《いしやまでらえんぎ》絵巻』巻二（重文、滋賀・石山寺）の皇慶《こうけい》が淳祐《しゅんゆう》（八九〇～九五三）に受法を求めている場面では、一心不乱に書写に励む淳祐の姿がある（図9）。机の上には写本となる巻物をひろげ、丸めた紙を手にしている。机には右側に硯箱が置かれ、左側には藍表紙の巻物二巻が並ぶ。淳祐の左隣にある経机の上には十数巻を一まとまりに束ねている。その束が四つあり、多くの巻物がみえる。この巻物は表紙、軸首などがみえないことから、書写が終わったものをまとめたものであろう。なお、淳祐が書写した聖教が今日まで石山寺に伝来している。その聖教は「薫聖教《においのしょうぎょう》」（重文）と呼ばれている。「薫聖教」の名の由来は、淳祐が師とともに空海廟《びょう》を開扉した時に空海の衣の薫りが手に移り、淳祐が書写したものにもその薫りが染みついたとの伝承によっている。「薫聖教」は石山寺座主以外の披見を許さない秘籍として伝えられた。

また、淳祐と同じように多くの巻物の束を描く巻六の場面が朗澄《ろうちょう》の住房にもみられる。絵所《えどころ》預《あずかり》の高階隆兼《たかしなたかかね》筆になる延慶二年（一三〇九）作の春日明神の霊験談の絵巻物である『春日権現験《かすがごんげんげん》記絵《きえ》』巻一五巻第四段（宮内庁三の丸尚蔵館）の大乗院《だいじょういん》僧正実尊《じつそん》の住房にも、経巻を収納する作り付けの棚があり、巻物の束と聖教箱三合が置かれている。聖教箱は『法然上人絵伝』にもみえる。

他方、後花園《ごはなぞの》、土御門《つちみかど》、後柏原《ごかしわばら》、後奈良《ごなら》の四天皇に仕えた三条西実隆《さんじょうにしさねたか》（一四五五〜一五三七）はその日記である『実隆公記《さねたかこうき》』（重文、東京大学）に因幡国の紙を贈られて「殊重宝自愛」と紙が大事で珍重であると書き、その紙で『古今和歌集』を書写すると記している。また越前国から贈られた鳥の子紙を「不慮之芳志」と思いがけない心遣いに喜びを表している。室町時代を代表する文化人であった実隆でさえ、紙は極めて貴重なものであった。

文学作品中では、書く行為がどのように表現されているのか、以下において見てみることにしよう。まず、前章で紙漉きの様子を伝える記事をみた『宇治拾遺物語《うじしゅういものがたり》』から引例してみたい。

是も今は昔、ある人のもとに生女房のありけるが、人に紙こひて、そこなりけるわかき僧に、「仮名暦書きてたべ」といひければ、僧「やすき事」といひて、書きたりけり　（巻五—七）

ある女房が人に紙を乞い求め、手に入れた紙に仮名暦《かなれき》を若き僧に頼んで書いてもらっている。暦には具注暦《ぐちゆうれき》と仮名暦とがあり、その違いは漢字か、仮名による表記かである。ここでみるように、女性と仮名の関係にも注目しておきたい。

『醒睡笑《せいすいしよう》』（巻之七―廃忘一四）には「月次の初心講（中略）一順の句を暦のうらに書きて」とみえ、使い古した暦の裏は連歌を書き連ねていく料紙として再利用されている。また「物かく者をたのみ、文一つあつらへ、宛処をとへば」（巻之三―不文字一六）とあり、手紙などを代筆する人がおり、依頼する人も多くいたことが想像される。例えば、同じく「文の品々」にみえる「右筆《ゆうひつ》」などの記述によっても確かめられよう。ここでは、紙は写経、暦を書写する材料に利用されている。暦に注目すると、藤原通憲《みちのり》（信西《しんぜい》、一一〇六～六〇）著である『本朝世紀《ほんちようせいき》』の天慶元年（九三八）十一月一日条では、天暦二年（九四八）の暦を作るために麻紙が使われている。

その他、『醒睡笑』（巻之八―頓作二五）には「机に手習ふ双紙あり」とみえ、子供の手習いのために紙が使われ、清書した文字を褒めている。また「手を書きならひ、執筆をするあり」（巻之五―人はそだち二二）とあり、手習いして連歌の書き手となっている。『醒睡笑』は茶人である安楽《あんらく》庵策伝《あんさくでん》作の笑い話集で、睡を醒さんとして物したもの。元和九年（一六二三）の成立になるものではあるが、中世後期の世相を伝えている。

ところで、奈良時代にあって麻紙を使ったものに、光明皇后願経《こうみようこうごうがんきよう》である『五月一日経《ごがつついたちきよう》』（重文、奈良・東大寺など）などの経典がある。また麻布を使ったものに『額田寺《がくでんじ》伽藍《がらん》並条理図《なみじょうりず》』（国宝、国立歴史民俗博物館）や『東大寺開田図《とうだいじかいでんず》』（重文、奈良国立博物館）などの絵図が知られている。『東大寺開田図』は越前、越中両国の東大寺領庄園の開発状況を描いた絵図である。寺領検田の際に作成されたもので、もとは正倉院に伝来したものである。このうち、越前国坂井《さかい》郡高串《たかくし》村東大寺大修《だいしゅ》多羅供《たらく》分田図案は北を天として、条里を図示し、坪《つぼ》には改正田及び買得田の注記がみえる。条里中には具墨に丹紫を交えて、中央東側に串方江《くしかたえ》と水中の魚、西側に岡と樹木を描き、丹紫にて水路を示している。右端に「越前国坂井郡高串村東大寺大修多羅供分田、合地壹拾町」云々の墨書、左端には天平神護二年（七六六）十月廿一日の日付と越中国司官人・東大寺検田使の位署案がある。また越中国射水郡鳴戸《なると》村墾田図は、南を天として条里及び開発状況を示している。坪中に東大寺田、百姓口分田《くぶんでん》などの注記を墨書している。朱線にて溝、茶褐色の太線にて沼を描いている。

『七十一番職人歌合』の六六番「連歌師」（図10）の場面には、連歌師の歌を記す執筆の姿も共にみえる。文台に置かれた二つ折りの懐紙には、まず「賦山何連歌」と賦物《ふしもの》を大書し、以下八句を書き止めているのが確認できる。この形式は百韻の場合の初折に当たり、紙は四枚重ねになっているはずである。歌に注目すると「恋わびて神にたむけのつらね哥あふさかやまをふし物にせむ」とあり、山を賦物にしていることがわかる。

なお、障子に書き付けたことが、後鳥羽院《ごとばいん》の勅により撰集した『新古今和歌集《しんこきんわかしゅう》』の詞書に、次のようにみえる。

母のために、粟田口の家にて、仏供養し侍りける時（中略）雨あきくらしふり侍るとて、かの堂の障子にかきつけ侍りける　（巻第八哀傷歌）

おやなどなくなりて、心やすく思ひ立ちけるころ、障子にかきつけ侍りける　（巻第一八雑歌下）

室内の障子以外に壁にも書き付けているのが、『春日権現験記絵』第一九巻第二段にみえる。阿弥陀堂と思われる堂舎の白壁に文字が確認できる。散らし書きされた文字からみると、結縁のための和歌であろうか。堂内の壁に和歌を書き付けた人物は「西連法師」と読める。

図10　「連歌師」（東博本『七十一番職人歌合』）

壁板に書いた例は『太平記《たいへいき》』巻二六にもみえる。南北朝の争乱の中、南朝の楠木正行《まさつら》ら一行は討ち死にする覚悟のもと、如意輪堂にて各々が名字を過去帳として書き連ね、正行は辞世の歌「返らじとかねて思へば梓弓なき数にいる名をぞとどむる」を最後に記している。髻を切って仏堂に投げ入れ、生還を期せず四条《しじょう》畷《なわて》へ向かった。

また和歌を柱に書き付けていることが、花と月の歌人といわれる西行《さいぎょう》（一一一八～九〇）の『山《さん》家心中集《かしんちゅうしゅう》』雑下（重文、京都・妙法院）の詞書にある。この柱は白河の関屋の柱であった。白河の関を名所にしたのは、能因《のういん》の「都をば霞とともに立ちしかど秋風ぞ吹く白河の関」（『能因法師集』、『後拾遺和歌集』巻第九羈旅）の歌であり、多くの歌人らが詠み、また訪れることになった。『山家《さんか》集《しゅう》』にみえる廻国修行に出た西行の歌には、この他、社や妻戸に書き付けていることがわかる。『西行物語絵巻《さいぎょうものがたりえまき》』（重文、文化庁保管）では斎垣《いがき》に歌を書き付ける姿が描かれている。柱に書き付けることは『一遍聖絵』や『和泉式部続集《いずみしきぶぞくしゅう》』にもある。また、樒の葉にも書いている。華厳宗《けごんしゅう》中興の祖で、高山寺の開山である明恵《みょうえ》（高弁、一一七三～一二三二）の『明恵上人歌集』では「ワキ戸」に深い思いを伝えるために書かれている。

『粉河寺縁起』には花山院《かざんいん》が木札に歌を書いて仏前に供えられたと記している。「この昔よりかぜにしられぬともし火の光にはるゝ長き夜の暗」という御製は粉河寺参詣の際の御詠歌《ごえいか》となっている。木札を奉げる、奉納するという習慣により、霊場は以来「札所」と呼ばれるようになったといわれている。

1　紙の取捨選択

書写するための紙は、どのような紙でも良かったのであろうか。わが国最初の随筆文学である『枕草子』によれば、

> 心から思ひみだるる事ありて里にある頃、めでたき紙二十を包みて賜はせたり。（中略）「これはきこしめしおきたることのありしかばなむ。わろかめれば、寿命経もえ書くまじげにこそ」と仰せられたる　（二七七段）

とあり、「めでたき紙」ではなく、悪い紙であれば、写経料紙として用いることはできないとする。長生きを祈念するためと思われる寿命経の書写ゆえに、ことさらに写経するための料紙についての選択が行われた。つまり、写経料紙という観点から選別される紙があり、これ以外にも紙の品質や、その用途の違いによって制限される場合があった。

この他、平安時代後期の王朝貴族生活の断面を簡潔に描き出している短編物語集で幻想的な色調の強い『堤中《つつみちゅう》納《な》言物語《ごんものがたり》』の「虫めづる姫君」には「いとこはく、すくよかなる紙に書き給ふ、仮名はまだ書き給はざれば、かたかんなに」とあり、この姫君は極めて硬く、しっかりした感じの紙に片仮名で返歌を書いている。和歌を書き付けている紙ではあるが、この紙は和歌料紙とし

ての優美さを感じさせない無粋な品質の紙である。虫どもを愛し、伝統的なものすべてに反する姫君ゆえに他人と異なる紙使いをしているのであろうか。平安時代のかな消息の多くは、薄様《うすよう》を用いていたが、男女で用いる薄様の色が異なっていた。男性は紅色、女性は紫色を用いるのが普通であった。男女の紙とその色の違いは、王朝文化のもっている優美さを物語る一面である。

このように、男女によって用いる紙が違うのは、和歌を書く料紙にもみることができる。つまり、男性は檀紙《だんし》に書き、女性は薄様二枚に書くことになっていた。『醒睡笑』（巻之八―祝ひすました一七）において、板倉正佐《いたくらまさすけ》が連歌の巻頭の発句を懐紙《かいし》に書いているのは、歌の伝統を引き継いだことによるのであろう。

2　扇と色紙《いろがみ》

また「虫めづる姫君」には「白き扇の、墨黒に真名の手習したる」とみえ、白扇《はくせん》に真名＝漢字の手習いをしている。しかも、扇面すべてが真っ黒になるまで励んでいた様子がみえる。すでに、この姫君が片仮名を習得しているのは、前にみた通りである。

また『栄花物語《えいがものがたり》』には、

大将殿おはしましそめける春、うへのもたせ給へりけるあふぎに、てならひなどせさせ給へ

りけるを、御硯のしたにあるを御らんじつけて、かきつけさせ給ておかせ給へる

（巻第三五「くものふるまひ」）

とあり、ここでは扇を使って手習歌を大将の藤原通房《みちふさ》が手慰みに書いている。「右大将通房身まかりてのち、てならひすさびて侍りける扇をみいだしてよみ侍りける」との詞書《ことばがき》のある土御門右大臣女の歌が『新古今和歌集』（巻第八哀傷歌）に入集している。手習歌が書かれた扇は、硯の下に置かれていた。このように、手元にある扇は手習いに用いられており、当然、紙を材料とした紙扇であったことになる。『栄花物語』（国宝、九州国立博物館）は、漢文体の六国史《りっこくし》に対して仮名文で著述された最初の歴史物語として知られ、宇多《うだ》天皇（八六七～九三一）から堀河《ほりかわ》天皇の寛治六年（一〇九二）に至る十五代約二〇〇年間の宮廷貴族の歴史と生活とを編年体《へんねんたい》にて記述している。栄華の頂点に立つ藤原道長《ふじわらのみちなが》（九六六～一〇二七）の時代を中心とし、その死後の物語からなる。作者は女流歌人の赤染衛門《あかぞめえもん》ともいわれている。

さらに『今昔物語集』（巻二七第九）には「弁ノ手ヲ以テ其ノ扇ニ事ノ次第共被書付タリ」とあり、覚書などにも扇が利用されていたことが窺われる。扇は開けたり、閉じたりして使用することから、地紙《ちがみ》は開閉に耐えるだけの丈夫さを持っている必要があった。「今は昔」と書き出す『今昔物語集』（国宝、京都大学）は、院政期の成立になる最大、最高の一大説話集である。あらゆ

る地域、あらゆる職業の人々が描かれ、それも生き生きとその活動や肉体が、飾ることなく活写されている。転換期の時代世相を反映して、新時代の人間像までを描き出している。説話は本来民衆の口誦によって伝えられるものであるが、それが文字に書き止められるようになると、書から書への書承が行われた。

こうした扇と書との関係を伝えるものは、文学作品に少なくない。例えば、平安時代後期の成立になる歴史物語である『大鏡《おおかがみ》』に、次の如き例がある。

> 殿上人あふぎどもしてまいらせつるに、こと人々はほねにまきゑをし、あるひはしろがねこがね、ぢん、紫檀のほねになんすぢをいれ、ほり物をし、えもいはぬかみどもに、人のなべてしらぬ哥や詩や、又六十よ國のうたまくらに、なあがりたるところ〴〵などをかきつゝ、人々まいらするに
>
> （伊尹《これただ》）

『大鏡』は藤原道長の栄華の由来を探求する意向が強く反映し、対話風な物語の様式で、文徳《もんとく》天皇（八二七～五八）から後一条《ごいちじょう》天皇（一〇〇八～三六）までを紀伝体《きでんたい》にて記している。『世継物語《よつぎものがたり》』とも題する。ここでは、藤原行成《こうぜい》好みの扇のことが、こと細かに描かれている。行成（九七二～一〇二八）は学才と能書《のうしょ》で知られ、とりわけ小野道風《みちかぜ》（八九四～九六六）、藤原佐理《すけまさ》（九四四～九九八）

とともに三跡《さんせき》の一人に挙げられ、平安時代中期のかな書きに秀でた能書家であった。道風と佐理の書は宋の皇帝に献上され、日本の書が賞讃された。

扇の骨には、蒔絵《まきえ》が施され、あるいは金銀、沉《じん》、紫檀《したん》が骨に利用され、彫り物がなされている。沉は沈香の略で、熱帯アジア産の天然香木で高級な調度品に用いられた。紫檀は南アジア原産の硬木で、材の色味から紫檀と称され、銘木として様々に利用された。沉、紫檀ともに貴重で高価な船載品であった。

そして、言葉では言い表せないほど素晴らしい地紙に、詩歌や歌枕《うたまくら》などが書き付けられていると記している。また「黄なる唐紙の下絵ほのかにをかしきほどなるに」ともあり、黄唐紙に施された下絵の美しさをも賞讃している。

『七十一番職人歌合』の一三番に扇売がみえる。扇の地紙には霞引きの空に雁行が描かれている。また京都・本法寺の日通《にっつう》が長谷川等伯《はせがわとうはく》（一五三九～一六一〇）と交わした画事に関する話を記したわが国最初の画論書『等伯画説《とうはくがせつ》』（重文、京都・本法寺）には「等春云、朽木《くつき》ノ公方《くぼう》様へ参タリ、其時扇ノ地紙ヲ三枚出シテ是ニ絵書テ可被参ト云々」とあり、将軍足利義晴《よしはる》が雪舟《せっしゅう》の弟子である等春に絵を申し付けたことがわかる。なお、水墨画を本領とする等伯は雪舟の流れをくむと称していたことが知られている。水墨画の遺例に『松林図《しょうりんず》屏風』（国宝、東京国立博物館）、金碧の障壁画として『智積院《ちしゃくいん》襖絵』（国宝、京都・智積院）が著名である。

この平安貴族の絢爛豪華な持ち物であった扇の「えもいはぬ」、何とも言い表せない紙とは、どのような紙であったのであろうか。例えば、『天喜四年（一〇五六）皇后宮寛子《こうごうぐうかんし》春秋歌合』（『歌合集』所収）にもみえる「扇、瑠璃《るり》の紙、金の骨、銀の紙には骨蒔絵したり」と眩いばかりの扇の記述にあるような瑠璃色あるいは銀色の色紙のことであろうか。『枕草子』二八五段では、美麗な紙だけでなく、扇の骨には朴《ほお》が使われ、その色は赤、紫、緑と鮮明な色彩であったとする。紫色については、『栄花物語』に「あふぎ、ぬりぼねにむらさきはりて、さるべき法文を侍従大納言かきたまへり」（巻第二三「こまくらべの行幸」）とあり、扇の塗骨に紫の色紙が貼られ、威子の多宝塔《たほうとう》供養に相応しい経文《きょうもん》を侍従大納言の藤原行成が書いている。『とはずがたり』では「ぬりぼねに松をまきたる扇」（巻一―二三）とあり、塗骨に松の蒔絵《まきえ》が装飾されている。『とはずがたり』は、西行に憧れた後深草院二条《ごふかくさいんにじょう》の体験記である。

ところで、色紙については、『延喜式《えんぎしき》』第一五巻の記載から、四六〇〇張に及ぶ色紙があり、また厚薄、長、広などの各種類があったことが知られる。三代格式《きゃくしき》の一つである『延喜式』（国宝、東京国立博物館）は、弘仁式・貞観式のあとを受けて、延喜五年（九〇五）から二十年以上をかけて出来上がった律令法の施行細則（式）を集大成した法典である。醍醐《だいご》天皇の命によって藤原時平《ときひら》を中心に編纂されたもので、五十巻からなる。完成は延長五年（九二七）で、施行は康保四年（九六七）からであった。内容は宮廷における年中行事的な儀式政治の細則に終始したもので、その後の貴族生活の規範となるものであった。官司ごとに関連する法令を配列し、後世公事《くじ》の典拠として重視された。

扇の実際の使い方に注目してみると、十二世紀後半の常磐光長《ときわみつなが》らの制作になる『年中行事絵巻《ねんちゆうぎようじえまき》』巻一〇（宮内庁三の丸尚蔵館）の正月踏歌節会《とうかのせちえ》の場面は、紫宸殿《ししんでん》前庭における女踏歌で、妓女《ぎじよ》が右手の檜扇《ひおうぎ》、左手に薄様重ねの歌詞を持って舞い踊る様子が描かれている。奈良時代には正月十六日に行われる記事が多く、『続日本紀《しよくにほんぎ》』（重文、愛知・蓬左文庫）にみえている。

また『義経記《ぎけいき》』では、「舞においては日本一」の静御前《しずかごぜん》が皆紅の扇を手にし、「吉野山嶺の白雪踏み分けて入りにし人の跡ぞ恋しき」「しづやしづ賤のをだまき繰り返し昔を今になすよしもかな」と詠い舞ったことが知られる。白の袴と紅の扇との色の対比によって描かれる静御前は、男装の麗人としての魅力を十二分に引き立たせることができたに相違ない。『義経記』は源義経《みなもとのよしつね》（一一五九〜八九）の鞍馬寺《くらまでら》での幼少期と奥州平泉までの流浪期とを同情的に描く一代の伝記的なもので、義経伝説のもとになった室町時代の軍記物語である。

絵巻物に目を移してみると、十二世紀初めの藤原隆能《たかよし》の制作になる『源氏物語絵巻』御法巻《みのりまき》（国宝、東京・五島美術館）では光源氏、紫の上ともに扇を手に対面している。後ろ向きでうつむいている光源氏の扇は紅地に金の日輪《にちりん》である（図11）。絵は一場面を一紙におさめ、色彩で塗りつぶされてはいるものの、静かな画境が特徴である。「吹抜屋台《ふきぬきやたい》」という屋根を省いた室内に描かれ

図11　『源氏物語絵巻』御法巻

る人物は引目鉤鼻《ひきめかぎばな》の単純化された表現になっている。詞書は多くのかなを使い、温麗で気品のある能筆の女性の手になり、墨継ぎと文字の配列とにも心配りがあり、優美であるのみならず、遊糸連綿《ゆうしれんめん》には快さを感じさせる。

料紙の茶色の染紙に、紫などで隈《くま》ぼかしを施し、雲母《きら》を引き、金銀の切箔や大型の裂箔、砂子、野毛、さらに草、蝶、巴、州浜などを交え、遠山や水辺の景を写し、砂子で霞を表すなど、あらゆる技法を駆使して一紙の中に自然の景観を再現している。鮮やかな画面装飾の色調と墨の美とが見事に調和した王朝の美的理念の完成形を示すものである。

十二世紀半ばの『伴大納言絵詞《ばんだいなごんえことば》』中巻（国宝、東京・出光美術館）には、噂する人々のなかに扇で口元を隠す水《すい》干《かん》姿の男でみえ、この扇には絵のような図柄が描かれている。下巻にも同じ表現がある。伴大納言が応天門《おうてんもん》を焼いたことは『日本三代実録《にほんさんだいじつろく》』貞観八年（八六六）九月二十二日条にみえる歴史的な事実であり、『宇治拾遺物語』一一四段や大江匡房《おおえのまさふさ》（一〇四一〜一一一一）の説話集である『江談抄《ごうだんしょう》』（重文、醍醐寺など）などにもこの事件についての記事が収められている。

同時期の『信貴山縁起絵巻』延喜加持巻《えんぎかじのまき》では、勅使が蝙蝠扇《かわほり》を手にし、威儀ずまいを正している。詞書は直線的な筆の運びが目立つものの、全体としては穏やかさを重んじて古風である。

3　香染紙《こうぞめがみ》

ここで再び「えもいはぬ」紙に注目してみよう。何とも言い表せない程に優れた紙について『大和物語《やまとものがたり》』九一段では「色などもいときよらなる扇の、香などもいとかうばしうて」とあり、『枕草子』にも「香染の扇」（一本二三）、『源氏物語』にも「香染めなる御扇」（鈴虫《すずむし》巻）、「丁子染めの扇のもてならし給へるうつり香などさへ、たとへんかたなくめでたし」（宿木《やどりぎ》巻）とみえる。「香染めの扇」と「丁子染めの扇」とは同じく香のする紙のことで、『栄花物語』の「えもいはぬありさまどもにて、かをりたるあふぎどもをさしかくして」（巻第一三「ゆふしで」）と記す香たる扇といっしょである。

これらにみえる扇に使われる地紙《ちかみ》は、美麗な色紙で、しかも丁字《ちょうじ》染めのような香りのある香染《こうぞめ》紙《がみ》でもあった。香染紙とは、丁子の煮出し液を染料にした浸し染めにした染紙で、色相は薄紅に黄色を帯びた黄褐色の紙であった。紙の色と香りとをともに愛でる王朝人の感覚による染紙であった。丁子には防虫の効果もあることから、丁子引きの香料や染料として平安時代からよく使用されている。

『栄花物語』に「たき物をあってぶみにしてかきたり」(巻第八「はつはな」)とみえ、また平清盛《たいらのきよもり》(一一一八~八一)を中心とする平家一門の興亡と盛衰とを、いわゆる盛者必衰の理のもとで叙事詩的に描いた軍記物語である『平家物語《へいけものがたり》』には「主上、緑の薄様の匂ひ殊に深かりけるに」(葵前)とあるように、匂いを焚きこめた薄様紙などを文に使っている。十三世紀末頃制作の白描《はくびょう》物語絵の典型的な遺品である『枕草子絵詞《まくらのそうしえことば》』(個人蔵)には火取香炉《ひどりこうろ》がみえ、おそらく練香《ねりこう》が焚かれている。練香は、沈、白檀《びゃくだん》、麝香《じゃこう》など舶載された香料を練り合わせて作った薫物である。室内の調度品は整然とした細い線で描いている。とりわけ、几帳の縁の文様などは丹念な描写をくり返し、華やかな色彩に代えているように推測される。詞書には装飾のある料紙を用い、仮名書きとで貴族的な雰囲気を感じさせる。

こうした染紙の色も様々に、焚き込めた香も種々あり、美の趣味を活かした染紙の多種多様な世界が古典文学に垣間見られる。

香染紙は、藤原仲忠《なかただ》を主人公として貴族社会を写実的に描写した『宇津保物語《うつぼものがたり》』の「藤原の君」に「清らなるかうの色紙に書きて」とあるように、当然の如く扇の地紙はもとより、文を書く料紙としても利用されていることが散見される。

『宇津保物語』は、和漢両面の才をもち、三十六歌仙の一人に選ばれた源　順《みなもとのしたごう》（九一一～八三）作とされる平安時代中期の天禄から長徳年間（九七〇～九九）の作り物語で、貴族社会の表裏をかなり広範囲に描写した最初の長編物語であり、香合《こうあわせ》などの平安貴族の美意識などを反映したもののひとつとして香染紙があったことを示している。

また、平安時代末期に成立した『古本説話集《こほんせつわしゅう》』第一四（重文、東京国立博物館）では「かうぞめのかみ」に和歌が書かれている。この香染紙は、右大臣が文として清少納言に遣わしたものである。

香染紙のみえる『大和物語《やまとものがたり》』は、平安時代前期の歌物語で歌人の見るべき必読の書として『伊勢《いせ》物語《ものがたり》』と並称され、人生哀歓の歌がたりを打聞的《うちぎきてき》に書き綴ったもので、愛生死別などの人生の哀れや人の心の動きをとらえている。なお、現存する『大和物語』（重文、文化庁保管）は、美麗な唐紙を料紙に用いている（図12）。菊花、紅葉、花菱、蔓

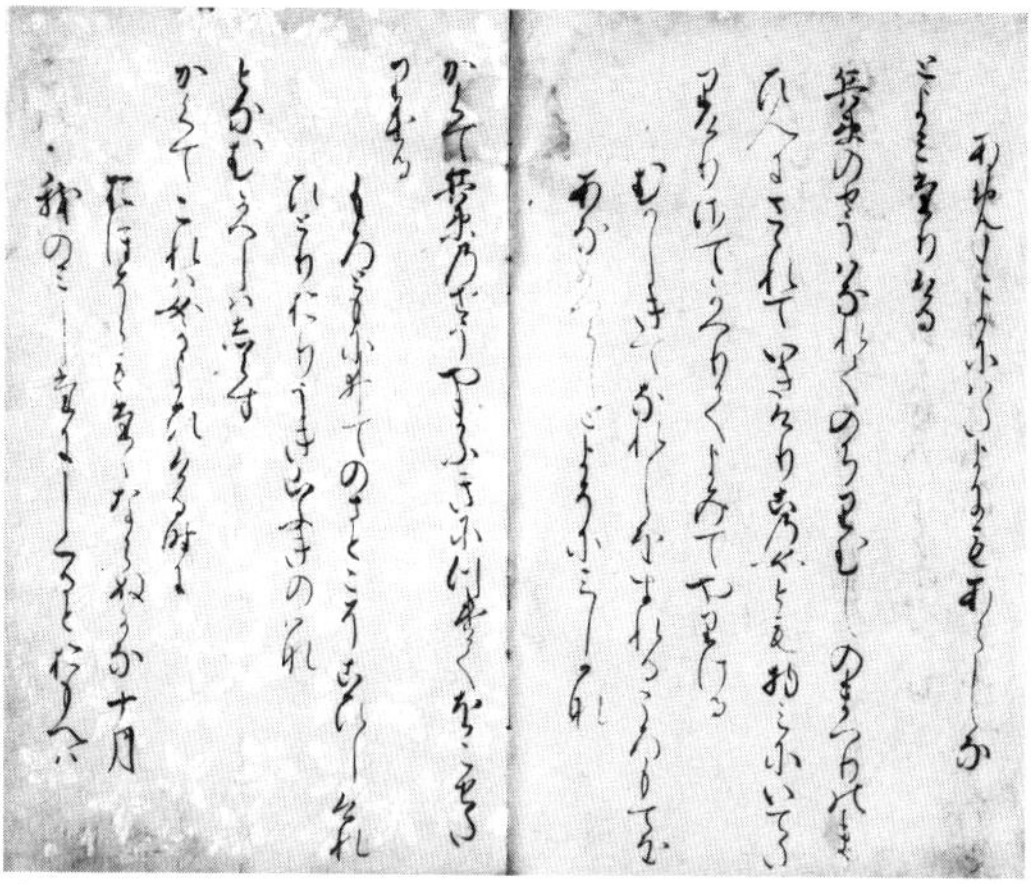

＊図12　『彩牋墨書大和物語』（文化庁保管）

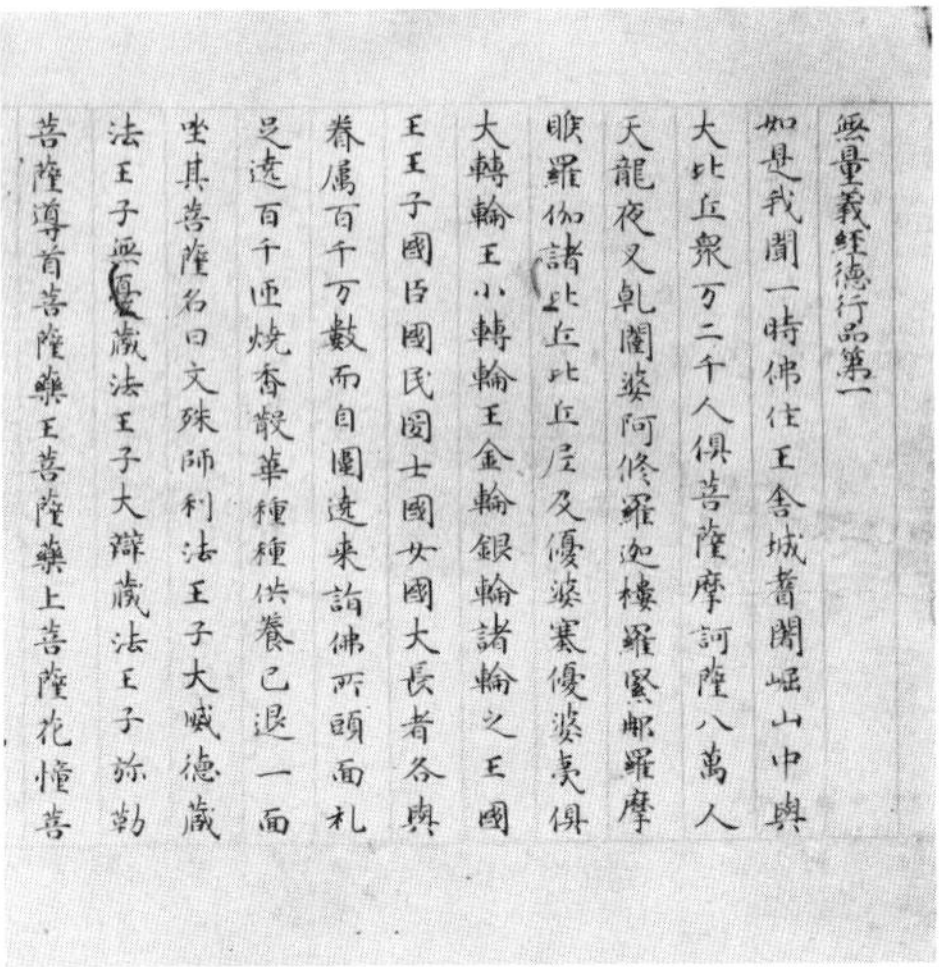
無量義経徳行品第一
如是我聞一時佛住王舍城耆闍崛山中與
大比丘衆万二千人倶菩薩摩訶薩八萬人
天龍夜叉乾闥婆阿修羅迦樓羅緊那羅摩
睺羅伽諸比丘比丘尼及優婆塞優婆夷倶
大轉輪王小轉輪王金輪銀輪諸輪之王國
王王子國臣國民國士國女國大長者各與
眷属百千万數而自圍遶来詣佛所頭面礼
足遶百千匝焼香散華種種供養已退一面
坐其菩薩名曰文殊師利法王子大威徳蔵
法王子無憂蔵法王子大辯蔵法王子弥勒
菩薩導首菩薩藥王菩薩藥上菩薩花幢菩

図13　『無量義経』

草などの文様を雲母刷りした料紙である。本文の巻頭部分は藤原為家《ためいえ》晩年の筆跡である。

　丁子吹きの代表的な遺例として『無量義経《むりょうぎきょう》』（図13）『観普賢経《かんふげんきょう》』（国宝、東京・根津美術館）などがある。丁子吹きの料紙全面に細かな金の切箔が撒かれており、繊細優美な趣と品格の高い雰囲気を醸し出している。丁子吹きの料紙は平安時代中期以降に写経料紙として愛用された。例えば『観普賢菩薩行法経《かんふげんぼさつぎょうほうきょう》』（文化庁保管）は表裏全面に丁子の染料を吹き付け、細かな金銀箔を均等に撒いた料紙に、金泥の界線を施している。醍醐寺文書聖教のうち『中川聖人記《なかがわしょうにんき》』の奥書には朱書で「表紙香紙、紐黒色絹畳之、軸杉木」とみえ、巻物の表紙に香染紙が用いられていたことを伝えている。

　ところで、香染紙でも濃く染められた色味は焼けたような褐色になることから、この濃い香染紙を用いた表紙は「ヤキ表紙」とも呼ばれ、『明月記』建仁三年（一二〇三）十二月廿五日条では「ヤキ表紙」の注記を「香表紙」とする。この巻物の紐には織物が使われ、軸首は塗軸であった。

香染紙は優雅な香りだけでなく、紙魚《しみ》の害を防ぐ防虫効果があるとされる実用の紙でもあった。この「ヤキ表紙」の例を『和泉式部《いずみしきぶ》集続集《しゅうぞくしゅう》』（重文、文化庁保管）の表紙にみることができる。表紙には「白地《しろじ》双蝶《そうちょう》丸《まる》萩文《はぎもん》丁字刷」の唐紙が用いられている。文様の蝶と萩とが焼けたような褐色にみえる。この表紙と全く同じ「ヤキ表紙」が定家監督下で書写された私家集に多くみられる。例えば、脩子《しゅうし》内親王に仕えた相模の家集『相模集《さがみしゅう》』（重文、東京富士美術館）、『仲文集《なかぶみしゅう》』（重文、冷泉家時雨亭文庫）、三十六歌仙の一人である源公忠（八八九～九四八）の『公忠朝臣集《きんただあそんしゅう》』（重文、東京・五島美術館）、中古三十六歌仙に選ばれた藤原実方の『実方集《さねかたしゅう》』（奈良・天理大学）などがあり、藤原定家筆の外題《げだい》が認められている。

4　扇面《せんめん》と文字・歌絵《うたえ》

同じように扇に文字を書き付け、絵を描いたものの記述が、梨壺《なしつぼ》の五人による『後撰和歌集《ごせんわかしゅう》』巻一九の詞書にみえ、餞別として扇に歌絵を書いて贈ったことがわかる。つまり、扇に和歌を題材にした絵を描いたもので、その後、院政期の歌壇で活躍した源俊頼《としより》『散木奇歌集《さんぼくきかしゅう》』などにみえる歌絵に繋がっていく。また『天禄四年（九七三）円融院乱碁《えんゆういんらんご》歌合』における扇合の趣向によれば、赤地の扇には「住吉のかた」の絵が描かれ、和歌は葦手で書き付けたとする。

『大鏡《おおかがみ》』には、

れいのこの殿は、ほねのうるしばかりおかしげにぬりて、きなるからかみのしたゑ、ほのかにおかしき程なるに、おもてのかたは楽府をうるはしく真にかき、うらには御ふでとどめて草にめでたくかきて奉りたまへりければ　（伊尹《これただ》）

とある。漆の骨に黄色の唐紙を張り、ほんの少し風情のある下絵が描かれた扇の表には、漢詩の一体である楽府《がふ》を整っていて美しい楷書《かいしょ》にて書き、裏には草書《そうしょ》にて麗しく書いていると記す。また『今昔物語集』に「赤キ色紙ニ絵書タル扇ヲ差隠シテ」（巻三〇第一）あるいは『十訓抄《じっきんしょう》』に「高陽院の御様はあまりに男とをくて、男女ならびゐたる絵かける扇をばすてられけるとかや」（第八）とみえ、これらの扇には絵が描かれている。『十訓抄』は年少者のための現実的な教訓書として書かれた説話集で、建長四年（一二五二）に成立し、『今昔物語集』など先行説話集の伝統を継承している。

貴族生活を背景とする恋愛を題材にした十二世紀制作になる『葉月物語絵巻《はづきものがたりえまき》』第三段（重文、愛知・徳川美術館）では、金色の日輪を画いた緋色の夏扇で、香を薫きながら扇いでいる姿がみえ、また第四段には、赤地に金泥による絵のある扇を手にする宮の姿がある。調度品類や衣裳の色調、文様などは丁寧に描き上げられ、平安時代の趣というべき古様な雰囲気と雅とが具わっている。

『栄花物語』には、

八月つごもりに、殿上の人〳〵さがのに花みにいきたるに中宮の大盤所に、をみなえしのちひさき枝を、あふぎのつまをひきやりてさしたるにかきつけ侍る
（巻第三二「歌合」）

とあり、殿上人は自らの扇の端を引き破って歌を書き、花見に合わせて中宮威子の台盤所《だいばんどころ》にいる女房たちに女郎花《おみなえし》に付けて遣わしている。女郎花は黄色の小さな花をつける秋の七草の一つである。また『撰集抄《せんじゅうしょう》』では、九条殿にて催された七夕の扇合《おうぎあわせ》の扇に歌を書いたことがみえる（巻八第一七）。『撰集抄』は西行に仮託して述作された鎌倉時代前期成立の仏教説話集で、諸国を遍歴する漂泊僧を主人公とする体裁で記し、序で「新旧のかしこき蹟を撰びもとめける言の葉を書き集め」、しかも「座の右に置きて、一筋に知識に頼まん」ためのものであるとし、新時代の息吹を反映したもので世捨人の話題が多い。

長元八年（一〇三五）五月十六日に催された関白家《かんぱくけ》歌合では、

ほり物のほねにざうがんのかみをはりて、題の心をさま〳〵にかきたる扇をひとつゞゝとりて、かうしつねながの弁にとらす

とあり、扇には歌題の風情が書かれ、骨には象嵌《ぞうがん》した紙が貼られている。

鎌倉幕府・三代将軍である源実朝《さねとも》（一一九二〜一二一九）の自撰家集である『金槐和歌集《きんかいわかしゆう》』の詞書には、

五月のころ、陸奥へ罷れりし人のもとに、扇などあまたつかはし侍りしなかに、時鳥描きたる扇に書きつけ侍りし歌

とあり、扇には時鳥《ほととぎす》の絵が描かれており、そこに和歌を書き付けて贈っている。実朝の歌には力強く、格調高い万葉調が多い。

室町時代の連歌師の宗長（一四四八〜一五三二）が記した日記紀行文である『宗長手記《そうちようしゆき》』には、

人に扇をつかはし侍り、『何にても書付て』と所望に、誰をかも友とはいはんながらへば君と我とし高砂の松、扇の絵、松あり

とみえ、扇には和歌を書き付けるとともに、松の絵が描かれていた。『宗長手記』は旅の途次における北陸、東海地方の様相が知られる。宗長は文明十七年（一四八五）に宗祇《そうぎ》、肖柏《しようはく》と後鳥羽院を祀る水無瀬宮《みなせぐう》で詠んだ連歌百句である『水無瀬三吟百韻《さんぎんひやくいん》』で知られる。

図14　『扇面法華経冊子』

このように、扇に絵を描き、かつ文字や和歌を書き付けることは、平安時代から室町時代を通じてよく見られる。往時の面影が偲ばれると評される『扇面《せんめん》法《ほ》華《け》経《きょう》冊子』(国宝、東京国立博物館、大阪・四天王寺)や「扇面《せんめん》屛風《びょうぶ》」などの絵画遺品と同じ美意識が、これらの文学作品に感じ取られよう。例えば、扇形の紙に風俗画を主とする華麗優雅なやまと絵を描き、経文を添えている「扇面法華経冊子」巻一扇九(四天王寺)には、装飾された紙を手にする貴族の男と耳を傾ける幼い女子を繊細な描写で描いている(図14)。前にみえる文机には筆、硯、料紙(素紙と色紙)、綴葉装《てつようそう》冊子、扇が置かれ、男の手にする紙は紅葉の文様があり、何枚か重ねられている。こうした優美な画趣や王朝貴族社会を物語る表現からは、日々の生活を楽しんでいる宮廷文化あるいは公家文化の姿が生き生きと浮かび上がってくる。

他方、武家文化を伝える金沢文庫文書《かなざわぶんこもんじょ》（国宝、神奈川・称名寺）のなかには「をさなき人のもち候ぬべきあふぎのいたいけして候ハん、ゑかきてうつくしく候ハんが候らん」あるいは「いたいけして候ハずとも、たゞゑのうつくしくて候ハんニても、一ほしきことの候て申にて候」とあり、子供のために美しい絵のある扇が求められており、鎌倉の地で扇を手に入れることができた。武士は公家文化の摂取に努めるとともに、家を存続させるための教育にも取り組んでいる。扇絵と和歌とを並置して描くものに、江戸時代の『扇の草紙《そうし》』（国文学研究資料館）や『扇面歌意画巻《せんめんかいずかん》』（東京・根津美術館）などには、多くの事例が記載されている。

5　様々な文字

文字の姿を『宇津保物語』にみえる個所に当たってみよう。

> 手本四巻、いろ〳〵の色紙にかきて（中略）黄ばみたる色紙に書きて山吹につけたるは、しの手、春の詩、青き色紙に書きて、松につけたるは、さうにて夏の詩、赤き色紙に書きて卯の花につけたるは、かな
> （国譲《くにゆづり》上）

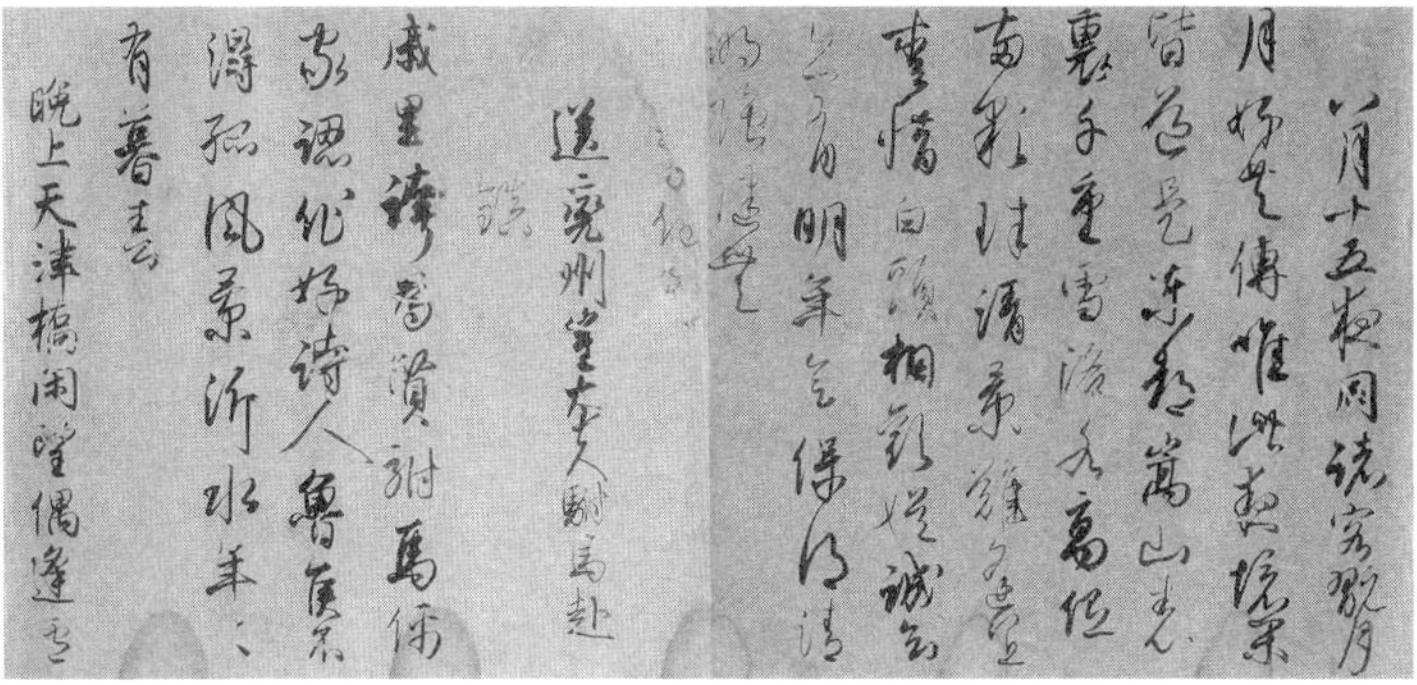

図15　『白子詩巻』

季節の色紙と文字との関係を示している。文字の姿のうち、「しの手」は真で楷書、「さう」は草で草書のことである。なお、藤原行成筆になる『白氏《はくし》詩巻《しかん》』（国宝、東京国立博物館）（図15）は漢字で、赤紫、薄茶などの色変わりの色紙九紙を料紙に用いている。巻末にある藤原定信《さだのぶ》の識語《しきご》によれば、保延六年（一一四〇）十月、物売女が道風筆『屏風土代《びょうぶどだい》』（宮内庁三の丸尚蔵館）といっしょに持ってきたもので、物売りは経師の妻であった。とするならば、能書と称された行成、道風の手跡であっても反古扱いにされ、経師屋に売り払われていたことになる。

紙に書き付けられた文字は、行成のような能書家《のうしょか》の手になるものばかりではなかった。例えば、京都・日野山に方丈の庵を結んで隠遁生活を送った鴨長明《かものちょうめい》（一一五五〜一二一六）が「我が一念の発心を楽しむ」ために撰した仏教説話集である『発心集《ほっしんしゅう》』には、

「さらば紙と筆とを給へ、あらあら書き付けん」と云ふ、すなわち取らせたれど、手もわななきて、え書かず、わずかに書き付けたるは、たがはぬみみずがきなり（第四―八）

とみえる。長明の表現を借りるならば、手も筆も震え、わずかに書き付けた文字は、震えに違わず「みみずがき」とある。手の震えによる拙い文字を蚯蚓《みみず》が這い回っているような下手な文字であると揶揄している。長明には「ゆく河の流れは絶えずして、しかももとの水にあらず」とはじまる『方丈記《ほうじようき》』がある。

『とはずかたり』では

さかみをまきたる大きなる文箱一つあり、御ふみとおぼしき物あり、とりのあとのやうにて文字形もなし（巻三―六六）

とあり、「とりのあと」が文字を意味していることがわかる。

他方、宗長は「細字の物五・六十丁、老眼をしぼりうつすに、文字のかたち鳥の跡にても、はかなく、筆うちおきてひとりわらひ」と記している（『宗長手記』）。八十歳にして、細かな文字を書写するのは、容易なことではなかったに違いない。

南北朝時代に形成され、猿楽能《さるがくのう》の間に演じられた狂言《きょうげん》『腹立てず』にもシテの出家が、

書くと申すほどのこともござらぬがござらぬが、蚯蚓のぬたくったようなことや、または雀の踊った足跡のようなことを致いて、心覚えに致すことでござる

といい、「みみずがき」と「鳥の跡」とは悪筆で拙い文字であることを形容する言葉であった。しかし、「鳥の跡」は『説文解字《せつもんかいじ》』序に、黄帝の時代に蒼頡《そうけつ》が鳥の足跡をみて文字を作ったとの故事によるもので、本来は文字そのものを意味する言葉であった。とするならば、文字という権威を笑いの世界へと引き下ろしていることになろう。

こうした拙い文字ばかりでなく、平安期女流日記の嚆矢《こうし》である藤原道綱《みちつな》母が、兼家《かねいえ》との結婚生活など身辺の様を自叙伝風に書き綴った仮名日記の『かげろふ日記』の「葛城《かつらぎ》の神」には「白い紙に、もののさきにして、かきたり」との記述がみえる。同じく「ゆきの白濱しろくてはみし」ともあることから、「白紙《しらかみ》」にものの先の尖った用具で文字を書いている。先の尖った筆記用具は毛筆《もうひつ》ではなく、角筆《かくひつ》といわれるものである。その角筆にて書いた文字は、角筆には墨を付けることがないので、容易には見えず、読めないことを記している。(17) 角筆が確認できるものに『弘法大師二十五箇条遺告《ゆいごう》』（重文、東京・金剛寺）などがある。この遺告の角筆は、平安時代後期の仮名

で特徴的である。即位《そくい》灌頂《かんじょう》及び伝授に関わる文書類を伝える二条《にじょう》家文書《けもんじょ》（重文、京都・同志社大学）には、本来口伝で文書化されることのない秘儀中の秘儀である秘印に角筆が確認できる。

また、継子《ままこ》である「おちくほの君」いじめを主題とした写実的かつ現実的な物語である『落窪《おちくぼ》物語《ものがたり》』には「硯、筆もなかりければ、あるまゝに、針のさきして、たゞかく書きたり」（巻之二）と筆の代わりに針にて掻いて書き、しかも「人知れず、おもふ心もいはでさは、露とはかなく消えぬべきかな」とある如く想いが表出しないよう、わからぬように和歌を書いている。これらの事例は、平安時代中期における角筆や針書《はりがき》の実態とその機能を伝える数少ない史料としても極めて貴重なものである。明らかにしたくない思いや露と消えゆく儚さとを、角筆や針書にて代弁させているかのような想像をめぐらすことは許されようか。

紙以外にも文字は記されている。例えば、蒔絵《まきえ》の技術が高度に発達した東山文化では、和歌に因んだ繊細された歌絵意匠が盛行し、絵の中に文字を隠して表現する繊細巧緻な蒔絵技法がみられる。こうした技法で造られた歌絵意匠蒔絵硯箱の優品として『砧《きぬた》蒔絵硯箱《すずりばこ》』（東京国立博物館）などがある。この文字は葦手に通じている。

6　白き色紙《いろがみ》と色紙形

これら様々な文字以外に、紙に書き付けられるものとして絵と和歌がある。例えば、『枕草子』

二三八段に、上より御文に「大がさの絵をかきて、人は見えず、ただ手のかぎり笠をとらへさせて、下に山の端明けしあしたより、と書かせ給へり」とあり、その返事は「こと紙に雨をいみじう降らせて下にならぬ名の立ちにけるかな」というものであった。絵に和歌の上句と下句を付けての遣り取りがみえる。つまり、和歌は「三笠山」云々の上句と「雨ならぬ」云々の二首である。絵は、人の後ろから差し掛ける柄の長く大きな笠の絵と、はげしい雨の絵が書かれている。

また、『落窪物語』には、

御かたにおはして、しろき色紙に、小指さして口すくめたるかたを書きたまひて、「めし侍ば、つれなさをうしと思へる人はよにゑみせじとこそおもひ顔なれ、をさな」と書い給へれば　（巻之二）

とある。ここでは、白き色紙に小指を咥えて口をすぼめるという戯れ書きの絵を描き、それに和歌を添えている。この色紙を「いろがみ」として理解するか、「しきし」として理解するか、即断しがたい。

『栄花物語』には、

御ぐどもの屛風どもは、ためうぢ、つねのりなどがかきて、道風こそはしきしがたはかきたれ、いみじうめでたしかし

（巻第八「はつはな」）

とみえる。村上天皇の女御芳子《ほうし》に贈られた屛風には、道風の書いた「しきしがた（色紙形）」がみえ、また「十よけんのかはらぶきの御堂」に「かみにしきしがたをしてことばをかゝせ給へり」（巻第一八「たまのうてな」）とある。さらに「しきしがたに侍従の大納言そのことばどもさうがなにうるわしうかき給へり（中略）色紙形に薄絵にて、同じ人草に書きたまへり」（巻第一九「御裳着」）と侍従大納言の行成が一品宮禎子《ていし》内親王の調度品の屛風を飾る色紙形に草仮名と草書で見事に書いている。

また『大鏡』では、

故中関白殿、東三條作らせ給て、御さうじにうたゑ共かゝせ給ひししきしがたを此大貳にかけとの給はするを

（実頼）

と、障子に大弐《だいに》の佐理が色紙形に書き付けている。このように道風（野跡《やせき》）、行成（権跡《ごんせき》）、佐理（佐跡《させき》）と能筆家の三跡が色紙形を書いている。

さらに『十訓抄』には「天暦御時月次《つきなみ》の屛風の哥に、擣衣の所に兼盛《かねもり》詠云（中略）紀時文《きのときふみ》件の色帋形を書とき」（第四）とあるように後世の「しきし」は、この時期は「色帋形」と表記される。『落窪物語』の色紙は幼い顔を表現する戯れ書きであることから、「しきし」＝方形の色紙形の紙ではないと思われる。しかし、ただの素紙ではなく、白き色紙であることに注意しておきたい。あるいは、紙の表面には滲み止めなどの加工が施された紙であったろうか。

白き色紙は『栄花物語』に、

御てばこ一よろひ、かたつかたにはしろきしきしつくりたるさうしども、古今、後撰、拾遺など五まきにつくりつゝ、侍従中納言行成と延幹と、をの〳〵さうしひとつに四巻をあてつゝかゝせ給へり（巻第八「はつはな」）

とあり、三代集の各冊は料紙に白き色紙を用いた冊子本であった。この三代集は中宮彰子《しょうし》入内《じゅだい》に際して、父の道長によって用意されたもので、調度品に相応しい美麗な冊子本の料紙として白き色紙が選ばれた。白色は晴の色で、無垢の意を込めているのであろうか。あるいは、その人となりを表わすなにものでもなかったのであろうか。これとほぼ同じ記事が『紫式部日記』『御堂《みどう》関白記《かんぱくき》』（国宝、京都・陽明文庫）にも語られている。

『源氏物語絵巻』絵合《えあわせ》巻（国宝、愛知・徳川美術館）には、

白き色紙、青き表紙、黄なる玉の軸なり、絵はつねのり、手はみちかぜされば、今めかしうをかしげに目もかゞやくまで見ゆ

と記し、白い色紙が巻物の料紙に使われ、絵と手跡とに相応しく青の表紙に玉の軸を付す美麗な表装に仕立てられている。白き色紙は特別な紙であった。なお、勅撰《ちよくせん》和歌集の奏覧本《そうらんぼん》の体裁は巻子本で、料紙には色紙あるいは鳥の子紙が用いられ、表紙には青の羅《ら》の裂地《きれ》を付し、軸首には螺《ら》鈿《でん》の装飾を施した紫檀《したん》という仕立てであった。なかでも藤原俊成《としなり》（一一一四～一二〇四）が後白河院に撰進した『千載和歌集《せんざいわかしゅう》』の料紙は白色紙であり、白き色紙の特異性を考える際に注目される（『明月記』文治四年（一一八八）四月廿二日条）。

　これらとは別に、『枕草子』には、

ゑなどやうなるものを、白き色紙につつみて、梅の花のいみじう咲きたるにつけて持て来たり　（一三三段）

とあり、ものを包むために「白き色紙」が使われている。この「色紙」は包むことができる「い

ろがみ」の意となる。また「白き紙」（八七段）がみえており、白き紙を雪に見立てている。白き紙を純白な極みである雪あるいは天から舞い落ちる雪に譬えることで、梅の花などの美しさを賞揚することができる。それゆえ、「白き（色）紙」は素紙ではなく、白色の色紙であるといえる。紙を漉いただけでは白い色の紙になることはなかった。漉いたままの素紙の白さと、白き色紙の白さとは全く別次元の白さである。

他方、『平家物語《へいけものがたり》』の「小原御幸」には「障子には諸経の要文ども、色紙に書いて所々に押されたり」とあり、この「色紙」は障子に張り付けられている。なお『醒睡笑』にみえる「定家の色紙」（巻之六—恪気五）は「しきし」つまり色紙形であろう。絵巻物では『伴大納言絵詞』上巻の清涼殿《せいりょうでん》の弘庇《ひろのひさし》にある昆明池障子《こんめいちのしょうじ》の右上には朱褐《しゅざめ》色と白色の二枚の色紙形が並んでみえている。色紙形に文字はみえない。『葉月物語絵巻《はづきものがたりえまき》』第一段でも、王朝的な生活の一駒を描いた部屋には、やまと絵の山水屏風と細かな画風の襖障子に色違い色紙形を何枚も確認できる。貞和三年（一三四七）画工飛騨守惟久《これひさ》筆の『後三年合《ごさんねんかっ》戦絵詞《せんえことば》』上巻第三段（重文、東京国立博物館）の国司館

図16　『後三年合戦絵詞』上巻第三段

には、雪の州浜に白鷺を描く障子絵に色違いの色紙形を散らしているのがみえる。現存する紙製の色紙形で最も古いのは『両部大経感得図《りようぶだいきようかんとくず》』（国宝、大阪・藤田美術館）の画賛で、これは内山永久寺旧蔵になる障子絵で十二世紀前半の作になり、色替りの色紙形が貼られている。

なお色紙形の古い遺例としては、鎌倉時代制作になる現存最古のやまと絵屏風である『山水《せんずい》屏風』（国宝、京都・神護寺）が知られる。この色紙形には文字はなく、鳥、蝶、草花の文様で装飾されている。「山水」の読みについて、醍醐寺文書聖教のうち『秘抜書《ひぬきがき》』には「山水ノ屏風ノ事、センスイト読ム也、サンスヒトハ不云也、水ノ字当流ニハ清テモ濁テモ読之、共用之ナリ」とあり、「山水」は「センスイ」あるいは「センズイ」とは読むものの、「センスヒ」とは言わないとすることが知られて興味深い。

7　重紙《かさねがみ》

女性の日常的な紙の使い方に注目してみると、『醒睡笑』に、

女房懐より料紙とり出しわたし、いろいろの文を好む。（中略）黒みすぐるほど、紙一かさねに書きくどきたる文のうち、いづれもいづれも「筑後の国の住人柳川のなにがし」と、上書ともにこれなれば、恋のさめたる風流や

（巻之三―文の品々九）

とみえる。中世後期の世相を伝える『醒睡笑』からは、女性は文を書くための料紙を懐中していること、紙を一重ねにして書くこと、上書《うわがき》は宛先である筑後国柳川《やながわ》の住所と名前とが書かれている。上書《うわがき》の書き様は、宛先以外に御伽草子《おとぎぞうし》『花世《はなよ》の姫《ひめ》』では「もりたか様へ参る、花世の姫」とみえ、充先の名前と差出した人の名前とが一見してわかるように認めていることが一般的である。御伽草子は室町時代の短編物語で、内容は多種多様であるが素朴な文芸で民衆性を具えている。

ところで、紙を一重ねにして文を書くことは『かげろふ日記』の「紅梅につけたるふみ」にも「文とりてかへりたるをみれば、紅の薄様ひとかさねにて、紅梅につけたり」とあり、また『宇津保物語』にも「赤き薄様一重に」「白き薄様一重にいとめでたく書き給へり」（蔵開上）あるいは「鈍色の紙のすくよかなる一重に書き給ふ」（国譲上）とみえる。御伽草子『弁《べん》の草紙《そうし》』では「薄様引重ねて（中略）仄に認めて、奥に一首の歌あり」とする。説経『をぐり』には「紅梅檀紙、雲の薄様、一重ね引き和らぐ」とあり、薄様だけでなく、紅梅色の檀紙を用いても一重ねにして、文を書いている。

書状は薄様、檀紙に関わりなく二枚からなるものであったことがわかる。なお、『十訓抄』では「いみじき詞つくしかき給へり、紫の七重うすやうにかきて同色につゝまれたりける」（第七）とあり、ここでは「七重」にも重ねた上で文が書かれている。

十三世紀後半の制作になる『直幹《なおもと》申文《もうしぶみ》絵《え》詞《ことば》』第一段（重文、東京・出光美術館）には、民部大輔

図17　『直幹申文絵詞』第一段

の職を兼任したいと思い、申文を書く文章博士である橘直幹の姿がある（図17）。料紙は二枚重ねで、書き終えたとみえ、二つに折って左手に持っている。立てた筆を右手にし、傍らには文机があり、硯箱と茶地に銀霞引きした表紙の巻物などが置かれている。この様子からみて、直幹は申文を手に持って書いたものと思われる。第三段では、御簾《みす》の外に申文が開いた状態にあり、よくみると確かに二枚重ねになっている。『直幹申文絵詞』は『十訓抄』や『古今著聞集』などの説話による作であり、申文それ自体は平安時代中期になる漢詩文集で藤原明衡《あきひら》編になる『本朝文粋《ほんちょうもんずい》』に収載されており、みることができる。

このように、紙を一重ねにするのは、紙が薄い薄様《うすよう》である場合に多く見受けられるというわけではなく、紙の厚さにかかわらず、二枚の重紙であるのが一般的であることが今日残っている書状からわかる。

8　紙面《しめん》と筆《ふで》

（1）紙面

文字などを書く上での紙面の状態を表現するものとして朝野の大事を記す『康富記《やすとみき》』嘉吉二年（一四四二）十月九日条には、「ふくさ紙」「打紙《うちがみ》」「強紙《こわがみ》」がみえる。紙面を示す基本的な事例とされる文献である。このうち、「打紙」とは湿らせた紙を木槌などで打ち叩く加工を施すことで、紙面を平滑にし、光沢を出すことができる。紙は繊維の間に空気があるので、光が散乱して白く見えるだけで透明にはならない。ところが、打紙をすると、繊維の隙間がなくなり、紙は透明になる。運筆と墨乗りの具合を良くするための工夫が打紙である。なお「ふくさ紙」は柔らかな紙、「強紙」は硬い紙の意である。

十二番本『東北院職人歌合《とうほくいんしょくにんうたあわせ》』（『群書類従』巻第五〇二）には「思あまり露の夜すがらうつ紙の音にたてゝも人をこはゞや」（二番）とあり、経師が夜遅くまで紙を打っていたことが知られる。「打紙」なる言葉は、古く正倉院文書にもみえ、写経のために行われていることが確認できる。

（2）筆

こうした紙と筆との関係を記したものに、尊円《そんえん》親王が文和元年（一三五二）に後光厳《ごこうごん》天皇のために手習いの要点を撰進した『入木抄《じゅぼくしょう》』がある。『入木抄』では、

筆を用事、料紙により候也、打紙には卯毛、只の紙には鹿毛にて候、檀紙には冬毛、杉原には夏毛、綾にも夏毛、布には木筆

と紙と筆との説明があり、紙の柔らかさに相応しい毛筆の良き選択が具体的に示されている。鹿の夏毛で作った「鹿の巻筆」は奈良名物として知られ、とくに春日社にて願文を書くときには神鹿の毛の筆を用いていた。

前述した角筆は木筆《もくひつ》と略同意であり、柳や槿《むくげ》などを用いて作られている。梵字の正式な書法に

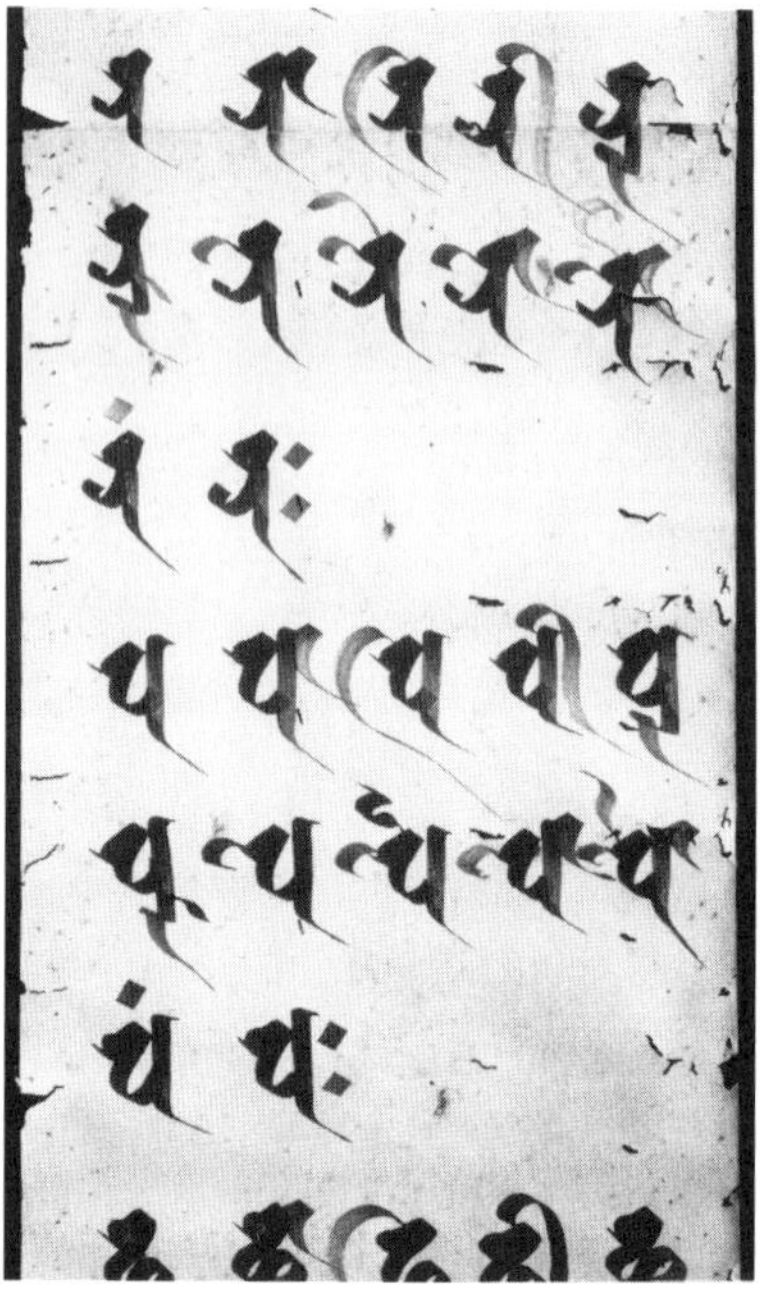

図18 『悉曇字母』

は木筆が使われる。例えば『悉曇字母《しったんじぼ》』（重文・醍醐寺）（図18）、『理趣経種子曼荼羅《りしゅきょうしゅじまんだら》』（重文、出光美術館）がある。ともに醍醐寺三宝院の開祖である勝覚《しょうがく》自筆である。『悉曇字母』の料紙は厚手の鳥の子紙を用い、飛雲《とびくも》と金銀箔散しの装飾を施している。『理趣経種子曼荼羅』の料紙には、双鳳凰丸瓜唐草文を雲母刷りした美麗な唐紙を用いている。

『枕草子』（一本一四）では、筆に「冬毛」を使うのも、見た目にも良いとし、また「うの毛」も挙げている。筆に用いる毛の硬さや柔らかさは、清少納言のように好みによるところも大きかったといえそうである。『七十一番職人歌合』の八番「筆結」（図19）の画中詞に「うのけは毛のうら面みえぬか大事にて」とあり、良い筆の作り方を記している。歌には「夏毛のふてのこゝろこはさをこひしさのこゝろものへぬひとりねは」と夏毛は硬いものであることが示唆されている。また『鶴岡放生会職人歌合』の八番「筆生」（図20）の歌には「水ぐきの岡べにわれは家ゐせん月に卯の毛のするゑをそろへば」とある。

図19　「筆結」（東博本『七十一番職人歌合』）

図20　「筆生」（松下本『鶴ヶ岡放生会』）

『平家納経《へいけのうきょう》』序品見返絵（国宝、広島・厳島神社）には、文机を前に巻状の紙を左手にし、右手に筆を取っている姿が描かれている。硯を前にして女性が手にするのは、色のついた紙のようにみえる。また『松崎天神縁起絵巻《まつさきてんじんえんぎえまき》』巻一第二段と巻五第四段の場面には、菅原道真《すがわらのみちざね》（八四五～九〇三）が左手に巻紙を持ち、右手に筆を持ち、漢詩を作る様子が活写されている。後世、学問の神として祀られる道真の素養が描かれている。なお、使い古した筆は「禿筆《とくひつ》」あるいは「きり〳〵す筆」ともいう。ともに心敬《しんけい》（一四〇六～七五）の法楽《ほうらく》和歌である『寛正百首《かんしょうひゃくしゅ》』にみえる。また筆以外について、平安時代後期の世《せ》尊寺伊行《そんじこれゆき》の『夜鶴夜訓抄《やかくやくんしょう》』によれば「墨よけれどもきらめかぬ料紙は厚紙、檀紙、唐紙などの墨つかぬ」とみえ、書における墨と料紙との組み合わせにまで細かな注意が払われている。

9　版本《はんぽん》の紙

『七十一番職人歌合』の二六番「経師」の歌に「わが恋はふりたるきやうのすりかた木たえま

かちにもなりにける哉」とあり、経典の「すりかた木（摺形木）」つまり板木《はんぎ》による印刷が行われていたことがわかる。また鎌倉時代末の制作になる五番本『東北院職人歌合絵』（国立歴史民俗博物館）の「経師」の図（図21）に注目すると、ともに僧形姿で、一人は傍らに板木を置き、板木の上に紙を当て手で摺っている作業の様子を、もう一人は紺表紙を横に置き、巻物に表紙を貼り継ぐ作業の様子を描いている。仕立てられた巻物も並んでいる。

『醒睡笑』には、書写材であるとともに「板に刷りたる紙」（巻之一―祝ひ過ぎるも異なるもの一四）との記述がある。版本《はんぽん》などの印刷用紙にもなっていることが確認できる。ここでは、夷神《えびすがみ》を摺った札として売られている。また「えびすの版木を摺る者」（巻之八―祝ひすました六）では、正月の町々で摺った札が売られている。正月の札のように数多く必要な場合には、書写するより効率的な板木による摺物《すりもの》になっていたことが知られる。

図21　「経師」（東博本『東北院職人歌合』）

例えば、絵巻物の藤末鎌初の作になる曹源寺本『餓鬼草紙《がきそうし》』第二段（国宝、京都国立博物館）の雑踏の巻の景は、道俗男女の姿も活趣に富んでいる（図22）。

図22 『餓鬼草紙』第二段

そこには、板木を右手にした市女笠《いちめがさ》の女性の前に印仏《いんぶつ》らしきものが、売り物として置かれている。また、扉には小さな印仏のようなものが二枚貼られ、塀には紙に描かれた仏画が風を受けて靡いている。その隣には彩色された仏画が表装されて掛かっている。表装をみると、上下があり、軸首が付いている。今日の表装と変わりないものであることが見て取れる。平安時代中期の印仏が京都・浄瑠璃寺の阿弥陀如来坐像九体から発見された。その印仏は摺り方の異なるもので、一つは三列四行の十二体を一版とするものと、もう一つは十列十行の一〇〇体を一紙一版とするものである（印刷博物館）。印仏する行為や作法は末法思想にともなう浄土への往生を願う日課としてこの時期から盛行していた。『石山寺縁起絵巻』巻四の石山寺炎上の場面には、仏像や経巻を持ち出す人々がいる。そのなかに経巻よりの倍ぐらいの長さのある藍表装の巻物を抱える姿がみえる。この巻物は、おそらく仏画などの掛軸であったと思われる。

康永三年（一三四四）制作の照願寺本『親鸞上人絵伝《しんらんしょうにんえでん》』第二巻（重文、千葉・照願寺）には、法然が親鸞を前にして自身の真影の画像の下に賛をしている姿がみえる。この表装は形式からみて、『安城御影《あんじょうのみえい》』（重文、京都・西本願寺）のような上下に要文《ようもん》の書き入れがあるものに類似している。とするならば、親鸞は法然が用いた表装の形式を踏襲したといえるかもしれない。

ところで、高野版の出版状況を伝える『正安二年印版目録』（和歌山・正智院）によると、印刷に用いる紙には「杉原」「檀紙」「厚紙」の三種類があり、また打紙の加工を行い、経典を刷り、表紙を付けるのは経師の仕事であったことがわかる。

その他、版木に雲母や胡粉《ごふん》を使って文様を摺り出した紙に唐紙がある。唐紙には舶載品とそれを模倣した和製のものがある。

このように、古典と絵巻物とを読み解き進めると、書写・記録材としての紙には、文書料紙、記録料紙、書画料紙、帳簿料紙、詠草《えいそう》料紙、印刷料紙などが認められ、紙は書写・記録材として情報の蓄積と伝達の機能をもっていることが確認できる。

二　包む

文字などを書く以外の機能、用途として、次に挙げられるのは包むということである。紙の創成期から包むという用途で使われていたことが、中国陝西省《せんせいしょう》西安《せいあん》近郊の遺跡から発掘された考古遺物によって確認されている。[18] 世界最古の紙とされる紀元前二世紀頃の麻紙は銅鏡の包み紙に利用されていた。

文学作品では、「包む」という紙の機能や用途などがどのように表現されているのであろうか。まず、『枕草子』には、以下のようにみえる。

> 御文は、大納言殿とりて殿にたてまつらせ給へば、ひき解きて、「ゆかしき御文かな。ゆるされ侍らば、あけて見侍らん」とのたまはすれど、「あやふしとおぼいためり。かたじけなくもあり」とてたてまつらせ給ふを、とらせ給ひても、ひろげさせ給ふようにもあらずもてなさせ給ふ、御用意ぞありがたき　（二七八段）

文を「ひき解き」「あけて見侍らん」「ひろげさせ給ふ」とある。直接的に包むとは記されていないものの、解く、開ける、広げるという行為からみて、文は間違いなく紙に包まれていたことになる。おそらくは、懸紙《かけがみ》にて書状が包まれていたに相違ない。絵巻物の『葉月物語絵巻』第三段には、松かさねの薄様に包まれた文が置かれている。この包紙に入っていた文には「ゆくするゑをはるかにおもひはじむればくれまつさへぞひさしかりける」と歌が書き付けてあった。簀子縁に冠直衣姿で笏を持つ人は文使いである。『春日権現験記絵』第一五巻第三段には、文を手にする人の横に白い懸紙がある。また麝香を包んだ紙包が差し出されている場面が『石山寺縁起絵巻』巻三の巻末に描かれている。菅原道真《すがわらのみちざね》の生涯と神社の由来・霊験とを描く承久本『北野《きたの》天《てん》神縁《じんえん》起《ぎ》絵《え》巻《まき》』（国宝、京都・北野天満宮）などにもみえている。

1　包み紙

書状以外に、どんなものを包んでいたのであろうか。『宇治拾遺物語』によれば、

> 紙給はりて、是つゝみてまかりて、たうめや子共などに食はせん」といひければ、紙を二まい引ちがへて、つゝみたれば、大やかなるを腰についばさみたれば、むねにさしあがりてあり。（巻四―ノ二）

> 大柑子を、「是、のどかはくらん、たべ、」とて、三、いとかうばしきみちのくに紙につゝみて、とらせたりければ、侍、とりつたへて、とらす（巻七―五）

とあり、どちらも食べ物を包むために紙が利用されている。包み紙の利用は、一枚とは限らず、二枚を引き違えており、「大柑子《だいこうじ》」などの大きさや形に合わせた使い方が見て取れる。また『今昔物語集』にも「干飯ヲ取出テ与ヘタレバ、多ト云テ、只少シヲ紙ニ裏テ腰ニ挟ミ、其ノ堂ヲ出デニ行ヌ」（巻一六第二八）とみえ、食べ物の「干飯《ほしいい》」を裹んで腰に挟み付けている。腰に食べ物を付ける行為は、昔話「桃太郎」の腰に付けた黍団子《きびだんご》で人口に膾炙《かいしゃ》している。

こうした食べ物を紙に包むことは、源顕兼《あきかね》編になる宮廷社会や武士の生活の実情などを伝える『古事談《こじだん》』にも「讃岐守顕綱に施食を賜はる。上分け毎日之を食ふ。明日の分、紙に裹みて之を置く」とみえている。また、僧侶の世界を伝える『発心集』には「紙にひき包みて「これをば、あれにて食べん」とて、ふところに入れて出でにけり」（第一―九）とある。紙に包んだ食べ物は、懐中していることになる。このように、紙にものを包んで懐中することは、『沙石集』にも「ふところより、紙に裹みたるものをとり出す」（巻第六―一八）などとみえており、懐中することはごく自然なことであった。

例えば『古本説話集』では「ふところより、みちのくにがみ」（第二）とみえ、藤原公任《きんとう》（九六六～一〇四一）は懐紙《ふところがみ》として陸奥国紙を懐中していた。そして、この「ふところ帋」を用いて清少納言へ和歌の下句「すこしはあるここちこそすれ」を書き添えて送っている。この下句を受けて清少納言は「そらさむみはなにまがへてちるゆきに」と上句を付けている（第一二二）。

他方『枕草子』には「紙にはものも書かせ給はず、山吹の花びらただ一重をつつませ給へり」、あるいは『発心集』では千秋万歳《せんずまんざい》が「経のつゝみ紙ありけるをかしらに打ちかづきて、めでたく舞ひたり」（五）とみえ、山吹の花や経が包まれている。また『十訓抄』（第一〇）や『沙石集』（巻第五―一四）では鏡を包み、その包み紙には和歌が書き添えられている。西行の『山家集』の詞書に「心ざすことありて、扇を仏にまゐらせけるに、院より給はりて、女房うけ給はりて、包紙に書き付けられける」とみえ、また『新古今和歌集』の詞書にも「千載集かきて奉りけるつゝみがみに『墨をすり、筆をそめつゝとしふれどかきあらはせることの葉ぞなき』とかきつけて侍りける」（巻第一八雑歌下）とあり、包紙に歌が添えていることが知られる。

『とはずかたり』には、

硯のふたに、はなだのうすやうに、つつみたる物ばかりするゑてまゐる、御らんぜらるれば「きみにぞまどふ」と、だみたるうすやうに、髪をいささかきりてつつみて（巻三―四三）

まゐらせおく消息に、白きうすやうに琵琶の一の緒を二つにきりて包みて（巻三―四六）

とあり、薄様を包み紙に用い、前者では髪を、後者では琵琶の緒を包み入れて、それに和歌を添えている。また「これをみな巻きあつめて返しまゐらする包紙」（巻二―四四）「諷誦の御布施にたてまつりし包紙」（巻三―六七）「あふぎをまゐらせし包み紙」というように包み紙に和歌を書いて遣わしていることがわかる。

こうした包み紙に和歌を書き付ける様は、御伽草子『花世《はなよ》の姫』に「この梅を盛りて、薄様に包み、上に一首遊ばしける」とあり、また『醒睡笑』（巻之五―姚心二五）にも確認できる。包み紙に薄様が使われているのは、歴史物語で三鏡の一つである『増鏡《ますかがみ》』に「くれなゐのうすやう、おなじうすやうにぞつゝまれたんめる」（巻第一二）とあり、ここでも紅の薄様に書いた和歌を同じ紅色の薄様にて包んでいる。『宗長手記』には、中《なか》御《み》門《かど》宣胤《のぶたね》の誘いの和歌を包んだ「つゝみ紙」には「心中難述、以一首呈万詞、予八旬余、老後再会、念願難尽短筆乎」と再会を念願する想いをも書き付けている。

ところで『今昔物語集』では、

張筥ノ沃懸地ニ黄ニ蒔ルヲ、陸奥紙ノ馥キニ裹テ有リ、開テ見レバ鏡ノ筥ノ内ニ薄様ヲ引破テ、可咲気ナル手ヲ以テ此ク書タル　（巻二四第四八）

とみえ、香ばしき陸奥紙そのものが包み紙に利用されている。また、『義経記』には、

何時の程にか取り給いけん、橘餅を廿ばかり檀紙に包みて、引合より取出させ給いけり

（巻五の六）

とある。

包むために利用されている紙には「みちのくに紙」「檀紙《だんし》」や薄様があり、柑子《こうじ》などを包むことができる強度と大きさとがあることになる。とくに「みちのくに紙」は「かうはしき」と形容されていることから、香などをたきこめるのに相応しい美麗な紙でもあった。また「檀紙」は引合から取り出しているところから、懐紙と同義であると考えられる。

2　陸奥紙《みちのくがみ》と檀紙《だんし》

（1）　陸奥紙

陸奥紙を用いた包み紙としての記述は、『今昔物語集』に、

陸奥紙ニ裏テ返シ遣ケルニ、其ノ紙ニ此ナム書タリケル（中略）内ニ持入テ披テ見レバ裏紙ニ此ニ書タリ

（巻三〇第一一）

とある。この陸奥紙には和歌が添えられており、ここでは包み紙を「裏紙」と表記している。また平安時代末期の歴史物語である『今鏡《いまかがみ》（新世継《しんよつぎ》）』（重文、東京・畠山記念館）にも「紅梅の陸奥紙に巻たる笛」「陸奥紙に包みて奉られたりければ」とみえる。この陸奥紙は「紅梅の陸奥紙」とあるところから、紅梅の花の色に染められた染紙なのか、それとも表が紅で、裏が紫の襲色による色合いの表現の紙なのか、特定できないものの、どちらにしても包み紙そのものへの細やかな心配りが感じられる。また鎌倉時代前期の仏教説話集である『撰集抄《せんじゆうしよう》』には「髪をきりて、陸奥紙にひきつゝみて」（巻三第三）とみえる。このように、紙に包むものは、笛や髪の毛であり、食べ物ばかりとは限らないことが知られる。

ところで、『枕草子』には「うれしきもの」として「みちのくに紙、ただのも、よく得たる」（二七六段）、また「こころゆくもの」として、さらに「ただの紙のいと白うきよげなるに、よき筆、白き色紙、みちのくに紙など得つれば、こよなうなぐさみて」（二七七段）、「しろくきよげなるみちのくに紙」（三一段）とあり、「いと白きみちのくに紙、白き色紙の結びたる」と同じ表現がくり返しみえる。清少納言は、白い紙がことのほか好きであったらしい。『なそたて』には「道風がみちのく紙に山といふじをかく」とあり、言葉遊びを行う室町時代後期の貴族の集団においては、道風と陸奥紙との結び付きがこの謎の前提にあったのかもしれない。

多種多様の紙のなかでも、白くて清らかな紙を代表する陸奥紙が宮廷などで愛でられている。

宮廷の権威の象徴として白い紙が利用された結果の反映であるとも考えられる。こうした感覚、つまり王朝貴族における白い色紙と白い清げな紙といった白色に対する感受性や、白の色合いに対する心情は、平安時代以前の古くから特別な意識の下にあったもののようである。古から白色には神秘性を感じ、また霊的なものをみることは『日本書紀《にほんしょき》』（国宝、京都国立博物館）にみられるところである。なお、『日本書紀』は、奈良時代初期に舎人親王《とねりしんのう》（六七六〜七三五）、太安麻侶《おおのやすまろ》らが中国の史書の体裁にならって国家の正史として養老四年（七二〇）に完成させた最古の官撰正史である。天地開闢《かいびゃく》から人皇第四十三代の持統十一年（六九七）までの出来事を年代を追って漢文、編年体で書いている。帝王本紀の意で皇位継承を中心にする歴史の『帝紀《ていき》』、古代の神話と伝承とからなる『旧辞《きゅうじ》』のほか、寺院や個人の記録、氏族の家伝などが用いられ、七世紀までの日本古代史を知る上での基本文献である。

（２）檀紙

他方、檀紙には「葦手の下絵の檀紙」と『建礼門院右京大夫集《けんれいもんいんうきょうのたいふしゅう》』にあるように、文字を葦《あし》の生えている文様などで技巧的に表現する装飾が施される場合が認められる。この葦手は、高雅、典麗な格調を表現する様式美の一つである。また似絵《にせえ》の名手と知られる鎌倉時代前期の藤原信実《のぶざね》による虚実の雑話を集めた『今物語《いまものがたり》』（『群書類従』巻第四八三）にも葦手絵《あしでえ》を描いた「紅梅の檀紙」

がみえ、かな消息の料紙に使われている。いずれも下絵を施した装飾料紙と表現するのに相応しい紙に装飾性を加えることで、非日常を生み出し、特別なハレの日に使用する紙が檀紙であったと想像される。この他『とはずがたり』には「女房たちの中へは、はく、すながし、名したへ、こうばいなどの檀紙百」（巻二―三六）とあり、箔や墨流しの加飾された檀紙が贈り物とされていることがわかる。なお、この『建礼門院《けんれいもんいん》右京大夫集《うきょうだいぶしゅう》』は、高倉《たかくら》天皇の中宮・建礼門院（一一五五～一二一三）に出仕した右京大夫の家集ではあるが、詞書《ことばがき》が長く、平資盛《たいらのすけもり》の追憶を日記、回想記的な趣で書き綴っている。平氏一門の君達との悲恋なども描いている。

葦手の文献的所見は十世紀初めの『延喜二十一年（九二一）京極御息所褒子《きょうごくみやすんどころほうし》歌合』で、遺品としては十一世紀末以降に多く確認できる。例えば、『夜寝覚抜書《よわのねざめぬきがき》』（重文、大阪青山学園）（図23）、『西塔院勧学講法則《さいとういんかんがくこうほうそく》』（重文、徳川美術館）などがある。『夜寝覚抜書』は菅原孝標《たかすえ》女の作といわれる平安時代後期の王朝物語である『夜の寝覚』中の文や和歌を適宜抄出し、一巻に散らし書きしたものである。斐紙に金銀泥にて水辺と水禽と片輪車、葦原と浜千鳥、下弦月と雲霞と雁行、小屋と柴垣などの風物を描き、この装飾の一部として葦手絵を交える華麗な装飾料紙である。表面だけでなく、裏面も金銀切箔砂子野毛散に雲霞引を配している。流麗な筆致から伝後光厳院宸翰とされ、子女の手本として染筆されたものと思われる。

『西塔院勧学講法則』は、比叡山西塔の釈迦堂において執行された勧学講の法則である。料紙

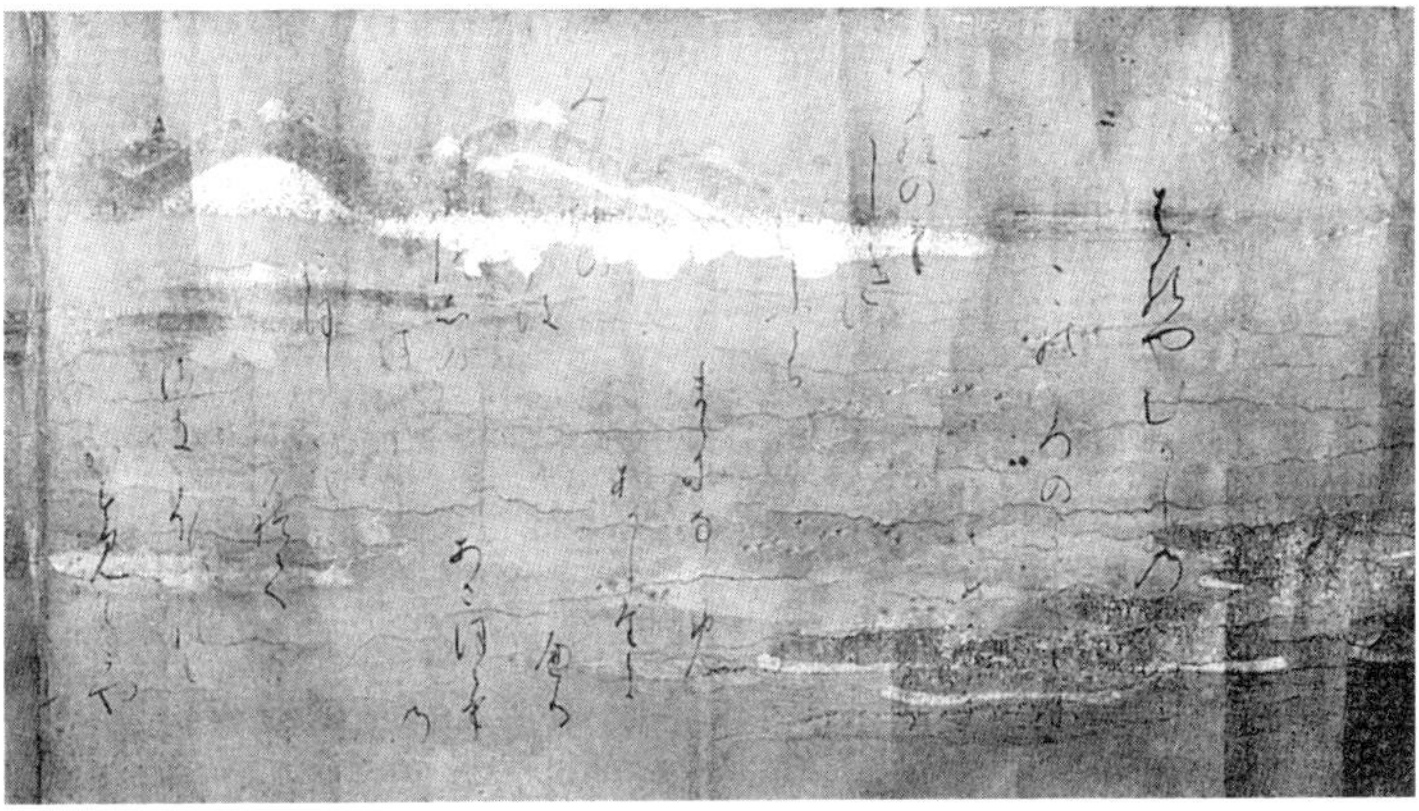

図23　『夜寝覚抜書』

には、金銀泥にて春の野草、秋草、冬枯れの草木など四季の景物を下絵に施し、また葦手文字が確認できる。南北朝時代に用いられた金銀泥装飾料紙に葦手のある優品として貴重なものである。

3　紙屋紙《かみやがみ》

陸奥紙以外の包み紙が『古事談』にみえる。

延久の善政には、先づ器物をつくられけり。資仲卿蔵人頭にて之を奉行すと云々。（中略）本米をば加屋紙に裏てもてまゐりたりければ、叡覧ありて、勅封を加へられてぞ、御持僧の許などへはつかはされける

（第一「後三条天皇、升を改むる事」）

ここでは、「加屋紙」に米が包まれて、しかも勅封

が加えられている。この「加屋紙」は、その音通からして紙屋紙《かみやがみ》のことであろう。叡覧《えいらん》の下で行われていることから、紙屋紙は天皇に近侍する蔵人《くろうど》が用意していたものに相違ない。『枕草子』には「蔵人所の紙屋紙ひきかさねて」（一三六段）とみえている。『増鏡《ますかがみ》』（重文、前田育徳会）には「内の御捧物はかみやがみにかねをつゝみて、やなゐばこにすへて頭弁ぞもちたる」（巻第八）とあり、亀山院《かめやまいん》の献上品の「かね」を紙屋紙に包んで柳筥《やないばこ》に載せている。

また『源氏物語』にも、以下のようにある。

> 唐の紙はもろくて、朝夕の御手ならしにもいかがとて、紙屋の人を召して、ことに仰せ言賜いて心ことに清らに漉かせ（中略）紙屋紙の草子　（玉鬘巻）
>
> 紙屋の色紙の色あはい華やかなるに、乱れたる草の歌を筆にまかせて乱れ書きたまへる、見どころ限りなし　（鈴虫巻）

紙屋紙は洛中の紙屋院《かみやいん》で漉かれた紙であり、ここにみえる紙屋紙の特徴は、船載になる脆い唐《から》紙《かみ》よりも手習いの用紙として優れた紙であること、冊子本の料紙に用いられていること、色紙の色合いは華やかであること、和歌が草書《そうしょ》にて散らし書きされていることである。以上の特徴をもつ紙屋紙は、草仮名と色紙とが醸し出す雅な風情が感じられる紙であったといえる。

紙屋紙を漉いた紙屋院は、紙屋川のほとりにあったといわれる。この紙屋川を歌題にした歌が『古今和歌集』巻第一〇「物名」にある。その詠は「むばたまのわがくろかみやかわるらんかゞみのかげにふれるしらゆき」で「くろかみ」は黒髪であるとともに黒紙でもあり、漉き返した紙の色が薄墨色といわれるように黒かったことに関わっているのであろう。また歌学書『古今秘《こきんひ》抄《しょう》』によれば「紙屋川といふは内にはべる黒き紙すく所なり」と、紙屋川は黒き紙を漉く場所であることを説いている。

4　畳紙《たとうがみ》と懐紙

次いで『宇津保物語』の「あて宮」には、畳紙はなくてはならないものであると書いている。畳紙について『堤中納言物語』の白粉《おしろい》と掃墨《はいずみ》とを間違えて塗る「はいずみ」には「掃墨いりたるたたう紙」とあり、眉墨《まゆずみ》を包む紙としてみえる。また『古本説話集』にも「たゝうがみに、ちやうじいりたり」あるいは「たゝう帋に、ねずみの物いりたり」（第一九）とある。さらに、『かげろふ日記』の「ちどりの書」には「つゝみてやる紙」とみえ、文を包む時にも使われている。このように、畳紙の名称は、包む機能を最大限に表す言葉である。

「たゝう紙」の名称は、『かげろふ日記』の「おき忘れし薬」にもみえる。そこにみえる畳紙がどんな紙であったかは定かではないが、「ふみおきし」云々と和歌一首を書き付けているから、

粗悪な紙であったとは思われない。『栄花物語』では、

女御の御ぞのそでのかたに、たゝうがみのやうなるもの丶あるをとりて御らんずれば、おぼしけることゞもをかきたまへると御らんず

（巻第一三「ゆふしで」）

とみえ、女御の延子の袖のところに畳紙のような紙があり、それには和歌が数首書かれていた。『十訓抄』でも「両首をたゝう紙に書て」（第四）とある。また「懐より畳紙に、文を作てさし出していふやう」とあって、さらに『源氏物語』若菜《わかな》巻には「誰かまた、心を知りて住吉の神世を経たる松の言問ふ、と御畳紙に書き給へり」とみえており、懐中していた畳紙に和歌を書き付けている。手習《てならい》巻では中将が浮舟に書いた懸想文《けそうぶみ》の紙として畳紙が使われている。紅梅巻では「この君の懐紙に取りまぜおしたたみて」ともみえる。このように畳紙は懐中されるものであった。『パジェス日仏辞書』は「畳んである紙で、金箔をつけ、あるいは絵で装飾してあり、女性がこれに紅、おしろいやいろいろの物を入れておく」と説明している。

畳紙は懐中する紙であるところから、「ふところかみ」と同じ意である。この「ふところかみ」＝懐紙が、『宇津保物語』の「蔵開中・下」では消息や和歌の懐紙として使われている。『枕草子』でも、『更級日記』の「子忍びの森」でも「ふところかみ」に和歌を書いている。薬を包ん

だ「畳紙」の中にも、同じように和歌を書いていることがみえる。『今昔物語集』でも「懐ヨリ陸奥紙ニ書タル歌ヲ取出テ」（巻二四第三三）とあり、和歌が書かれたこの懐紙は陸奥紙であった。このように畳紙は和歌の懐紙としても利用されている。『枕草子』（三六段）には「陸奥紙の畳紙の細やかなる」とみえている。同じく「白き色紙おしたたみて『これに、ただいまおぼえんふるきことひとつづり書け』と仰せらるる」とあり、中宮定子から古き歌を書くようにと、清少納言に手渡された紙は白き色紙であっただろう。白き色紙も和歌を書くための料紙に使われている。

『後三年合戦絵詞』中巻第五段には、袿を着た女性の一人の懐中していたものが転んだ際に飛び出ている。それは化粧のための鏡箱と畳紙とであった。畳紙は色が黒く酸化しているので、本来の色は銀色の色紙であっただろう。『後三年合戦絵詞』は、吉田経房《つねふさ》（一一四三〜一二〇〇）の日記『吉記《きっき》』承安四年（一一七四）三月十七日条によると、後白河法皇が静賢《せいけん》法印に命じて作らせたものであると記している。この時に制作された絵巻物は四巻であった。その後、『康富記《やすとみき》』文安元年（一四四四）閏六月二十三日条には仁和寺の宝蔵にあった「後三年絵」をみたと明記している。

その他、『今昔物語集』には「畳紙ヲ取出テ童ノ顔ノ限ヲ諸テ下部ニ渡シテ、此レニ似タラム童ヲ可捕キ也」（巻二四第四）とみえ、畳紙に探し人の似顔絵を描いていることが知られる。元弘の乱から南北朝にかけての争乱を主題とする『太平記《たいへいき》』（重文、京都・龍安寺など）では、討幕を図って捕えられ、鎌倉で斬られた日野俊基《ひのとしもと》（?〜一三三二）が辞世の偈頌《げじゅ》「古来の一句、死も無く生も無し、万里雲尽きて長江水清」を畳紙に書いて残し死につく覚悟を述べている。畳紙が懐中する紙であることからすれば、至極当然な公家による紙の使い方である。

『平家物語』の「内裏《だいり》炎上《えんじょう》」には「懐より小硯畳紙取出し、一筆書いて大衆の中へ送らる」とみえ、ここでも畳紙は硯とともに懐中され、書状の料紙に使われている。木曾願書では「箙《えびら》の方立より小硯、畳紙取出し」とみえ、同じように硯と畳紙は携帯すべきものであった。『日欧文化比較』では、紙などを「衣服の胸部に差入れて歩く」とし、一般的であったことが知られる。この紙が畳紙であり、懐紙である。

なお、『七十一番職人歌合』には、畳紙を売る女性が描かれている（図24）。その歌は「たたうがみみがきうちたるきりはくのひかりことなるあきのよのつき」（五二番）とあり、畳紙を磨き打った切箔で飾っていたことになる。切箔の光を秋の月の耀きの如きものとして賞美している。畳紙売と番《つが》うのが「摺師」である（図25）。その画中詞に「梅の花ばかりするほどにやすき」とあり、同じ文様を刷り出すのは容易いことだとする。歌は「あきらけき月とはみれどさすが猶ほりめはくもるすりがた木哉」と「ゑひすりの花だにまじるみむらさきいづれにうつるひとのこゝろぞ」と板木による刷りの難しさを色にて譬えている。ここでは、紙を手で撫で付けている。なお「摺師」なる言葉は福島県の飯野家《いいのけ》文書（重文、元久元年九月十日附八幡宮領好島庄田地目録注進状案）に見出せる。

図24・25　右「摺師」・左「畳紙屋」（東博本『七十一番職人歌合』）

紙を装飾することは、次の「飾る」（装飾紙）でも取り上げたい。

5　薬袋紙《やくたいし》

薬を包む紙に畳紙がある。例えば、『かげろふ日記』の「おき忘れし薬」に、

物とりしたゝめなどするに、うはむしろのしたに、つとめてくふ薬といふ物、たゝう紙の中にさしれてありしは

とあり、薬を畳紙に包んでいる。また『十訓抄』には「紫の七重うすやうに、薬つゝみにをしつゝみてなげいだされたりし」（第一）とみえ、ここでは紫の薄様を重ねた紙を薬包みの紙にして包んでいる。『宗長

手記』にも「薬をくられしつゝみ紙」とみえる。

『醒睡笑』には、

目くすしに出でんとする人、銘を書くべきあてもなければ、包紙を沢山に折りて、人を頼み、みなみな紅梅散《こうばいさん》と書かせ持つ

（巻之三―不文字一八）

とみえる。この包紙は薬を包む薬袋紙として利用されていたことが知られ、薬袋紙には「紅梅散」なる眼薬名が記されている。薬がこぼれないように紙を丁寧に折り畳んでいる。こうした薬袋紙について、同じく『醒睡笑』には「薬院のとて、薬のつつみ紙を馬につけてくだりしが、馬、田へころび紙をむらせり」（巻之四―聞えた批判二五）との記載がある。また、薬を包む紙の利用が、『粉河寺縁起《こかわでらえんぎ》』の詞書にも「紙に裹める物あり、十余粒の薬也」とあり、鎌倉時代以降は薬袋紙の使用はかなり一般的なことであった。南北朝時代末の制作で、放屁の特技で富み栄える高向《たかむこの》秀武《ひでたけ》をまねて失敗する隣人の福富とを教訓風に描く卑俗な『福富草紙《ふくとみそうし》』下巻（重文、京都・春浦院）には、薬師が調合した薬を包んで手渡す薬袋紙がみえる（図26）。小さく畳まれた白い紙で、薬名と思われる文字が書かれている。部屋には薬研《やげん》、棹秤《さおばかり》、分銅《ふんどう》などの道具も描かれている。『七十一番職人歌合』の三四番に「くすし」（図27）がみえ、画中詞に「殿下よりそくめいとうとくはか

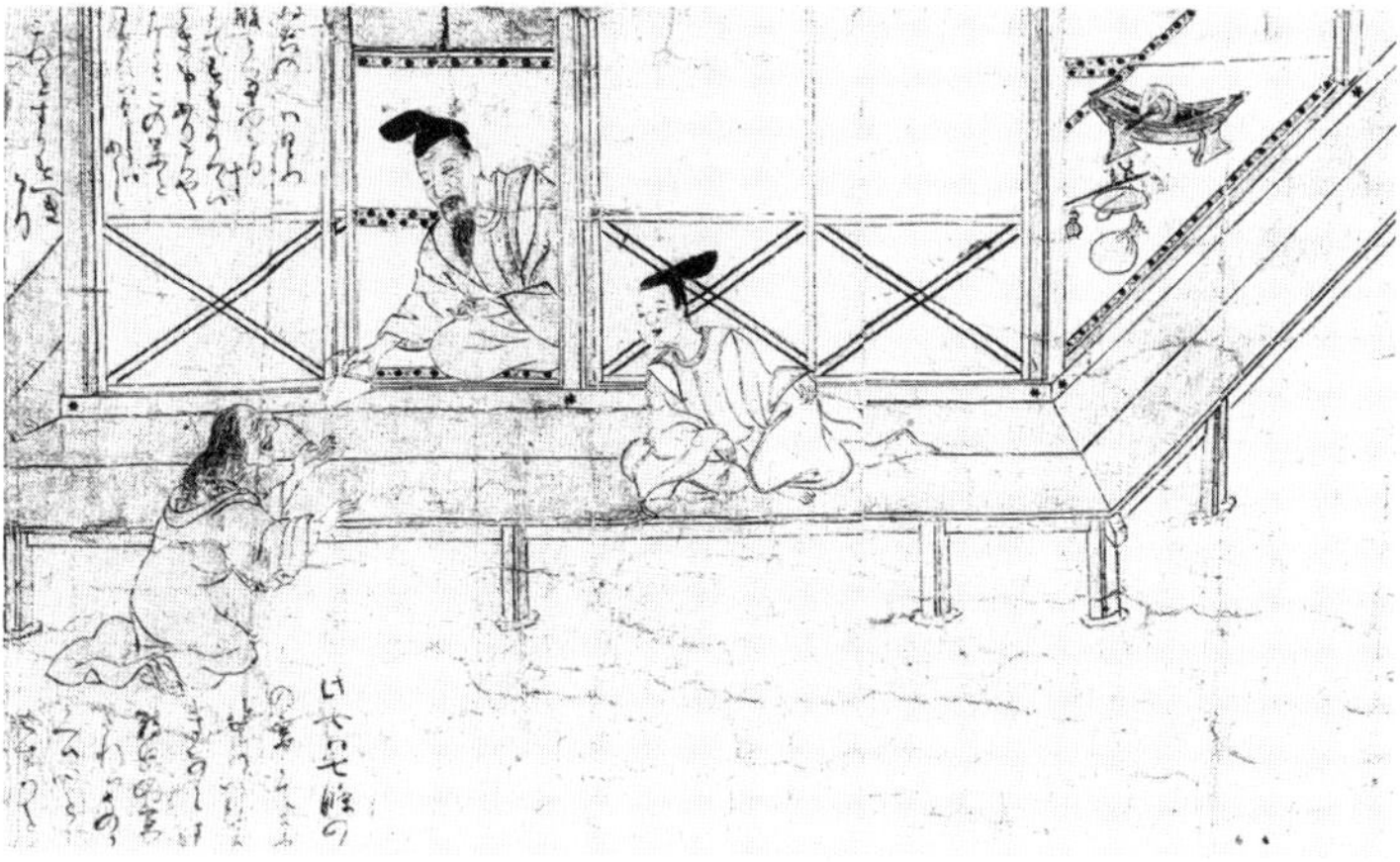
図26　『福富草紙』

さんをめされ候間、たゝ今あはせ出候」とあり、麻痺の疾病に効く続命湯と、発汗・鎮痛の作用があり感冒・関節痛などを治す薬方に配剤される独活散《どっかっさん》という薬を調合していることがわかる。独活はウドの異称で、根が生薬に用いられた。また処方箋も描かれている。なお、放屁を見世物とすることは、その後、蜀山人《しょくさんじん》（南畝《なんぽ》、一七四九～一八二三）の『半日閑話《はんにちかんわ》』や木村兼葭堂《きむらけんかどう》の『兼葭堂雑記《ざつき》』にも記され、笑い話の材料とされている。

　薬袋紙の実物として奈良・西大寺の大神宮御正体厨子《だいじんぐうみしょうたいずし》（重文）から発見されたなかに、紙包があった。その紙包は方形で、二重に包まれている。紙包には西大寺を復興した叡尊《えいそん》（一二〇一～九〇）の筆で「五薬五穀」と書かれ、その内には「天門冬《てんもんどう》」「人参」「茯苓《ぶくりょう》」「石菖蒲《せきしょうぶ》」「赤箭天麻《せきせんてんま》」の五薬と「稲」「大麦」「小麦」「大豆」「胡麻」の五穀

図27　「くすし」（東博本『七十一番職人歌合』）

とが納められている。ここにみる薬の包み方は『香薬包様《こうやくつつみよう》』に基づくものである。

かつて薬袋紙として知られていたものには、富山の薬売りと知られた越中八尾産の紙と土佐特産の紙とがある。越中産は引っ張っても破れない強く、厚さにむらのない紙を丹念な手仕事で漉きあげたもの。江戸時代には富山の薬を包み、薾袋にも姿を変えた。紙の色は赤や黄色などで、表面には板目が残っていた。

土佐産は斐紙《ひし》を蘇芳《すおう》と楊梅《やまもも》の皮とで染めたもので、赤茶色を呈し、紙質は緻密にして耐久性に富むものであった。しかし、処方された薬が、紙に包まれて出されることは、今日ではあまり見かけなくなってきている。

6　懐紙《かいし》

包み紙には、薬袋紙のように包んだものの名を記すだけではなく、『堤中納言物語』の「虫めづる姫君」には「畳紙に草の汁して」と和歌を書いている。『沙石集』にも「鏡を売りに来たるを、とりて見るに、そのつつみ紙に」（巻第五―一四）と和歌を記している。『醒睡笑』で「百首かさねて上げ参らする包紙に（中略）この一首とまりてあり」（巻第五―婣心二五）とみえ、包紙に和歌を書くだけではなく、和歌そのものを包んでいる。

このように、和歌を書く「畳紙」は、ものを包むという機能とともに、和歌を書くという機能をも併せ持つ懐紙であるといえる。和歌の料紙としての懐紙は『十訓抄』に「件の懐帋の草案共を定頼《さだより》中納言とりて、公任卿出家して居られたる北山長谷といふ所へつかはしたり」（第一）とあり、また「彼哥のはしに」公任《きんとう》が自筆にて書き付けていることからみても、和歌懐紙であることに違いない。懐紙はふところに入れておいて、必要に応じて使われた和紙で、和歌会の和歌などはこの懐紙に書かれた。

和歌の懐紙には書き方の決まりがあり、例えば和歌懐紙の最も古い遺例である『一品経懐紙《いっぽんぎょうかいし》』（国宝、京都国立博物館）（図28）の懐紙はその書式通り白い和紙に書かれている。一品経懐紙は法華経二十八品の一品ごとを題として和歌を詠んだもので、平安時代後期に流行した法華経一品経供養を背景に生まれたものである。歌人十四人による自詠自筆の懐紙として古来より珍重された。懐紙の書式は同じではないが、原則的には第一首に法華経二十八品の各品を歌題とし、次に「述懐《じゅっかい》」の一首を詠んだ二首懐紙で、一首三行に書風もそれぞれ個性のある鮮明な仮名を自由闊達に用いている。製作年代は作者とその位署書《いしょがき》によって、治承四年（一一八〇）から寿永二年（一一八

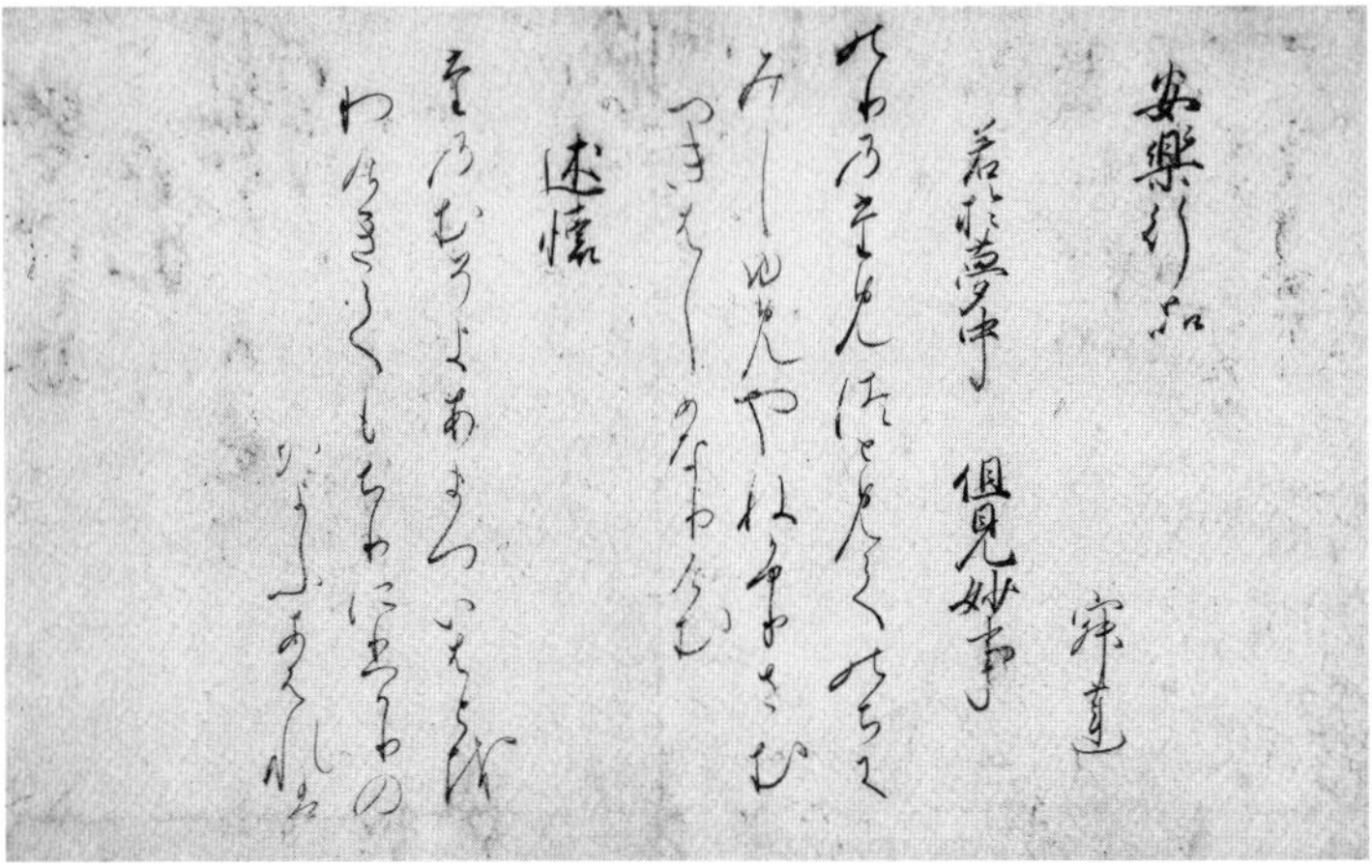

図28　『一品経懐紙』

三）までであると推定される。当時、白い紙に対する思い入れや憧れが貴族にあった。和歌と書の織りなす余白の美、視覚にうったえる書の魅力は日本文化の独自性を物語っている。このうち、西行（円位《えんい》）の懐紙は上代様の風韻が書にみえ、凛と張りつめたなかにも伸びやかさが感じられる気品をたたえている

　また、御伽草子『花世《はなよ》の姫《ひめ》』には「薄様に包み、上に一首遊ばしける」とみえ、薄様にも畳紙と同様に包むと書くという二つの機能があったことを看取できる。懐紙は楮紙《こうぞし》、斐紙の別なく、また紙の厚薄に関係なく、包むと書くという二つの機能をもっていたことになる。

7　裏紙《つつみがみ》

紙の持つ包む機能に注目すると、『大和物語』

には「いとかうばしき紙に切れたる髪をすこしかいわかねてつゝみたり」（一〇三段）とみえ、香ばしき紙に髪を包んでいる。また戦場における武士の現実の行動精神を描く『保元物語《ほうげんものがたり》』の「義《よし》朝《とも》幼少の弟悉く失はるる事」には「弟共の額の髪を切て、我共に四つゝみて（中略）面々の名を書付」あるいは「四裏の紙を取出す」と記す。ここでも髪を紙に包んでいる。これらの包み紙には檀紙や杉原《すいばらし》紙が用いられ、横に二つ折り、縦に四つ折りにして懐中に入れておいたので、「ふところがみ」ともいわれた。『保元物語』は古今無双の弓の猛者と知られる源為朝《ためとも》（一一三九〜七〇）を中心にして、武者の世の開幕を告げる保元の乱の顚末を年代記的に描いた軍記物語であり、武家における様子が窺えるが、史実に即しつつも物語的な虚構をまじえている。

三条西実隆の日次詠草集である『再晶草《さいしょうそう》』（『中世和歌集室町篇』所収）の詞書には、

内より給わりし御爪の切れを納め奉る裏紙に書付侍し
人々の髪を納める裏紙に

とみえ、ここでは「裏紙」と記している。

また御伽草子『弁《べん》の草紙《そうし》』には「人目を忍ぶ慣なれば、閨の落ち髪の一筋二筋ありけるを拾ひて、畳紙に入れ」などと「畳紙」の名がみえる。さらに『醒睡笑』には「紙につつみたる物を渡し、『これはわが秘蔵なり』」（巻第六―児の噂一〇）とあることから、単にものを包むだけではなく、髪の毛や秘蔵するような大事なものを入れてしまっておくことも大切な役割であったことが認められる。虎関師錬《こかんしれん》（一二七八〜一三四六）が著した漢文体の最初の仏教史書である『元亨釈書《げんこうしゃくしょ》』良源《りょうげん》伝（巻第四、重文、京都・東福寺）には「偶開故篋得一紙裏」とあり、その「紙裏」には「台山師子跡土」と書かれていた。この土は円仁《えんにん》（慈覚《じかく》、七九四〜八六四）が将来したものであった。

このように、武家、公家、寺社に関わりなく、愛おしい人の髪などを紙に包んで大切に懐中していたことが知られよう。

8 その他

壇には行ひの具、うるはしく置き、鈴の中に紙を押し入れたりけり　（第一―一二）

女房なんどもおのおの扇、畳紙やうのはなむけ、あまねく志しけり　（第八―九）

と『発心集』にみえる。前者は、紙による消音効果が期待されている。後者では、畳紙は扇と共に贈答品になっている。この紙と扇の組み合わせは、武家の献上品にみえる一束一本に通じるものである。

ある物を包むという行為は、包んだ物を守り保護することをも意味している。同じく『発心集』には「経のつゝみ紙のありけるをかしらに打ちかつきて」（第五―一）とみえ、また『沙石集』には「銀の折敷《おしき》に金の橘をつくらせて、こと〳〵しかぬやうに紙につつみ懐中して」（巻第六―一八）とあり、ものを二重に保護しているといえよう。『今昔物語集』では「青瓷《せいじ》ノ瓶《かめ》ニ酒ヲ入レテ、青キ薄様ヲ以テ口ヲ裹テ持セタリ」（巻二八第二一）とあり、瓶に入れた酒がこぼれぬように薄様にて口を裹んでいる。説経『をぐり』には「瓶子一具取り出だし、蝶花形に口包み」とみえる。瓶子の口を包むのに「蝶花形《ちょうはながた》」という仕方があり、蝶の形に紙を折っている。蝶には酒の毒を消すという俗信があったことにより、口を包む飾りとして中世後期には利用されていたことが知られる。

紙が創始された初発期からの包装紙としての機能と用途は、その後も永く保持されたものであることを確認できる。

三　飾る

紙の加工は、その機能と用途を広げ、各種の生活用品をつくる素材として応用されていくことになった。紙の加工として、はじめに紙を装飾することを取り上げる。装飾の内容も様々である。『宇治拾遺物語』によれば、

いつしか、四巻経書奉るべき紙、経師に打つがせ、罫かけさせて、かき奉らんと思けるが

（巻八ノ四）

とみえ、写経料紙にするために、「経師《きようじ》」によって打紙《うちがみ》加工と紙継ぎが行われていること、界線が引かれることが知られる。紙の用途、つまり写経をすることに合わせて、紙を打って平滑にするという加工と、一行毎の経文の頭尾を揃えるために横界が施され、経文をまっすぐに書けるように行用に縦界を施している。

なお、経師については、末柄豊氏「中世の経師について」(19)に、打紙については永村眞氏「醍醐寺聖教とその料紙」(20)の各論考に詳しい考察があるので併せて参照をお願いしたい。

1　色紙《いろがみ》と襲色《かさねいろ》

（1）色紙と造花

紫式部が、一条《いちじよう》天皇の中宮《ちゆうぐう》彰子《しようし》の女房として仕えていた寛弘五年（一〇〇八）秋から同七年正月までの宮廷生活を中心に見聞や感想、人物評などを詳細に記した日記である『紫式部日記《むらさきしきぶにつき》』には「いたう霞めたる濃染紙」がみえる。この紙は濃い紫のぼかし染めた色紙で、小少将の君から消息文《しようそくぶん》に使われた。

冊子作りにも「色々の紙ども」が料紙として選び整えられている。そのなかの料紙として「よき薄様ども」が、筆墨などといっしょに藤原道長《みちなが》（九六六〜一〇二七）からもたらされている。同じく「白き色紙つくりたる御冊子」とみえ、白色の紙は色紙であるという当時の認識が確認できる。つまり、素紙の紙色は白色ではなく、白色は素紙に何らかの加工を施して抄紙される加工紙であるといえる。白き色紙は、白色に対する神聖性や高貴性などの王朝の美意識を反映しているものと想像される。

『枕草子』には「薄様色紙は白き、むらさき、赤き、刈安《かりやす》染、青きもよし」（一本一二）とある。白、紫、赤、黄、青の色とりどりの薄様がみえる。ここでも、白紙は色紙の一つに数えられている。このように、平安貴族の風雅な世界では、紙を種々の単一色相に染める加工が行われていたことになる。例えば、青紙は『宇津保物語』（あて宮）に「紙筆机に積みて、色々の色紙積みて十、高坏、蘇枋《すおう》の机にまゆみの紙、青紙、松紙、筆など積みて碁代《ごて》にしたり」あるいは「青き透箱に陸奥紙、青紙など積みて出し給へり」とみえる。また「松紙」は松葉色に染めた紙である。

色紙を花びらに見立てた紙製の造花が、奈良・東大寺の修二会における椿の花や薬師寺の花会《はなえ》式《しき》などの行事で作られている。この造花は、花を「初《はな》」として幸福の「初《はじめ》」とみる信仰の場で使われていると考えられる。『万葉集』には「泊瀬女の造る木綿花」とあり、神に捧げる楮の繊維を白くした幣で花を作り、栄える意味を託している。また『栄花物語』は「色々の造り花をうゑ」る風俗を伝えている。

『枕草子』（二七八段）には、次のようにみえる。

関白殿、二月廿一日に法興院の積善寺といふ御堂にて一切経供養せさせ給ふに（中略）ことはじまりて、一切経を蓮の花の赤き一花づつに入れて、僧俗、上達部、殿上人、地下、六位なにくれまで持てつづきたる、いみじう尊

と、一切経を造花の蓮の花一輪づつに入れている。仏教的象徴である蓮を色紙にて創造する文化性が見て取れる。また「紫の紙にて樗の花」を作るともみえている。さらに「梅こそ、ただ今は盛りなれと見ゆる造りたるかな」とあって、季節はずれの庭は桜の造花を咲かせたり、松に藤の花を咲かせたりしている。

（2）襲色《かさねいろ》

また単色の紙を重ねることで、十二単と同じような襲色の美意識を反映させることになっていく。『堤中納言物語』の「逢坂越えぬ権中納言」には「菖蒲の紙あまたひきかさねて」とみえる。紙を引き重ねることから、「菖蒲《しょうぶ》の紙」とは、菖蒲色の色紙か、あるいは表が青で、裏が紅梅で

ある襲《かさね》による紙の色目のことであろう。単色の色紙にしろ、襲色による色の表現にしろ、その紙はどちらも色紙であることに違いない。

例えば、豪華な衣裳の色目を『源氏物語』若菜巻では「まるで色々の紙をかさねて綴じた帳面の小口のように見える」と表し、また平安時代後期の女主人公を中心とした悲恋物語である『夜《よわ》の寝覚《ねざめ》』では「まるで薄様色紙をきれいにかさねたように見える」と記している。庶民の立身出世談として有名な御伽草子『文正草子《ぶんしようそうし》』では、襲色の料紙として硯の下に「紅葉重の薄様」が敷かれ、装飾的効果が期待されている。その薄様には「筆の流れ、墨つき、未だ見慣れぬ」書きぶりの和歌が添えられており、より一層演出的効果がもたらされる。豊明節会《とよのあかりのせちえ》に用いられるものとして「紅、紫、色深き薄様」が筆、墨などと一緒にみえる。『住吉物語絵巻《すみよしものがたりえまき》』下巻第二段には、文を認めている姫君の姿がある。文を書く料紙は薄様の色紙で白を上にして重ねている。

善美を尽くした色の織り成す美感を見事に物語の世界で示されており、最高度に洗練された美的感覚が発揮されている。様々な感情表現や象徴的意味の表現を襲色に求めており、日本の独創的な美的表現であるといえる。

2　御幣《ごへい》と紙垂《しで》

（1）御幣

紙そのものによって装飾を表す例として『枕草子』に以下のようにみえる。

ものの具ども請ひ出でて、祈り物作る、紙をあまたおしかさねて、いとにぶき刀して切るさまは、一重だに絶つべくもあらぬに、さるものの具となりければ、おのが口をさへひきゆがめておし切り、目多かるものどもして、かけ竹うち割りなどして、いと神々しうしたてて、うち振ひ祈ることども、いとさかし　（二五九段）

これは、祈り物としての祭具である御幣についての記述である。御幣の類を紙で作るに際して、ここでは紙を多数重ねて、切れの悪い刀にて、力任せに切りそろえようとしている様を伝えている。説経『さんせう太夫』でも「眠蔵《めんぞう》よりも、紙を一帖取り出だし、十二本の御幣切って、護摩の壇に立てられた」とあり、調伏するための護摩壇に立てる紙を切って御幣を作っている。また、幣串を作る様子が『福富草紙』上巻に描かれており、幣の渡御の場面が田中家本『年中行事絵巻』に描き出されている。そして『拾遺和歌集』神楽歌採物には、次の歌がみえる。

幣は我にはあらず天にます富岡姫の神の御幣
幣にあらましものと皇神の御手にとられてたずさはるべく

狂言『釣狐《つりぎつね》』では「君に御悩をかけしゆえ、安倍の泰成占いて、壇に五色の幣を立て、薬師の法を行いけらば、叶わじとや思いけん」とみえ、御幣には白い紙が用いられ、一定の形に切って串にはさみ、時には五色の紙や金紙なども使われた。『沙石集』にみえる貴船明神《きふねみようじん》では、「敬愛の祭り」に際して赤い御幣が供えられている（巻第五―二〇）。赤の御幣は異例であり、神意にかなうことや祭りとの関係が深そうである。同じく御宝前に和歌を奉る紙として「紅の薄様」が用いられている（巻第五―一三）。『十訓抄』でも和歌を「紅のうすやう一重にかきて、御寶殿にをしたりける」（第一〇）とみえている。この行為は、『十訓抄』では「神は和哥にめで給ふ物也（中略）みてぐらに書て、社司をして申上させたり」あるいは「みてぐらに書て彼社に奉りければ」（第一〇）とあって、御幣に和歌一首を書き付けていることに通じている。

また、仏教の修法の一つである敬愛のための愛染王法《あいぜんおうほう》に関する『紅薄様』なる聖教があり、神仏への願いを伝える紙として紅薄様が使われているのは興味深い。敬愛のために紅色の薄様を八葉連華の形に切り、所求のことを書き、それを巻いて愛染明王像の虚挙に持たせるものであった。また紅薄様の他に国王の場合には赤色の紙を用いるともされる。色と神仏との関連性を解き明かしていく上で重視されるべきことがらであろう。

その他、『信貴山縁起絵巻』尼公巻《あまこうのまき》に祠《ほこら》の側に五本の白い幣串《へいぐし》がみえる。絵仏師系の手になる『北野天神縁起絵巻《きたのてんじんえんぎえまき》』（京都・北野天満宮）の産屋《うぶや》の場面には、七本の幣串、祓いの祝詞《しゅくし》を読んでいるところが描かれている。鎌倉時代中期を下ることのない『若狭国鎮守神人絵系図《わかさのくにちんじゅじにんえけいず》』（重文、京都国立博物館）には、殿舎の前で幣を手にする神職の姿が似絵風に表されている。南北朝時代末の作になる『浦島明神縁起《うらしまみょうじんえんぎ》』（重文、京都・宇良神社）の筒井大明神を祀る場面では、烏帽子に白狩衣姿の神主が幣を捧げ持って、蹲踞《そんきょ》している。承久本『北野天神縁起絵巻』巻八の人間界の場面には、衣冠束帯の陰陽師が庭前にて占いを立てている様子が描かれ、四脚台の祭壇の上に七本の幣串を立て、安産のための祓いの祭文《さいもん》を読み上げている。江戸時代前期の作になる『彦火々出見尊絵巻《ひこほほでみのみことえまき》』第六（福井・明通寺）の産屋の場面でも、同じように陰陽師が八足の几の上に幣串を立て、祝詞を読み上げている最中の様子がみえる。彦火々出見尊は海彦・山彦の名で知られる山彦のことである。室町時代後期の制作である『玉藻前草紙《たまもまえそうし》』（根津美術館）に多数の幣串などが画かれている。『玉藻前草紙』は「那須野殺生石《なすのせっしょうせき》」を題材にしたもので、作者は箱書に寂済とある。源頼光《よりみつ》（九四八〜一〇二一）の大江山鬼退治で知られる江戸時代初期の『酒呑童子絵巻《しゅてんどうじえまき》』（京都・曼殊院）には安倍晴明《あべのせいめい》（九二一〜一〇〇五）が占いをする場面が巻頭にあり、室内には祭壇が設けられ、算木《さんぎ》による占いの結果は内裏に奏上されている。算木での占いの様は、室町時代末期の『鼠《ねずみ》の草子絵巻』（東京・サントリー美術館）にもある。姫君の行方を占う「ありまさ」なる占いにたけた人物の前に算木と巻物が描かれている。これら祓の儀礼は、罪穢を祓串や人形などの祓具に付けて、それを川水に流すのを例としていた行為を図像化したものである。

このように、神を祀る儀式あるいは神仏への捧げものをのせたり、包んだりする儀礼にも様々な紙が必要であった。

（2）紙垂《しで》

こうして神々しく仕立てられた御幣と同じく、神に供える稲穂のかたちに見立てた紙垂なども、飾りのひとつに加えることができよう。紙垂には木綿《ゆふ》も用いられた。木綿について『造伊勢二所太神宮宝基本記《ぞういせにしょだいじんぐうほうきほんき》』に「穀木を以て作る白和幣を謂ふ」とある。「穀木《かじのき》」は楮木と同意であり、楮の皮を剝いで、その繊維で作った白い布の和幣《にぎたえ》のことを木綿としている。『徒然草《つれづれぐさ》』（重文、静嘉堂）にも「榊に木綿懸けたる」（第二四段）とみえる。紙垂に歌を書いていることが『とはずがたり』（巻四―九九・一〇〇）にあり、紙垂は「さかきの枝」などに付けて遣わしている。

ところで、紙を截ち切る際に、紙が折り込まれて、切れ端が飛び出るようなことがあり、それを「福紙《ふくがみ》」という。『醒睡笑』には、「木にて作りたるは何時もきびす、紙に書きたるは、いつともえびすといふべし」（巻之四―聞えた批判三）とあることから、福紙は「えびす」紙と同義語であることが知られる。切れ端が飛び出ているのは、古文書にも典籍料紙にも時々目にすることができる。福紙は、化粧截ちと呼ばれる作業で紙の左右上下をする際の截ち切った際に、うまく切れずに残ってしまったもので、偶然の所産である。あまり目にすることがないことから、それをみた人はめずらしいものを目にしたうれしさなどから、その名が付いたものであろうか。

3　能紙

それでは、神事に用いられる紙には、特別な紙が用意・準備されたのであろうか。『宇治拾遺物語』の賀茂社の記事によれば、以下のようにある。

山門に僧ありき、いと貧しくて（中略）百日といふ夜の夢に、「和僧がかく参る、いとほしければ、御幣紙、うちまきの米ほどの物、慥にとらせん」と、おほせらるゝと見て、打おどろきたる心ち、いと心うく、哀にかなし。（中略）これを明けてみれば、白き米と、能紙とを一長櫃いれたり、見し夢のままなり

（巻六―六）

夢想の如くに、御幣に用いる紙として「能紙」が与えられている。「能紙」とは能《よ》き紙、つまり紙の品質が上等で、優美な意味であったと思われる。

『今昔物語集』には、

手箱ヲ開テ吉キ紙四枚ヲ取出シテ、何カニ書ニカ有ラム書ツ、其レヲ押巻テ懸紙シテ、立文ニシテ上書ニハ、其ノ房ノ御房ニ大法師義清ガ上ト書テ苅萱ニ付遣ツ　（巻二八第三六）

とあり、「吉キ紙」なる言葉がみえる。手箱に入れてあった中に吉紙があり、それを取り出して、文を書いている。また『大乗院寺社雑事記《だいじょういんじしゃぞうじき》』（国立公文書館）文明三年（一四七一）九月七日条にみえる「吉紙」も同義語であろう。さらに、上質の紙を表現する紙名として「美紙」なる言葉が『古事談』にみえる。この美紙は『摩訶止観《まかしかん》』の書写用に求められた紙である。平信範《のぶのり》（一一一二～八七）の日記である『兵範記《ひょうはんき》』（重文、陽明文庫）保元二年七月五日条には「美紙」が薄様色紙、檀紙といっしょに手箱に納められていた。これらの事例から判断すると、「能紙」は御幣に求められる神聖性を十全に担保できる要件を満たす良き紙であったと推定できる。

　紙はその用途と場所が問題視されることがあり、紙の使用に関しては自ずから限定的に、かつ取捨選択されていたのである。そのことが紙の名称そのものに表されている。こうした紙名は神聖視されるという視点から選別された紙名であり、それが「能紙」「吉紙」「美紙」という名称になっていったのではなろうか。

4　紙人形

平安時代には、普段玩ぶ人形を「ひいな」と呼び、ひいな遊びと称していたことが『源氏物語』『栄花物語』『狭衣物語《さごろもものがたり》』などに散見している。雛祭りの所見は『御湯殿上日記』（東山御文庫）寛永二年（一六八五）三月四日条に「中宮の御かたより、ひいなのたいの物、御たるまいる」や『時慶卿記《ときよしきょうき》』（西本願寺）寛永五年三月三日条の「ヒナノ樽、台等ニテ」とあって、酒宴が行われていたことがわかる。

飾りとして作られた紙の製品として「紙のひな」は鎌倉時代中期の神道書である『耀天記《ようてんき》』の「山王の事」[21]にみえる。「権現《ごんげん》の御為に宝殿にて御用やは有るべき」と記されており、神前や神事のために準備されたもので、おそらくは立雛《たちびな》であったと想像される。

紙を折って鶴を作るなど伝統的な折紙も、装飾的な役割を有しているが、平安時代には人や動物などの形代《かたしろ》として祓具《はらえぐ》あるいは撫物《なでもの》としての機能が確認される。『宇治拾遺物語』『十訓抄』には、平安時代中期の陰陽師である安倍晴明（九二一～一〇〇五）が懐紙で鳥形の識神《しきがみ》を作っているところなどにもみえている。晴明が祭文を読み上げる場面が、鎌倉時代後期の制作になる『不動《ふどう》利益《りやく》縁起絵巻』（重文、東京国立博物館）や室町時代作の『泣不動《なきふどう》縁起絵巻』（重文、京都・清浄華院）に描かれている。室町時代作の『付喪神《つくもがみ》絵巻』（岐阜・崇福寺）には、文机に祭文らしき巻物が置かれている。

『七十一番職人歌合』の三四番「陰陽師」（図29）の歌には「こひしにて後もやあふとこゝろみにわが人かたの身がはりもかな」とみえ、人形による祓いが行われている。また『葉月物語絵巻』第六段の場面には、黒漆塗金蒔絵の箱の隙間から「天児《あまがつ》」と呼ばれる人形がみえている。『源氏物語』薄雲、若菜巻から幼子の成長を守り、災難除けの守りとして枕元に置かれるものであることがわかる。西行の自撰家集『山家心中集』雑上に「里人の大幣小幣立て並めて馬形むすぶ野つ子なりけり」という一首があり、馬形の農神を形代として作り祭りを行っていたことが詠まれている。

図29　「陰陽師」（東博本『七十一番職人歌合』）

このように、紙は穢れや厄を祓うための形代あるいは祭具として用いられている。

その他、茶入切形などがある。龍光院に伝わる茶入切形《ちゃいれきりがた》は、信長《のぶなが》と秀吉《ひでよし》の茶頭であった千利《せんのり》休《きゅう》（一五二二〜九一）が茶会などで拝見した唐物茶入《からものちゃいれ》の形を実物大の切紙にして、併せて茶入の特徴を記したものである。紹鷗茄子《じょうおうなす》には「永禄五〈壬戌〉正四日、宗久にて見候、大黒庵にて再度也、上下ノ薬イツレモヘ段ケツカウ也、少薬アツ也、土ウス紅色ニテコマカ也、薬ノウチニナタレノヨウニ見ユル手カタ二ツアリ」と注している。

四　補う（補修紙）

紙はその構造上、強度上において、力加減を間違えたりすると、切れたり、破れたりするものである。その破損などを繕うために、同じ紙そのものが利用される。

1　障子《しょうじ》と美濃紙《みのがみ》

（1）障子

かつて身近な紙製品で、破れるものの代表的なものは、障子であったのではなかろうか。建具としての障子に用いられる紙の条件は、まず明かりを採るために白いこと、次に薄くて丈夫なことであった。この条件を満たす最適な紙は、楮を原料として漉いた紙であった。鎌倉時代の絵巻物で大和国の当麻寺に伝わる当麻曼荼羅の由来の物語を描いた『當麻曼荼羅縁起《たいままんだらえんぎ》』（国宝、神奈川・光明寺）、『一遍上人絵伝』（国宝、神奈川・清浄光院）や覚如《かくにょ》の行状を描いた南北朝時代の『慕帰絵詞《ぼきえことば》』（重文、京都・西本願寺）などに描かれている障子は、みるからに楮紙が使われている（図30）。

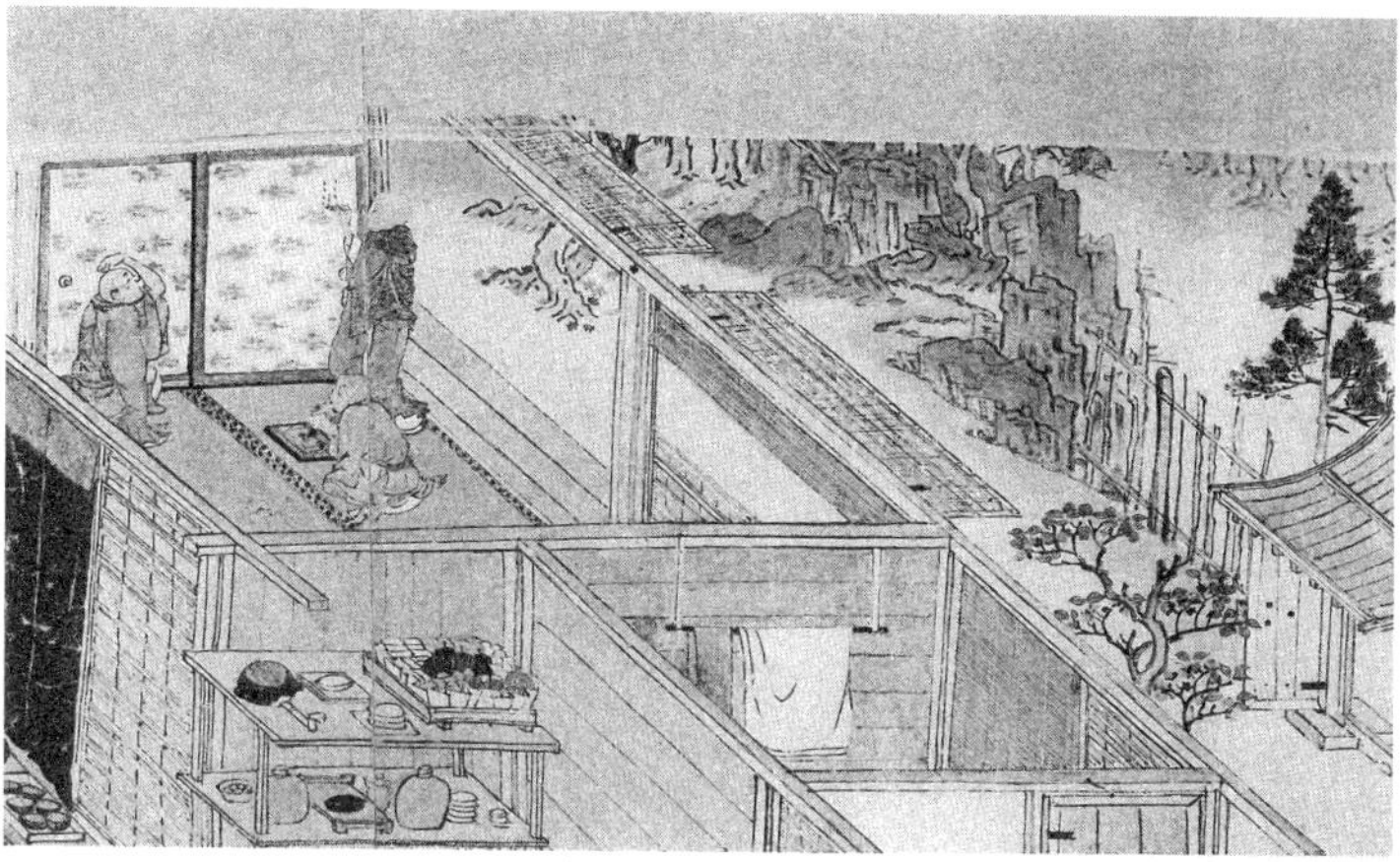

図30　『慕帰絵詞』

他方、文学作品にみえる障子としては、

> すゝけたる明り障子の破ればかりを、禅尼手づから、小刀して切り廻しつゝ張られければ
>
> （『徒然草』第一八四段）

> 越中の太守神保殿は、美濃の土岐殿の聟にてありし、その御台、我意にまかせて、よろづ作法猥りなりければ、神保が家は破れの窓障子みのうす紙のはり異見かな
>
> （『醒睡笑』巻之一―落書一二）

とある。前者の『徒然草』には「明り障子」、後者の『醒睡笑』には「窓障子」とみえる。ともに破れがみられ、破れた部分には紙にて補修されていることから紙障子であった。

『徒然草』の北条《ほうじょう》時頼《ときより》（一二二七～六三）の母・

松下禅尼《まつしたぜんに》の話は、質素倹約の範を示したものとして知られているところである。時の権力者であった時頼の障子であっても、煤けた障子を張り替えず、破れた箇所に紙を当て直し、贅沢を戒めて慎ましやかに生活する姿はどこまで真実を伝えているのであろうか。諸国を遍歴したと伝える謡曲能の『鉢木《はちのき》』が思い起こさせる。

『堤中納言物語』の「このついで」に「障子の紙の穴」、『和泉式部日記《いずみしきぶにっき》』には「まづこのひとを見ん見んと、穴をつけて騒ぐぞ様悪しきや」、平安時代後期の歴史物語である『水鏡《みずかがみ》』(重文、三重・専修寺)にも「密ニ窓ノ紙ヲ破テ見バ」(斉明)とみえる。この障子も、穴があったり、穴を開けたりしているから、紙障子である。「紙障子」なる言葉は『狭衣物語』に「紙障子によべの御衣を掛けてさぶらひつる」とみえる。『和泉式部日記』は平安時代中期を代表する女流歌人である和泉式部の帥宮《そちのみや》(敦道親王)との恋愛の顚末を記した歌物語的な日記であり、恋の行方を噂する宮中における女房たちの好奇の目が、障子に穴を付けてまで覗かせている。女房たちの関心事は、その場所柄ゆえに日々の交友と風雅な社交とであった。障子の穴から覗くことは、御伽草子『弁の草紙』でも様よき人を「風の吹き来て、障子を吹き破りたる隙より見奉る」と記している。好奇心による覗き見は、いつの世も変わらぬ人間心理であろうか。

さて明り障子は、慈円《じえん》(一一五五〜一二二五)の道理と末法思想によって歴史をみる史論書『愚《ぐ》管抄《かんしょう》』に持仏堂の「アカリ障子」(巻四)、『古今著聞集』に僧坊の「明障子」(巻五、和歌第六)、

『十訓抄』に「あかり障子をへだてゝこれに謁す」（第一）とみえており、平安時代には建物の明り取りとして用いられていたことが窺える。『撰集抄』には「常におはしける障子に書きつけてなん出給へり」（巻四第六）と障子に和歌を書き付けていることさえ、みることができる。

また『今昔物語集』では、

寝殿ノ丑寅ノ角ノ戸ノ間ハ人参テ女房ニ会フ所也、住吉ノ姫君ノ物語リ書タル障紙被立タル所也（巻一九第一七）

と、住吉物語が書写されている。さらに『徒然草』には「屏風、障子などの絵も文字もかたくなる筆やうして書きたる」（第八一段）とあり、屏風とともに障子には絵や見苦しい筆使いの文字が書かれてある場合が記されている。

（2）　美濃紙

ところで、この紙に開いた穴を補うために、『醒睡笑』でも「みのうす紙」が使われている。美濃薄紙の利用は、その産地である美濃国はもちろんのこと、室町時代後期の越中国においてもその利用が確認できる。障子紙として美濃薄紙の使用が広まっていたことを示している。

横川景三《おうせんけいざん》（一四二九～九三）『東遊集《とうゆうしゅう》』(22)の「謝濃牋之恵」には「破衾補紙晒籬辺、満地梨花蝶夢翮、楮国有縁吾避乱、風廃無力試竜泉」とあり、破れた衾《ふすま》を紙にて補っていると記す。この補修に使われた紙は「濃牋《のうせん》」と書かれている。この「濃牋」とは、濃州で産する紙のことで、つまり美濃紙のことである。また、美濃国を「楮国」と表現しており、楮紙の生産が盛んな国であったことを示唆している。美濃国は、古代において紙屋院の別院が置かれた唯一の国であり、以来紙産地として知られ、その伝統的な技術が伝承されて現在に至っている。本美濃紙が無形文化遺産登録につながっていくのである。

三条西実隆によれば、「楮国」は紙の異名である（『実隆公記』文明十六年十月三日条）。楮国を異名とするのは、唐の薛稷《せつしょく》が紙を作って「楮国公」に任ぜられたことに由来し、紙を「楮国公」ということになったことによるとし、この「楮国公」を略して「楮国」とし、紙の異名となったとする。紙の異名は室町時代の国語辞書である『撮壌集《さつじょうしゅう》』（享徳三年序）(23)や『類聚往来《るいじゅうおうらい》』(24)などに列記されているが、そのなかに、中国の揚子江以南の池沢に生じる水苔で漉いた「陟釐《ちょくり》」や剡渓の藤の繊維で漉いた「剡溪藤《えんけいとう》」、西域の国名である「烏孫《うそん》」などのように中国の紙の特徴を示している。(25)五山文学の双璧とされた一人である義堂周信《ぎどうしゅうしん》（一三二五～八八）の詩文集『空華集《くうげしゅう》』（『五山文学集』所収）にみえる「濃州紙」も、やはり美濃紙のことで、「京牋」とは都で作られた牋紙《せんし》の意であろう。

『慕帰絵詞』巻八の詞書に「蔡紙」なる言葉がみえる。この「蔡紙」は、紙の発明者とされてきた後漢の蔡倫《さいりん》に由来する紙名で、この場面では杉原紙の意で用いられている。

2　繕《つくろ》う（修理）

『枕草子』には「人の破り捨てたる文を継ぎて見るに、おなじ続きをあまたくだり見続けたる」（二七六段）とみえており、何らかの事情により破り捨てられた書状を継ぎ直して読むことができるまで直していることが知られる。こうした繕い＝修理することによって今日まで伝わってきた文書として冷泉家《れいぜいけ》の家領である播磨国細川庄《ほそかわのしょう》に関わる大事な文書（正和二年七月廿日附関東下知状《かんとうげちじょう》と同年八月五日附六波羅施行状《ろくはらせぎょうじょう》）がある。修理の経緯を記した冷泉為経《ためつね》の言葉によれば、「喪心之病」であった冷泉為元《ためもと》は、この大切な文書を毀し捨て「寸々破裂」いてしまったが、その紙片を残らず集めて、繕いを施し、元に復したとある。[26] 実際に残されている文化財にまぢかに接すると、伝統的な修理技術の優秀さには目を見張るものがある。

他方『宗長手記』に、

杉原伊賀入道宗伊百首歌、亀山にて、自筆一巻、こゝかしこむしはみてあるをみせられ侍りし、所望して写之とみえ、虫の害によって百首歌を書いた巻物一巻が傷んでいても、繕われることなく、そのままの場合もあった。宗長は、仕方なく、そのままに書写したのであろう。修理を行うか否かの動機付けには、少なからずそのもの自体に対する思いがあったように想像される。

五　着る、かぶる（衣服）

1　紙衣《かみこ》

衣類の代用品として紙が利用されたことを記す文献上の初見は、空海《くうかい》（七七四〜八三五）の著作である『聾瞽指帰《ろうこしいき》』（国宝、和歌山・金剛峯寺）の「仮名乞児論」にみえる「紙袍」であろう。また播磨・書写山の性空《しょうくう》上人（九一〇〜一〇〇七）が身にまとったとする『朝野群載《ちょうやぐんさい》』の記事「以紙為衣装」（巻二）があり、僧侶の生活で用い始められたようである。『今昔物語集』では、

破タル紙衣荒キ布ノ衣ヲ着タリ、或ハ破タル莚ヲ覆ヒ、或ハ鹿ノ皮ヲ纏ヘリ　（巻一三第一五）

衣ハ紙衣ト木皮也、絹布ノ類敢テ不着ス　（巻一三第二七）

と、やはり僧侶の姿を描いている。着ているものは、紙衣である。『宇治拾遺物語』でも、聖

の命蓮が「紙ぎぬ一重」を着ていることがみえる（巻八）。「紙ぎぬ」は紙で作った衣服のことで、『一遍上人語録』巻上(27)にも「紙のきぬ」が小袖《こそで》、帷子《かたびら》などといっしょに書かれており、僧侶の質素な衣服であったことが知られる。このように、紙でつくった衣服が平安時代の僧侶の世界、つまり遊行の捨聖に広くあった。

平安時代後期の鳥羽僧正《とばそうじょう》（覚猷《かくゆう》、一〇五三〜一一四〇）の作ともいわれる『信貴山縁起《しぎさんえんぎ》絵巻』に「紙衣をたゝ一つ着たりけれは」とみえる。鎌倉時代の『発心集』には、

その姿、布のつづり、紙衣なんどのいふばかりなく　（第一―一〇）

いささか真紫深く生ひたるかくれに、仏経と紙衣とばかりぞありける　（第三―七）

痩せ黒みたる法師紙衣の汚なげにはらはらと破れたる　（第七―一二）

とあるように、「紙衣」と表現されている。また『元亨釈書《げんこうしやくしよ》』仁鏡伝に「紙衣葛裘」（巻第一一）、玄常伝に「紙楮木皮以充衣」（巻第一二）とみえる。『沙石集』にも「暮露《ぼろ》々の如くにて、帷《かたびら》に紙衣きてぬるに」（巻第八―一四）とみえている。紙衣を着る様は、暮露と呼ばれる有髪の乞食僧の姿と同じように貧しい人が用いる衣服とみなされている。なお「暮露」の言葉は『徒然草』一一五段や『とはずがたり』（巻四―一〇六）などにみえている。襤褸《ぼろ》を身にまとい、物乞いをした

ことにより、「暮露」あるいは「梵論師《ぼろんじ》（梵論字）」と呼ばれて乞食と変わりない者もいた。

ところで、優れたやまと絵の伝統を伝える十三世紀前半の制作になる『西行物語絵巻《さいぎょうものがたりえまき》』（重文、愛知・徳川美術館）に描かれている漂泊の歌人・西行（一一一八～九〇）の姿は、吉野山に向かう詞書に「麻の衣のすみ染に、かき紙きぬの下着に」（第二巻第三段）とあり、修行の装束は柿渋《かきしぶ》引きの紙衣を墨染《すみぞめ》の麻布の下に着していたことが知られる。紙渋引きは防湿や防汚、また繊維を強靭にすることが目的であった。しかし、紙渋は色素の粒子が大きく、繊維に浸透しにくいので塗り重ねる必要があった。墨染に紙衣を着ていることは、出家者であることが一見して判別できる可視的な指標であった。紙衣を僧服の下着に用いていることは『源平盛衰記《げんぺいせいすいき》』でも確認できる。

こうした紙の衣服は、公家社会でもみられる。例えば、『明月記』元久元年（一二〇四）十二月一日条では、藤原定家《さだいえ》（一一六二～一二四一）が紙で「御衣」を作ったことがみえる。この紙衣は亡くなった父・俊成《としなり》に着せており、死に装束であった。親のために子が自らで作るものであったことは興味深い。『元亨釈書《げんこうしやくしょ》』経源伝には「披自製紙服、蓋源預裁為臨終衣也」とあり、「紙服」が臨終の装束であった（巻第一一）。その他、広照伝に「至期著新紙法服」、願西伝に「我今日赴浄刹（中略）浴了、著浄紙服」とみえており、穢れのない紙による衣を死に臨んで著している。

南北朝期以降になると、五山《ござん》文学の双璧で入明した絶海中津《ぜっかいちゅうしん》（一三三六～一四〇五）の詩文集『蕉堅藁《しょうけんこう》』（『五山文学集』所収）の五言律詩《ごごんりつし》には「紙衣游帝里」あるいは「細写紙衣字」とみえ、紙《かみ》衣《こ》は禅僧ら寺院の身近にあるものであった。

また連歌師《れんがし》の宗長《そうちょう》が大永二年（一五二二）五月から同七年九月までの駿河国府中《ふちゅう》への下向《げこう》と上洛とをくり返し、旅の途次における地方の様子を伝える紀行文である『宗長手記』には「かみこのためとて、富士綿一把」とある。「かみこ」は紙子ともいわれる衣服のことで、紙子の防寒保温性を高めるために富士山麓にて産する綿が利用されたものと思われる。それでも寒いのか「ある夜、炉火しどろなる火榻《こたつ》にねぶりかゝりて、紙子に火をつくをもしらず」と着ていた紙子に火が付いたことさえ気付かずに寝ているという事態を生じている。笑い話のような次第ではあるが、よく燃えずに済んだのも驚きである。また「紙ぎぬ」ともみえ、雪の降る冬の野良着にもなっている。フロイスの『日欧文化比較』では坊主のみならず、「王侯」も紙の着物を着ていると記し、広く普及していた様子を伝えている。王侯のそれは、秀吉が天正十八年（一五九〇）の小田原城攻めの際に用いた紙子道服《どうふく》に求めることができる。山形・上杉神社に残る上杉謙信《うえすぎけんしん》所用の紙衣陣《じん》羽織《ばおり》（重文・上杉神社）も陣中で着用されている。

『なそのほん』(28)では「やしろのわらんべ」の解を神子とする。つまり神子＝紙子（紙衣）であるとする。紙衣（紙子）は紙を加工した衣服として平安時代以降、中世の終わりまで普及していたといえよう。

紙衣はよく手揉《ても》みして紙に皺《しわ》をつけることで、手触りが柔らかな紙になり、軽くて保湿性と通気性とに優れた衣服になる。紙さえ手に入れれば、誰でも作ることができる簡易で、便利なものであった。『本阿弥《ほんあみ》行状《ぎょうじょう》記《き》』に「厚紙をもとめ手づから能くもみて、菜売、乞食、非人をもまねきよせ、寒き時節はこれを背にあてよとて」与える本阿弥光悦（一五五八～一六三七）の母・妙秀の逸話がある。また、防水性を高めるために、柿渋《かきしぶ》や蒟蒻糊《こんにゃくのり》が補強材として利用されることもあった。俳諧作者である井原西鶴《いはらさいかく》（一六四二～九三）の浮世草子の一つ、町人物である『世間胸《せけんむな》算用《ざんよう》』（元禄五年刊）には、大晦日の借金取り立ての様子のなかで「大晦日の祝儀紙子一疋」「白石の紙子二たん」とあり、江戸時代の町人にとって紙子は贈答品であった。町人社会を活写した西鶴には「大晦日定めなき世のさだめ哉」という代表的な句があり、『西鶴織留《おりどめ》』では「何につけても金がなくては世に生きているかいもないこと、言うまでもない」と時代を認識している。

紙衣に用いる紙は、どんな紙でも良いわけではなく、おそらく紙そのものの厚さと強さとが求められた。紙を強くするには、紙漉きの工程において繊維をよくからませることが大事である。そのため、漉桁《すげた》を縦横左右、十文字にゆすって漉きあげたといわれる。

今日、最もよく知られている紙衣は東大寺二月堂の修二会《しゅにえ》に練行衆《れんぎょうしゅう》が着る紙子である。事物のはじまりを記した菊岡沾涼《てんりょう》の享保十八年（一七三三）になる『本朝世事談綺《ほんちょうせじだんき》』(29)にも「寒気を防ぐの服とす、南都二月堂参籠の僧徒、おのおの是を著す、渋を用ひず潔白也、白紙子といふ」と説明する。お水取りの行事の紙衣には、独特な美しさが感じられる。実際に紙衣を着てみると、織物などよりも暖かいものであることが実感できる。
反古紙で作った紙糸で織ったものに紙布がある。紙布は一度使用した紙を再び蘇らせて衣服としたものである。紙糸にするためには、紙を裁ち、揉み、撚りをかけて糸にする仕事が不可欠である。例えば、紙糸を緯糸《よこいと》にし、経糸《たていと》に楮の樹皮を使って交織にするものなどが残っている。紙糸を緯糸にするか、経糸にするかに決まりはない。こうして再生された紙布は、他の素材にない紙の繊維特有の材質感がある。木綿以前には使い古した紙を裂き、糸にして紙布に織り上げていたと想像される。用を終えた紙を捨てることなく、新たな用途が授けられる時代は木綿以前であった。

2　紙衾《かみふすま》

紙衣とともに、貧しい暮らしを象徴するものとして紙衾がある。

そのうつは物、昔の人に及ばず、山林に入りても、餓《うえ》を助け、嵐を防くよすがなくてはあられぬわざなれば、（中略）紙の衾、麻の衣、一鉢《ひとはち》のまうけ、藜《あかざ》のあつ物、いくばくか人の費《つひえ》をなさん

（『徒然草』第五八段）

児を請じて、夜衣に新しき紙の衾を出し着せぬるまま、児の詠める

おそろしや思ふ中をも裂けつべし夜の衾のなるかみの音　（『醒睡笑』巻之六―児の噂四四）

『徒然草』と『醒睡笑』には「紙の衾」とみえる。紙衾は、夜の寝具で、これで寒さを防いでいる。とくに『醒睡笑』によれば、紙衾の鳴る音が「なるかみ」＝雷神の如くすごい音になると記す。夜は何の物音一つしない、静謐な闇の世界にあって、その内にいる人にとって、紙摺れの音が雷の音のごとくに大きく聞こえたのは、強ち誇張した表現ではなかったのかもしれない。中世までの夜の世界は静寂そのものであったことを見事に表し、示唆的である。

この他、紙衾のことは、『平家物語《へいけものがたり》』の「灌頂《かんじょう》巻」に「御寝所と思われる所に、竹の竿に麻の衣や紙のふすまが掛けられていた」とあり、『古事談』にも「尼上、紙の衾許ばかりを着られけり」とみえている。『宗長手記』にも「くち坊に尼十余人計、紙の衾、麻のつゝりしきびのかほり、むかしをもみるやうにおぼへて」とあり、紙衾はわびしく、貧しい暮らしを象徴するものの如くに思われる。時代を隔てる『古事談』と『宗長手記』の話が、尼僧の場合であったことを見逃してならない。

江戸時代になると、「明神のねや」の解として「神臥す間」、つまり「かみふすま」＝紙衾であるとする『謎乃本《なぞのぼん》』（『中世なぞなぞ集』所収）などがある。紙衾の中に藁を入れた紙の布団として、江戸・芝西久保にあった天徳寺《てんとくじ》の門前で売られていたことから、「天徳寺」とも呼ばれ、紙衾の異名になっていた。喜多村信節の『嬉遊笑覧《きゆうしょうらん》』巻二には「紙ふすまを江戸の俗にてはてんとくじと言う」「帷に紙袋きてねるに足も身も冷めず」と記している。この頃、了意《りょうい》の『ゑ入京すゝめ』によれば、京都などには紙子専門の加工業者が、柿渋屋として需要に応えていたことが知られる。これ以外に、紙にかかわる職業として唐笠屋《からかさや》、提灯屋《ちょうちんや》、扇子屋《せんすや》など、紙を利用する人々が増えていく。

3　紙冠《かみかぶり》と巾子紙《こじかみ》

(1)　紙冠

紙衣や紙衾の他に目にするものとして、『枕草子』には「法師・陰陽師の、紙冠して祓したる」（二〇九段）とみえる。この紙冠は紙製の冠で、『宇治拾遺物語』にも「紙冠をきて祓する」と清祓いに際して用いられている。『今昔物語集』でも「祓殿ノ神達ハ法師ヲバ忌給へバ、祓ノ程ド暫ク紙冠ヲシテ侍ル」（巻一九第三）とある。法師が祓殿にて神を祀る際には、神事を司る神職と異なり、紙冠の着用が不可欠であった。祓の行為では清浄を保つことが求められ、神聖性を表現する色として白が選ばれ、その結果白い紙が紙冠に使われたのであろう。

（2）　巾子紙

この他、紙製のものとして、平治の乱の顛末を叙した『平治物語《へいじものがたり》』の「源氏勢汰への事」には「冠にこしかみ入」とある。藤原信頼《のぶより》の衣服を表現した言葉で、信頼は小袖に赤い大口の袴をはき、冠に巾子紙を入れて着用し、天皇の如き振舞いであった。

「こしかみ」は巾子紙の意であり、冠の纓《えい》を前方に折り曲げて巾子に挟んで止めるが、この巾子を止めるために用いる紙を巾子紙という。檀紙を二枚重ねにし、両面には金箔を押してある加工紙である。

鎌倉時代末作の『なよ竹物語絵巻』（重文、香川・金刀比羅宮）第七段の御簾と几帳をめぐらし、夏の夜の静寂のなかに描かれる後嵯峨院《ごさがいん》の後姿には、白い巾子紙がしっかりとみえる。

4　雨衣《あまごろも》と唐傘《からかさ》

（1）　雨衣

諸国遊行の自然景を忠実に写している『一遍上人絵伝』巻五（国宝、清浄光院）の場面には、雨衣がみえる。下野国小野寺《おのでら》で、にわか雨にあった場面である（図31）。雨衣は雨具として、雨をはじき、吸収しないように桐の実の油を引いた丈夫なものであった。画中では、雨衣は袖がなく、頭からかぶる物と肩にかける物との二種類が描かれている。紙に油を引くことは、『今昔物語集』に

図31　『一遍上人絵伝』巻五

も「油シタル紙ヲ以テ裏タル」（巻二〇第四六）とあり、水による被害から守るための方法の一つであった。

また、雨除けに傘をさす人もみえる。雨傘は端折《つまおり》傘《がさ》で、茶色の表現からみて、柿渋《かきしぶ》を引いたもののようであるので、紙製であったことが知られる。源頼光が大江山の酒呑童子を退治する武勇談として知られる御伽草子『酒呑童子《しゆてんどうじ》』に「雨紙を笈の上に取り付けて」とみえ、紙の表面に防水加工を施した紙の使用が確認できる。

鎌倉後期のやまと絵である『狭衣《さごろも》物語《ものがたり》絵巻《えまき》』（重文、東京国立博物館）には、八葉車《はちようのくるま》の後ろで雨衣と傘袋に入れた端折傘を担いでいる白張《しらはり》の姿が描かれている。

（2）唐傘

他方、唐傘は十二世紀頃になると、傘も布製から

図32　「傘張」（東博本『七十一番職人歌合』）

紙製へと変わり、竹の骨に紙を張っている。『法然《ほうねん》上人《しょうにん》行状《ぎょうじょう》絵伝《えでん》』巻三四（重文、奈良・当麻寺奥院）などの室町時代制作になる絵巻物にみえるように、傘には絹布を貼っていたので、衣傘とも言われていた。『七十一番職人歌合』の二二番「傘張」（図32）には「ゑのあぶらがたらぬけな」と画中詞があり、荏の油が傘に塗られていたことがわかる。

このように、着る、かぶることに用いられる紙は、紙のもつ強靭さや軽さに加えて神聖性などによって、身を保護することができると考えられていたのかもしれない。

六　結ぶ、付ける

手紙などの紙に書いたものは、今日では封筒に入れ、届けられる。古く文書などの多くは、礼《らい》紙《し》や懸紙《かけがみ》などで包まれて届けられた。結び方等では「書きておしひねりて」とみえ、書状を巻い

て、包んだ紙の上下の端を捻って封をしていることが確認できる。(30) 例えば『平家物語』の「足摺《あしずり》」には、

雑色《ぞうしき》が頸にかけさせたる布袋より、入道相国の赦文取り出いて奉る。（中略）礼紙にぞあるらんとて、礼紙を見るにも見えず

とある。本紙に赦免に関する文言がみえなかったので、もしかすると礼紙に書かれているのではないかと、望みをかけてみたものの、礼紙書《らいしがき》にさえも書かれていなかった。このことから、赦文の本紙は礼紙に包まれ、文袋にいれて届けられたことになる。また『醒睡笑』では、戦場おいて城内に「矢文を射」るとみえ、矢に和歌を結び付けて届けている（巻之五―姥心八）。赦免状、矢文ともに非日常的な遣り取りの場合である。『餓鬼草紙』の「伺嬰児便餓鬼《しえいじべんがき》」（国宝、東京国立博物館）には、弦打《つるうち》に結び付けた文を手にする人が立っているのがみえる。妙魔退散・除災のために弓の弦を鳴らす役目の人である。この文は呪符であろうか。後一条天皇誕生の際に行われた弦打が著名であり、『紫式部日記』などに記されている。古くは『日本書紀』雄略紀《ゆうりやくき》にみえる「空弾弓弦」の言葉に遡る。

この他、竹文は『春日権現験記絵』第三巻第四段にみえ、短冊をいっしょに付けている。『年

中行事絵巻』巻四の賭弓《のりゆみ》の場面には、文杖を手にする左大将がいる。この文にはおそらく交名《きょうみょう》が記されていた。文杖と文使いとが『慕帰絵詞』巻一〇にも描かれている。

ところで、『古今著聞集』に「信西を御使にて御歌を内大臣、新大納言等にたまはせけり、だんしに書て梅の枝につけられけり」とみえ、鎌倉時代の歴史物語『増鏡《ますかがみ》』には「延喜の御手本を鶯の居たる梅のつくり枝につけてたてまつらせ給ふ」(巻第七)とあり、『大和物語』には「女すすきに文をつけてやりたり」(一七段)とみえている。古い時代の習俗では、文を梓などに結び付けて使者が届けたので、その文を玉梓《たまずさ》と称していた。思いを叶えようと、心を込める方法として「草結ぶ」という呪術的な行為は、『万葉集』巻一二などにみえている。

それでは、女性の消息などは、はたして日常どのようにして届けられていたのであろうか。

1　陸奥紙《みちのくがみ》と薄様《うすよう》

(1)　陸奥紙

『慕帰絵詞』巻九には、文を桜の枝に添えている場面がある。『宇治拾遺物語』には、

ほころびは縫はで、みちのくに紙の文を、そのほころびのもとにむすびつけて、なげ返したるなりけり
(巻七ノ二)

とあり、「みちのくに紙」に書かれた文を綻びに結びつけている。結ぶことができるくらいに、「みちのくに紙」は柔軟性がある。

この陸奥国紙について、『枕草子』では「たゞの紙のいと白ふきよげなるに、よき筆、白き色紙、みちのくに紙など得つれば」（二七七段）というように「白き色紙」と並び称される紙であった。また『大鏡』には「中納言はみちのくにがみにかゝれ、宰相のはくるみ色にてぞ侍める」（昔物語）とみえる。さらに『枕草子』には「胡桃色《くるみいろ》といふ色紙の厚肥《あつこ》えたる」（一三八段）とあることから、中納言の用いた「みちのくに紙」も宰相の「厚肥えたる」紙も、同じような厚さや風合いの紙であった。

この「みちのくに紙」＝「陸奥紙」の初見は、『かげろふ日記』の「堀川殿の御文」の「ふところより、陸奥紙にてひきむすびたる文の、枯れたる薄《すすき》にさしたるをとりいでたり」である。ここでは、陸奥紙は薄に結ばれている。薄は秋草の一つで、「尾花《おばな》」とも称する。『枕草子』六七段にて清少納言は薄に幽玄美をとらえている。

『宇津保物語』には「宮の御消息にて、陸奥紙の女御書き給ふ」、また『今昔物語集』には「陸奥紙に書きたる歌」（巻二四第三三）とみえており、これら事例ではいずれも女性の消息や和歌が認められる紙であった。

（2）薄様

『今鏡』では、

大将殿の菊をほりにやりてたてまつり給けるに、うすやうにかきたる文のむすびつけてみえければ
（巻第八）

とあり、薄様に書いた文を菊に結び付けている。また『承暦二年《じようりやくにねん》（一〇七八）内裏歌合《だいりうたあわせ》』（『歌合集』所収）の詞書には「陸奥紙の竪文にて、棟の薄様二重ねにぞ書きたりける」とあり、薄様に書かれた書状を包むために陸奥紙が竪文《たてぶみ》＝懸紙とされている。竪文は『平家物語』の「大坂越」にみえる「その夜の夜半許りに、立文持つたる男一人、判官に行き連れたり」の立文《たてぶみ》と同じである。懸紙は奥から袖へ巻き上げた書状を包む紙で、包み終えた上下を裏の方に折り返す。なお、書状に使われた薄様の棟《おうち》とは、薄い紫と紫との二色を重ね合わせた色であろう。

2　色紙《いろがみ》

陸奥紙のほかにも、結びつけられた紙として『宇津保物語』と『かげろふ日記』には「黄はみたる色紙」「青き色紙」「赤き色紙」「あをき紙」「浅縹《あさはなだ》なる紙」「あさ花だ」「うすにびの紙」「胡

桃色の紙」「紙屋紙」がみえる。「紙屋紙」のほかは、いずれも色の形容詞を冠しており、色紙であろう。これら色紙は山吹など（松、卯の花、薄《すすき》、柳の枝、葉しげうつきたる枝、松の枝、色かはりたる松、苔ついたる松の枝）に結びつけられている。柳の枝は春の訪れを告げて萌える青柳で、春や繁栄などを表す象徴で、松の枝に結び付ける気持ちは常緑の木ゆえの常盤《ときわ》なる松によせ、自らの想いも永久であることを表出している。『枕草子絵詞』第六段の卯槌《うづち》の場面をみると、中宮の前には松の折枝と数枚重ねた青の薄様が描かれている。紙の上にみえるものは、詞書にある卯槌などで同じであろう。また紙屋紙は「けづりぎ」に結びつけられた。「けづりぎ」は木を削って作られた造花である。この木には柳などが使われた。

『源氏物語』梅枝《うめがえ》巻には「紙屋の色紙の色あひ華やかなるに、乱れたる草の歌を筆にまかせて乱れ書きたまへる」とあり、色紙は紙屋院にて抄造される紙であった。とするならば、平安時代の紙屋院では、紙屋紙と華やかなる色紙とが漉かれていたことになる。当時、洛中における紙の供給は、紙屋院が一手に掌握していたのであろう。

さて『延喜二十一年（九二一）京極御息所《きょうごくのみやすんどころ》褒子歌合』（『歌合集』所収）には「色紙に書きて、歌どもをなむつけたり」とあり、風流に設えられた果物籠二十、各々に和歌一首を色紙に認め添えている。また『天元四年（九八二）故右衛門督《こうえもんのかみ》斉敏公達謎合』では「青き薄様一重に書きて、松の枝に付て」あるいは「紫の薄様一重に書きて、棟の花に付たり」とみえ、青と紫の薄様の色紙をそれぞれ一重ねにして和歌を書き、松の枝と楝の花に付けている。
この他にも、

玉の枝に文ぞつきたりける　（『竹取物語《たけとりものがたり》』四）

やまぶきにつけて　（『大和物語』五八段、一一三段）

文をなむひき結ひ　（『大和物語』六一段、一四一段）

咲きたる梅の花につけて　（『宇津保物語』）

御文薄《すすき》にさしてあり　（『落窪物語』巻之一）

色紙一重につゝみて、物の枝につけて　（『落窪物語』巻之三）

青き薄様に、柳につけて　（『堤中納言物語』花桜折る少将）

枯れたる薄のあるにつけて　（『更級日記《さらしなにっき》』宮仕へ）

箙に結びつけられたる文を取つて見ければ、旅宿花と云ふ題にて、歌をぞ一首詠まれたる」　（『平家物語』忠度最後《ただのりさいご》）

と、同様の記述が多く確認できる。梅はその美しい花色、花姿、花香から、古くは花木の女王たる地位にあった。色紙と草木との組み合わせの方程式によって、日本的な美学を生み出している。

　このように、あるものに付けて、そのものにちなんだ歌などを贈ることによって心を伝え、届けるという行為は、古くからの風習、作法の一つであった。日常生活のなかで遣り取りされる歌は褻《け》の歌であった。褻は公の義である晴に対する言葉で、平生、普段の意である。

　これまで概観をふれていない作品に『竹取物語《たけとりものがたり》』と『更級日記《さらしなにっき》』がある。『竹取物語』は平安時代前期の成立になる現存最古の物語で、伝奇的な話の中に貴族社会の内面を映し出している。『源氏物語絵巻』絵合巻（国宝、徳川美術館）に「物語のいできはじめの祖《おや》」とあり、作り物語の祖といわれる。絵合にみえる竹取物語絵は「絵は巨勢の相覧、手は紀貫之かけり、紙屋紙に唐の綺を褙して、赤紫の表紙、紫檀の軸、世の常のよそひなり」というものであった。この古画の竹取物語絵に合わせたのは、宇津保物語絵であった。これは「白き色紙、青き表紙、黄なる玉の軸なり、絵は常則《つねのり》、手は道風なれば、いまめかしうおかしげに、目もかゝやくまで見ゆ」ものであった。絵合の場面は『源氏物語屏風』（東京国立博物館）にみることができる。絵合巻の文字の筆線は、重軽の差をはっきりとさせながらも、あまり表面に力を出していない。

　『更級日記』は菅原孝標女《すがわらのたかすえのむすめ》の女流日記で、十三歳で父の任地の上総から帰京までの旅日記が中心で、四十年間に及ぶ生涯を自叙伝的に書いた回想録である。

　これら多くの文学作品にみえる薄様は、斐紙《ひし》の薄手の紙を指しており、多くの事例から王朝貴族の女性たちに愛好されたものであることを物語っている。古典文学作品中に共通するのは、薄様の色紙を用いたかな消息を季節の枝などに結びつけ、あるいはさして届けるのは当時の習いであった。結ぶという行為には慶事が意識されていたといえそうである。

ところで、このような紙色と他の色とが、生み出す美意識は『枕草子』にもある。それが、どのようなものであるのかを明らかにするために、少しく引用すると、

むらさきの紙に楝《あふち》の花、あをき紙に菖蒲の葉、ほそくまきてゆひ、またしろき紙を根してひきゆひたるもをかし　（三九段）

白き色紙につつみて、梅の花のいみじう咲きたるにつけて持て来たり。（中略）いみじうあかき薄様に（中略）めでたき紅梅につけてたてまつりたる　（一二八段）

こちたう赤き薄様を唐撫子のいみじう咲きたるに結びつけて　（一九二段）

御返し、紅梅の薄様に書かせ給ふが、御衣のおなじ色ににほひ通ひたる、なほ、かくしもおしはかりまゐらする人はなくじあらんとぞくちをしき　（二七八段）

月のいみじうあかき夜、紙のまたいみじう赤きに　（二九二段）

と様々に記されている。いずれも、色彩の調和と色の対比とによる意図的な配色であることが読み取れる。それはまた「柳の萌え出でたるに、あをき薄様に書きたる文つけたる」あるいは「む

図33　『源氏物語絵巻』夕霧巻

らさきの紙を包み文にて、房ながき藤につけたる」（八九段）を「なまめかしきもの」とまで表現することに通じる。『今昔物語集』では「紫ノ薄様ニ歌ヲ結ビテ、同ジ色ノ薄様ニ裏テ」（巻二四第三二）と、同じ色が文と裏紙とに用いられている。

『源氏物語絵巻』夕霧《ゆうぎり》巻（国宝、五島美術館）には、金銀砂子散《きんぎんすなごちらし》の色紙を用いた文が描かれている（図33）。この文を手にして読むのは夕霧で、その背後に妻の雲居雁《くもいのかり》の姿がある。そして夕霧の前には、極めて大きな硯箱が置かれている。この硯箱は官文殿《かんのふみどの》硯箱に似ている。文は落葉の宮からではなく、その母・一条御息所からのものであった。描かれている文に使われる色紙には、金や銀の箔を揉み砕いて、それを砂の粒に見立てて紙に上に撒く手法である砂子散という美の極致を見てとることができ、公家社会の女性たちはまさに彩の世界に生きていたといえそうである。料紙は硯箱や文机などと同じ場面にみえる。例えば、『慕帰絵詞』や『松崎天神縁起絵巻』などに描かれている。

鎌倉時代の『とはずがたり』にも、以下のようにみえる。

くれなゐのうすやうにて、柳の枝につけらる（中略）はなだの薄様にかきて、桜の枝につけて

（巻二―三八）

その他、動物に結び付けている例が、『日光山縁起《にっこうさんえんぎ》』にみえる。「都の母上へ御文まいらせ給ふ（中略）鞍の前輪にむすび付」るとし、馬の鞍《くら》にも結び付けて文が届けられている。また『金槐和歌集』（重文、個人蔵）の詞書には「たつかみに紙をむすび侍」とみえ、初雪の景趣を楽しんだ源実朝（一一九二～一二一九）に対して二階堂行光《ゆきみつ》は、老馬識途という『韓非子《かんぴし》』の管仲《かんちゅう》の故事にならって詠んだ贈歌を黒馬のたてがみに結び付けた。武士においても、色彩感覚だけでなく、故実に通じていることが大切な教養であった。鎌倉幕府が編纂した史書である『吾妻鏡《あづまかがみ》』（重文、山口・吉川報効会）建保元年（一二一三）十二月十九日条に関連する記事がみえる。中国の故事に、匈《きょう》奴《ど》に捕えられた前漢の蘇武《そぶ》は雁の足に文を付けて都に送ったことがあり、そのため文などを「雁の使」「雁の玉章」というようになった。

ものに付けて文を届ける以外に、後白河院《ごしらかわいん》（一一二七〜九二）撰になる今様《いまよう》の歌謡を集成した『梁塵秘抄《りようじんひしよう》』には「吹く風に消息をだに托けばやと思へども、よしなき野辺に落ちもこそすれ」（巻第二）と詠われ、風に言づけている。『かげろふ日記』にも「ふく風につけてもとはむさゝがにのかよひしみちはそらにたゆとも」とみえ、風を文の使いとしている。安土桃山時代の武人であると同時に諸道に通じた達人で、とくに中世歌学いわゆる古今伝授の集成者でもある細川幽斎《ゆうさい》（一五三四〜一六一〇）の『玄旨百首《げんしひやくしゆ》』では「寄風恋」の歌題で「便ある風も」と詠んでいる。

この文を結びつけると同じ行為や作法としては「一人の男、文挟みに文をはさみて申す」（『竹取物語』四）あるいは「この史、ふみばさみに文はさみて」（『大鏡』時平《ときひら》）とあり、文挟にはさんで文を届けることが確認できる。『今昔物語集』でも「名符ヲ書テ文差ニ差テ」と記している（巻二三第九）。「文挟」「文刺《ふさし》」「文差」いずれも、同じことである。

文使の姿は『十訓抄』に「大きやかなる童の文を持てたゝずみければ、あれは何するものぞといえば、此文を参らせ候はんといひて、さしをきたる」（第一〇）とみえ、童が文使に遣わされ、届けるまで、じっと佇んでいる様子が目に浮かんでくる。消息などを枝や文挟《ふばさみ》に結びつけて届けられている様は『松崎天神縁起絵巻』巻一〇などの絵巻物に描かれている。文の他にも、「美しき短冊」を引き結ぶことが御伽草子『朝顔《あさがお》の露《つゆ》の宮《みや》』にもみえる。この引結んだ文は、届けるために投げ入れられている。物語は草花の前生を人間として本生譚的に構成された面白いものである。また『葉月物語絵巻』第二段には、冠直衣《かんむりのうし》姿の若い人が小さく押し畳んだ紙を二・三歳ばかりになるふくよかな幼子に渡し、姫君に届けるようにと言っているようだ。この紙は「いみじくおかしきあしでにかきたる」と詞書にあり、とても美しくて魅力のある葦手書きであった。『春日権現験記絵』第四巻第四段などにもみえる。その場面では、訃報を知らせる京からの文使は行く手の前で文を手にして跪いている。

それでは、返事はどのようになされたのであろうか。『栄花物語』には「あをきかみのはしにかきて、たもとにむすびつけてかへさせ給へり」とあり、「かみよゝりすれるころもといひながらまたかさねてもめづらしきかな」のと歌を返している（巻第八）。

3 紙屋紙《かみやがみ》と重紙《かさねがみ》

ここで、紙屋紙に注目してみると、

蔵人所の紙屋紙ひき重ねて、「けふは残りおほかる心地なんする。夜を通して、昔物語もきこえあかさんとせしを、にはとりの声に催されてなん」と、いみじうことおほく書き給へる、いとめでたし（一三六段）

とある。『枕草子』に「紙屋紙」がみえ、蔵人所《くろうどどころ》でも用いられる紙であった。また「ひき重ねて」書いており、これは紙を二枚に重ねた重紙であった。この重紙は、蔵人頭であった藤原行成が清少納言に宛てた消息である。『かげろふ日記』の「桃園の尼上」にも「紙屋紙にかゝせて、たてぶみにて、けづりぎにつけたり」と、紙屋紙を用いた文があったことがわかる。

この紙屋院について、湯山賢一氏は再生紙を生産する都市工房であることを指摘するとともに、色紙のほとんどが再生紙つまり漉き返し紙であるとする。(31) 富田正弘氏は平安時代の文書料紙で、上質なものは官営工房である紙屋院の作る紙屋紙であり、その利用のあり方から判断して、紙屋紙は所謂公紙《こうし》だったとする。(32) この湯山・富田両氏の紙屋紙に関する指摘は、文学作品からも読み取ることができ、まことに正鵠を射ている。

その他、紙を二枚重ねる表現としては、『かげろふ日記』の「紅梅につけたるふみ」に「紅の薄様ひとかさね」を「紅梅」に付けてとあり、御伽草子『弁の草紙』では「花につけ、紅葉に結びたる消息」あるいは「薄様引重ねて（中略）仄に認めて、奥に一首の歌あり」とみえ、『和泉式部日記』には「紙のひとへをひき返して、書きて」と記している。

ここにみえる「ひとかさね（一重ね）」「引重ね」「ひとへ（一重）」は、まさに二枚重ねを意味している。薄様を二枚重ねる行為は、懸想文を送る際の作法に基づくものである。また「ひとへ」の紙をつかって返歌を書いている。例えば、順徳《じゆんとく》天皇（一一九七〜一二四二）の撰になる歌学書である『八雲御抄《やくもみしょう》』[33]（重文、文化庁保管）には「女歌薄様、若檀紙一重」とみえ、書札に関する口伝書である『今川了俊書札礼《いまがわりょうしゅんしょさつれい》』（『続群書類従』巻第七〇二）には「けそう文」として「色々のうすやう」とあり、当時の作法通りの記述が古典文学からも裏付けられる。『栄花物語』では「御文やなぎがさねのかみにて、やなぎにつけさせ給へり」（巻第二八）とみえ、文に使われた紙は、表は白、裏が青の襲色目の「やなぎがさね」であり、襲色に合わせて柳に付けて届けられている。このように、重紙にすることで襲の色目が表現できる。色紙の組み合わせによって、様々な襲色が創り出されるのである。

4 元結《もとゆい》と紙縒《こより》

（1）元結

文を結ぶ、文を付ける以外に、『紫式部日記《むらさきしきぶにっき》』の産湯《うぶゆ》の儀式について記した場面では「白き元結したり」とあり、髪を結び束ねる元結が確認できる。また『枕草子』には「胸つぶるゝもの、競べ馬、元結よる」（一五〇段）とあり、元結は紙製であること、元結に使う紙縒《こより》の存在が知られる。元結は紙に縒りをかけて作られている。元結のまだら染の配色を清少納言が「けざやか」一（『枕草子』九二段）という評価を与えているのは興味深い。『日欧文化比較』には、日本の女性は髪を「紙の小片」あるいは「一本の紙の糸」で結ぶとみえている。『信貴山縁起絵巻』山崎

図34　『絵師草子』

長者巻では、もどってきた米俵に喜ぶ長者の下女の髪は白い紙元結で一つに結ばれている。同じく延喜加持巻にみえる参内する一行の従僧も同じである。『伴大納言絵詞』上巻には、公卿の従者のなか、小童は白元結で髪を束ねている。鎌倉時代末から南北朝時代にかけての制作になり、人物の似絵《にせえ》的な生彩のある描写に優れた『絵師草紙《えしのそうし》』（宮内庁三の丸尚蔵館）（図34）の貧しい絵師の一家の子供二人は垂髪で、それを白元結で束ねる姿を描いている。

　それでは、どのような紙が元結に使われていたのであろうか。『発心集』には、以下のようにある。

限りなりける時、髪の暑げに乱れたりけるを、結び付けんとて、かたはらに文のありけるを、片端を引き破りてなん結びたりける。（中略）開けはてて後、跡を見るに、元結一つ落ちたり。取りてこまかに見れば、限りなりし時、髪結びたりし反故の破れにつゆもかはらず。

（第五―四）

元結は、紙切れや「反故」紙で簡単に作られた。伏見宮貞成親王《ふしみのみやさだふさ》（一三七二〜一四六八）の『看聞日記《かんもんにっき》』（宮内庁書陵部）応永二十五年（一四一八）八月十七日条には、「本結」が盲女の芸能への引出物として「薫物」「檀紙」と一緒に与えられている。

なお、元結を切ることは、男女ともに遁世者、出家者を意味している。例えば、女性の嫉妬心を主題にした妬婦談《とふだん》で肉付面《にくづきのめん》伝説の原形といわれる御伽草子『磯崎《いそざき》』では、

かの女房は元結切つて打捨てて、濃き墨染の衣に更へ
これを善知識とて、元結を押切り、忽ち弓矢の家を打出で、諸国を廻り給ひけり

とある。こうした元結を切って、すぐさま出家する様子は、同じく恋愛物の『猿源氏《さるげんじ》の草紙』、本地物の『梵天国《ぼんてんこく》』、遁世物の『三人法師』などでも確認できる。御伽草紙は南北朝時代から江

戸時代初期までの短編物語集で、各時代相を反映した内容になっている。江戸時代になると、文芸の大衆化によって、安易に楽しめるものとして新しい享受者の要望に応えて、大坂の版元から刊行された。

（2）紙縒《こより》

その他、細い紙縒で織られたものに、紙布《しふ》なるものがある。紙縒と同じ意味で「紙ひねり」という表現は『徒然草』第二三七段にみえている。『宇治拾遺物語』には安倍晴明が土器《かわらけ》を二つ合わせて、それを黄色の紙縒で十文字に結んだことがみえる。『今昔物語集』には「風ノ吹ケバ紙捻ヲ以テ烏帽子ヲ頤ニ結付テ」あるいは「翁ノ烏帽子ヲ折テ、紙捻ヲ以テ頤《おとがい》ニ結付テ」とあり、烏帽子《えぼし》が風で飛ばされないように結ぶものとして使われている（巻一九第三七）。

5　物忌札《ものいみふだ》と短冊

（1）物忌札

『大鏡』には、「くれなゐのはかまにあかき色紙の物忌いとひろきつけて」（兼家《かねいえ》）とあり、紅の袴に赤色紙の物忌札を付けている。この物忌札は紙製である。また『枕草子』では「烏帽子に物忌つけたるは、さるべき日なれど、功徳のかたにはさらずと見えんとにや」（三三段）とみえ、物忌札を付けて外出することを示している。物忌であることは、穢を忌み嫌う当時の慣習にあっては、誰が見ても見た目にわかるようにしておく必要があったことによるのであろうか。つまり、対社会的に可視化させるものであった。なお、物忌のしるしとして「掛け帯」がある。これは寺社に参詣する際に、赤い絹を畳んで、胸から背中に掛けて結んだものであり、説経『しんとく丸』にみえる。紙と絹との違いはあるものの、物忌を表現する色が赤色で共通することに注目しておきたい。

ところで、物忌を説明した故実書に伊勢貞丈《いせさだたけ》（一七一七〜八四）が著した『貞丈雑記《ていじょうざつき》』（弘化三年刊）がある。それによれば、物忌の札は柳の枝を削ったもので、「冠にもさし簾にもさし置也」とするが、「白き紙を小く裁て、物忌と書く事もあり」と記している。『枕草子』にみた物忌札は紙製であった可能性も否定できない。承久三年（一二二一）成立になる順徳《じゅんとく》天皇著の有職故実書《ゆうそくこじつ》である『禁秘抄《きんぴしょう》』には「御物忌には諸陣に札を立て、御殿の御簾は間毎に物忌を付く〈紙屋紙に書く〉」とあり、物忌札が紙屋紙で作られているからである。この物忌札を身に付けることで、災いなどから身を守ることができた。なお、中原師元《もろもと》の『中外抄』には「軒にをひたるしのぶ草をさす也」とあり、しのぶ草をさす風習もあったことが知られる。しのぶ草は「ことなし草」との異名から物忌に用いられたとされている。

（2）　短冊と護符

物忌札とは別に、『とはずがたり』に、

はなだのうすやうのふだにて、かの枝につけ侍りし
ここのへのほかにうつろふ身にしあれば都はよそにきくのしら露と、ふだに書きて菊につけて出でぬる（巻三―七一）（巻四―九四）

とあり、また『撰集抄』には「手折て庵につくれる草々に、紙にて札をつけたり」あるいは「木の枝に、紙にて札をつけ給へり」と記されている（巻六第八）。これら札には、和歌が記されており、しかも枝や草花などに付けられていることから、おそらくは和歌短冊のようなものであったと思われる。

『醒睡笑』には、和歌短冊の記述を多く確認できる。例えば、

鎌倉の中納言為相（中略）相模の称名寺といふ律家の寺あり（中略）早く紅葉する楓の木の候ふに短冊をつけらる（巻之五―姚心二七）

というように、冷泉為相《れいぜいためすけ》（一二六三～一三二八）の和歌「いかにしてこのひともとにしぐれけむ山の先立つ庭のもみぢば」（『藤谷集《ふじがやつしゅう》』秋）を書き付けた短冊が、相模・六浦庄内の金沢の称名寺の庭にあった楓の木に付けられている。この楓のことは、尭恵《ぎょうえ》の『北国紀行《ほっこくきこう》』でも詠まれ、また能『六浦《むつら》』の題材に採られている。

短冊は、懐紙が式正和歌会の詠歌料紙であるのに対して略儀のものとして鎌倉時代以降、主として当座の探題《たんだい》和歌会で用いられた。

今日、目にするのは七夕祭の際に、笹竹に付けられる色紙の短冊であるが、東福寺の書記で歌僧の正徹《しょうてつ》（一三八一～一四五九）は幼かりし頃、歌を詠み梶《かじ》の葉に書き付けていたことを記している（『正徹物語《しょうてつものがたり》』）。また『永享九年正徹詠草』の詞書では「七夕、梶の七葉に書きつけし名所織女七首の中に」とする。天文五年（一五三六）成立になる『再昌草』の詞書にも「梶葉に書付し」とみえる。梶の葉に芋の葉の露を集めて墨をすり、詩歌を書き、技芸の上達を乞い祈る乞巧奠《きっこうてん》は平安時代以来の行事であった。七夕に花を飾る風習は、牽牛と織女《けんぎゅうしょくじょ》二星への供花に始まるが、室町時代以来七夕法楽《ほうらく》の花会として公武を通じて盛行した。その際、笹に色紙短冊が飾られた有様を浮世絵の大成者である菱川師宣《ひしかわもろのぶ》（?～一六九四）が『武家繁昌絵巻《ぶけはんじょうえまき》』（京都・善峰寺）に描いている。また、陽明文庫には室町時代の後小松《ごこまつ》、後花園、後土御門《ごつちみかど》天皇の和歌短冊が伝来している。

醍醐寺には、慶長三年（一五九八）三月十五日に、豊臣秀吉が催した観桜宴において詠まれた和歌短冊が残されている。この『醍醐花《だいごのはな》見《み》短籍《たんざく》』（重文、醍醐寺）（図35）は、おおむね天に藍色、地に紫色の打曇を施し、金銀泥にて桜など春の景物や雲の下絵が描かれている。秀吉は、桜の名所と知られる吉野の花見を文禄三年（一五九四）にも行っている。

その他、神宮文庫本『発心集』には、

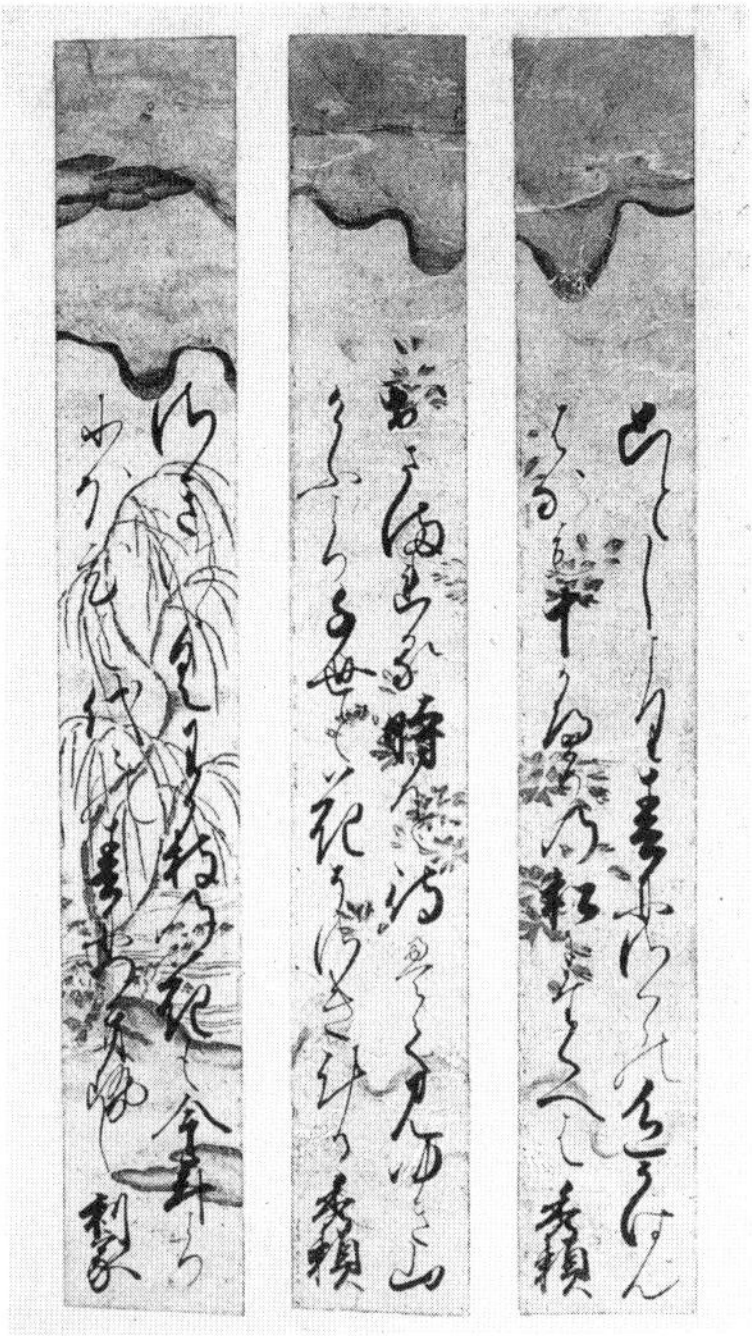

図35　『醍醐花見短籍』

七日の満つる夜、夢に見るやう、社の御戸を押しあけて、唐装束したる女房のけだかく、めでたき様したるが出で給ひて、我が胸を引きあげて二寸ばかりなる紙切れをおし付けて、帰り給ひぬ、これを見れば「千石」といふ文字あり　（異二）

とある。この紙切れは神託を伝える紙で、紙には「千石」との二文字が記されており、神からの札としての役割を果たしている。『沙石集』巻第一や『元亨釈書』桓舜《かんしゅん》伝（巻第五）にも採られている。また『平家物語』の「法住寺合戦《ほうじゅうじがっせん》」では「甲には四天を書いてぞ押したりける」とみえ、四方を守る護法神である四天王を描いた紙を護符《ごふ》として甲に押し付けている。護符とは神仏の加護を得て、諸種の厄災から身を守ると信じられてきた守り札である。板木に霊力を込め、神仏の像や名号、あるいは呪文や梵字を刻み、無病息災や豊穣また自然を支配する神仏への感謝の祈念を紙に託して摺り出したものである。他方、『日欧文化比較』には「坊主らは紙に書いた数多くの各種の守り札」との記述がみえ、多くの護符があり、内容、形式ともに多彩で、神仏の数だけ種類があった。

『春日権現験記絵』（宮内庁三の丸尚蔵館）第六巻第三段と第一四巻第一段の寝室には、護符の一つである牛王宝印《ごおうほういん》二枚が貼られている図がある（図36）。また『松崎天神縁起絵巻』巻五に、銅細工師の囲炉裏のある室内を描いている。後妻の後ろの引戸に護符が貼られている。この護符には

「□□寺」「牛玉寶印」という文字が書かれている。室内に貼られた護符つまり神仏に手を合わせて祈りを捧げたことであろう。

『一遍上人絵伝』の熊野《くまの》本宮《ほんぐう》参詣の場面で、一遍は「賦算《ふざん》」という念仏札《ねんぶつふだ》を配っている。護符として使われる紙は楮の繊維のみではなく、泥などの塡料《てんりょう》が入れられた丈夫な紙であることに特徴がある。肌身離さず、身に付けて用いる護符などは、折り曲げたり、貼られたりすることから、紙の強さが求められた結果である。この他、護符を小さくちぎって内服して呪術の力を期待する場合も実際にあったことが知られている。

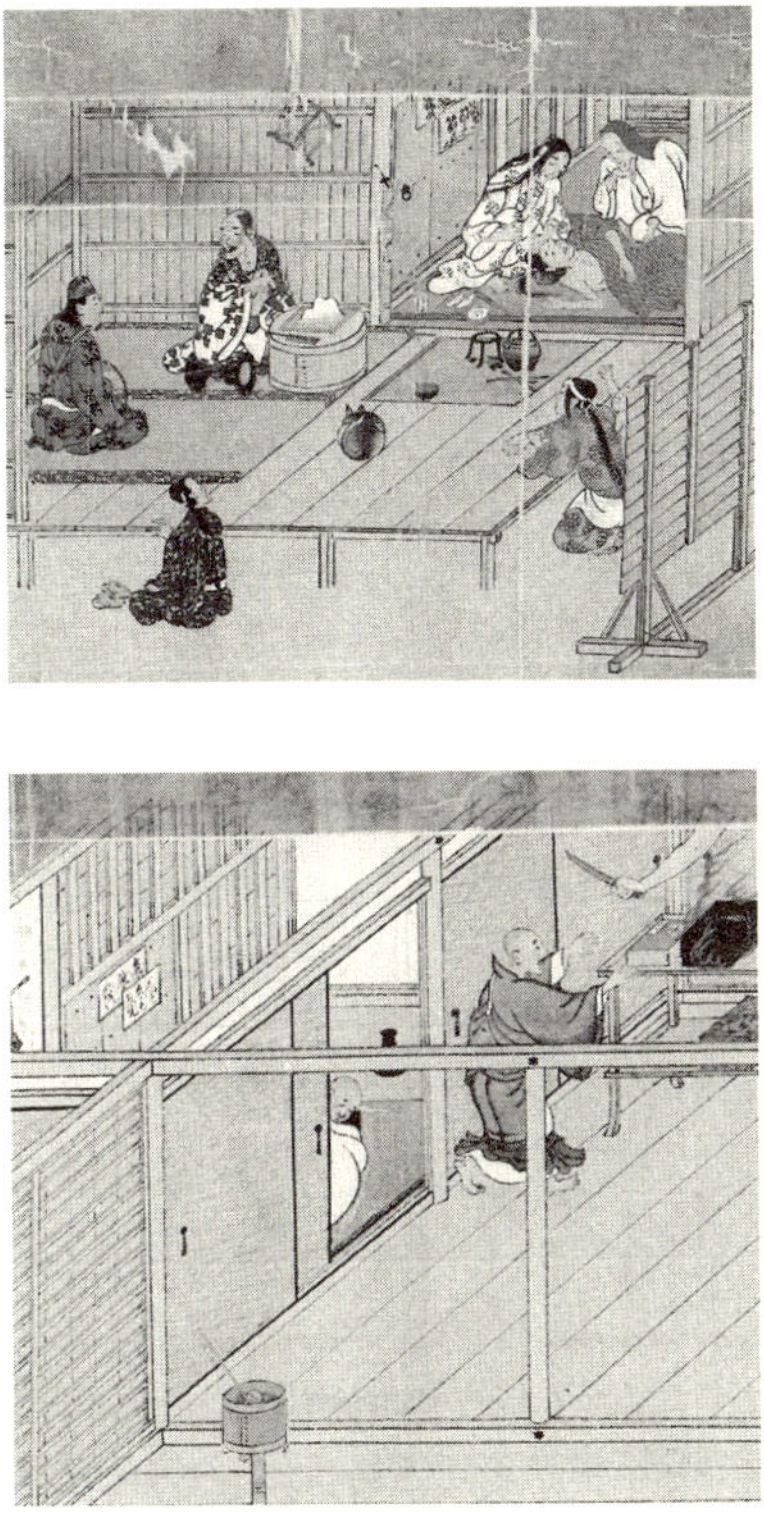

図36　『春日権現験記』第六巻第三段、第一四巻第一段

七　拭く、撫でる

1　鼻紙《はながみ》

天才的な芸術家であると評される光悦《こうえつ》の伝記的史料である『本阿弥行状記《ほんあみぎょうじょうき》』では、妙秀の生活に関わる逸事として贈り物の銭を手にすると「其の銭にていろ〳〵様々の物を山塚ほどかひ置（中略）女には糸、綿、鼻紙、手拭をとらせ」ている。町衆の日常生活が垣間見られる記事である。

なお、紙の持つ特性として柔軟性がある。

その身の分《ぶん》によりては恥がはしき人の、ある時亭主、七つ八つなる子息を呼んで鼻紙をこひけるに、かれ庭に行き、藁《わら》を一筋とりて来る。親、「それがいるものか」と目をしければ、「がてんがてん、客人鼻紙の事の、それならば納戸《なんど》にある」と　（巻之五―人はそだち二八）

と『醒睡笑』にあり、十七世紀初期にあっても鼻紙の使用は一般的ではないこと、鼻紙は納戸《なんど》に収められる貴重品であることが窺われる。客人でなければ、日常は藁を鼻紙替りに使っていたことがみえる。身近なものを紙の代用とするのは一般的であった。なお松永貞徳《まつながていとく》（一五七一〜一六五三）編とする『寒川《かんせん(さむかわ)》入道筆記《にゅうどうひっき》』（『中世なぞなぞ集』所収）では「桜の明神」の解を花神＝鼻紙としている。鼻紙なる言葉は当時としては普通に使われていたことになる。

多数の僧侶と俗人が勝負事や行事を行っている様子を墨描の線を自由に駆使して書き連ねた白描画の代表的作品である十三世紀作の『鳥獣人物戯画《ちょうじゅうじんぶつぎが》』丁巻（国宝、京都・高山寺）（図37）には、読経している僧侶の一人が紙で鼻をかんでいる。紙を使わずに手鼻をかんでいる姿は、承久本『北野天神縁起《きたのてんじんえんぎ》絵巻』や『西行物語絵巻《さいぎょうものがたりえまき》』（重文、徳川美術館）などの絵巻物にみえ、鎌倉時代には紙を使うか否かは、身分の差などによるものであった。

室町時代の『道成寺縁起絵巻』（重文、和歌山・道成寺）では、若い僧が黒焦げになったのを悲しんで涙する僧たちは、懐から紙を出し鼻紙として使っている。永禄年間の『條々聞書貞丈抄《じょうじょうききがきていじょうしょう》』によれば、鼻紙は懐紙とも畳紙ともいうと記している。ところで、支倉常長《はせくらつねなが》の遣欧使節がフランスのとある街角で鼻紙を捨てたところ、それを手に入れようとして奪い合ったことが伝えられている。

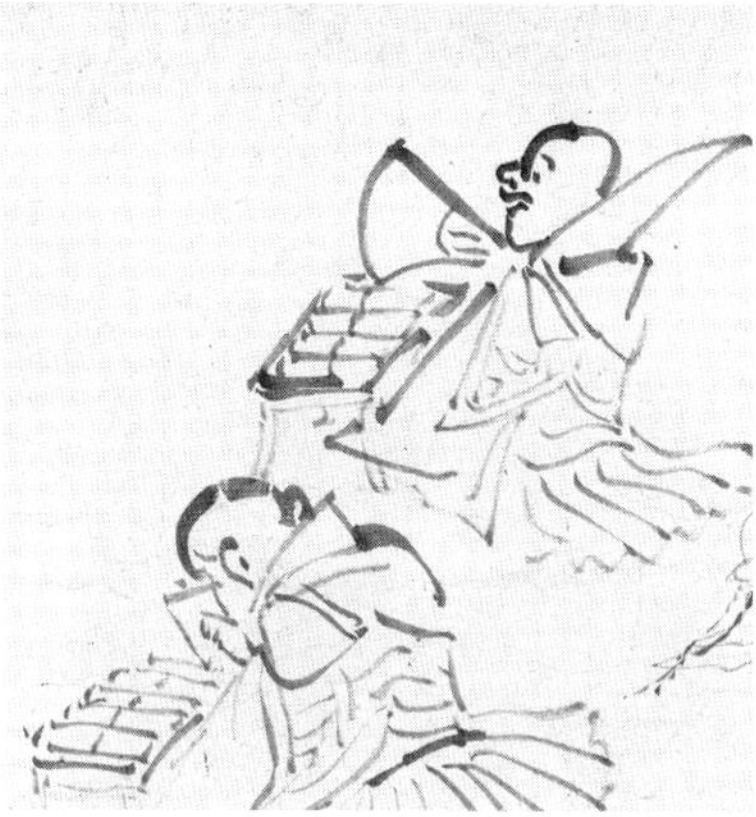
図37　『鳥獣人物戯画』丁巻

その後、鼻紙はおそらく生漉きの紙ではなく、漉き返した粗末な、雑な紙で、なかに塵などが入っているものであった。そのゆえ、「塵紙《ちりがみ》」（『実隆公記』

永正三年九月七日条）と呼ばれることになっていく。江戸時代には「七九寸《しちくすん》」の大きさの「延紙《のべかみ》」が鼻紙に使われている。井原西鶴の浮世草紙の代表作『好色一代男《こうしょくいちだいおとこ》』にも鼻紙、鼻紙入がみえる。『无上法院殿《むじょうほういんでん》御日記』（陽明文庫）寛文十二年（一六七二）十二月二十二日条には年末の贈り物の一つとして「鼻紙袋」を贈ったことが記されている。

2　顔拭《かおふ》き

鼻紙の他に、十二世紀初めの成立になる藤原長子《ふじわらのちょうし》の『讃岐典侍日記《さぬきのすけにっき》』には「われは御汗をのこゐまいらせつる陸奥紙を顔に押し当てて」あるいは「御枕がみなる陸奥紙して御鬢《びん》のわたりなどのごひ参らする程に」とあり、手拭として顔の汗などを拭くために陸奥紙が用いられている。『日欧文化比較』でも、日本人は粗布とともに紙を利用していることを記している。

『保元物語』の「義朝弟ども誅せらるる事」には「畳紙にしめしたる水とつて脣《くちびる》押拭、頸の廻りなで」とあり、懐中していた畳紙を水にて湿らせている。『平家物語』には、理想的な人物として描かれている平重盛《たいらのしげもり》（一一三八〜七九）が直衣《のうし》の袖から畳紙を取り出して涙を拭いている場面がみえる。絵巻物では『一遍上人絵伝』巻一二や『松崎天神縁起絵巻』巻二などに涙を拭う畳紙が描かれている。こうした紙の使い方は、紙本来の吸湿性と保湿性とによる。

また『堤中納言物語』の「はいずみ」には「乳母《めのと》、紙おしもみてのごへば、例のはだになりたり」とみえ、眉墨《まゆずみ》で汚れた顔の汚れを拭き取っている。紙を押し揉むとあるように、拭き取るために、紙は柔軟さと厚みが求められていた。『源氏物語』末摘花《すえつむはな》巻でも、同じようにして紫の上が赤く塗った光源氏の鼻を水で濡らした陸奥紙で拭い取っている。とするならば、どちらにも使われている陸奥紙は、柔らかで厚みのある紙であったことになる。明恵の『却癈忘記《きゃくはいもうき》』（『鎌倉旧仏教』所収）には、

トウロヲ持参シテ、コレヲサバクルニ、仰云、アブラサバクリシテハ、紙カナンゾニテ、カナラズ手ヲノゴヒテ、文ヲサバクルベキ也

とあり、寺院内において手についた油をきれいに拭き取るために紙が使われている。聖教などを汚さないための規則であった。

その他、十三世紀末葉になる関戸家本『病草紙《やまいそうし》』（国宝、京都国立博物館）に、にせ医者の手で失明する眼病の男が施術を受けている場面がある（図38）。写実味あふれる描写で、畳まれた紙が女性の横に置かれている。男の目からは血が吹き出し、その血が顔を汚しており、血を拭き取るため、止血するために用意されていた紙であろう。『日欧文化比較』には、治療に紙を用いるとし、また「傷口には膠を塗った紙片を置く」とある。この紙片こそ、患部に貼る膏薬《こうやく》のことである。

図38　『病草紙』

八　隠す

祇園《ぎおん》御霊会《ごりょうえ》の神輿《みこし》渡御《とぎょ》を描いている『年中行事絵巻』巻九には、神輿に付き従う神子が黒毛の馬に乗り、風流傘をさしかけ、口に紙や扇を当て、隠している。また『伴大納言絵詞』上巻には、炎上する応天門《おうてんもん》を前にして火の粉を手にする扇や団扇《うちわ》で防いでいる群衆の様子が描かれ、赤などの色紙や絵のある扇を手にする官人ら狩衣姿がみえる。

　その他『宗長手記』には、

> 夜に入て、園の竹に陣どる蚊ども、大なるちいさきも、多打いで、家中にみち〳〵、蚊の大将軍勢時のこゑ

たゞ雷のごとし、蚊火を立、いかにふすぶれども、おもてもをふらずこみ入、古紙帳の城はらふかたなく、夜もすがら団扇の粉骨もかひなし

とみえる。紙帳《しちょう》は紙で作った蚊帳《かや》で、その内に身を隠すことで、蚊を防止している。『日欧文化比較』では「夏に布または紙で作ったきわめて薄い蚊帳を使う」としている。紙帳売もおり、白紙の帳に墨絵などを描き風流なものもあった。『春日権現験記絵』巻七の開蓮房尼《かいれんぼうに》の庵室には、内部が透けて見える蚊帳を吊って寝ている姿がみえる。その他の女房たちは蚊遣火の近くに寝ていることから、蚊帳を使うのは特別であったと想像される。

何かを包むことも、ある意味ではそれを包み隠すことにつながる。とするならば、紙をもってものを包むことと隠すことは同じ機能と役割を果たしていたといえようか。

九　隔てる、敷く

包むことと同様な役割として、①間を隔てる紙と、②ものを敷くための紙とが考えられる。

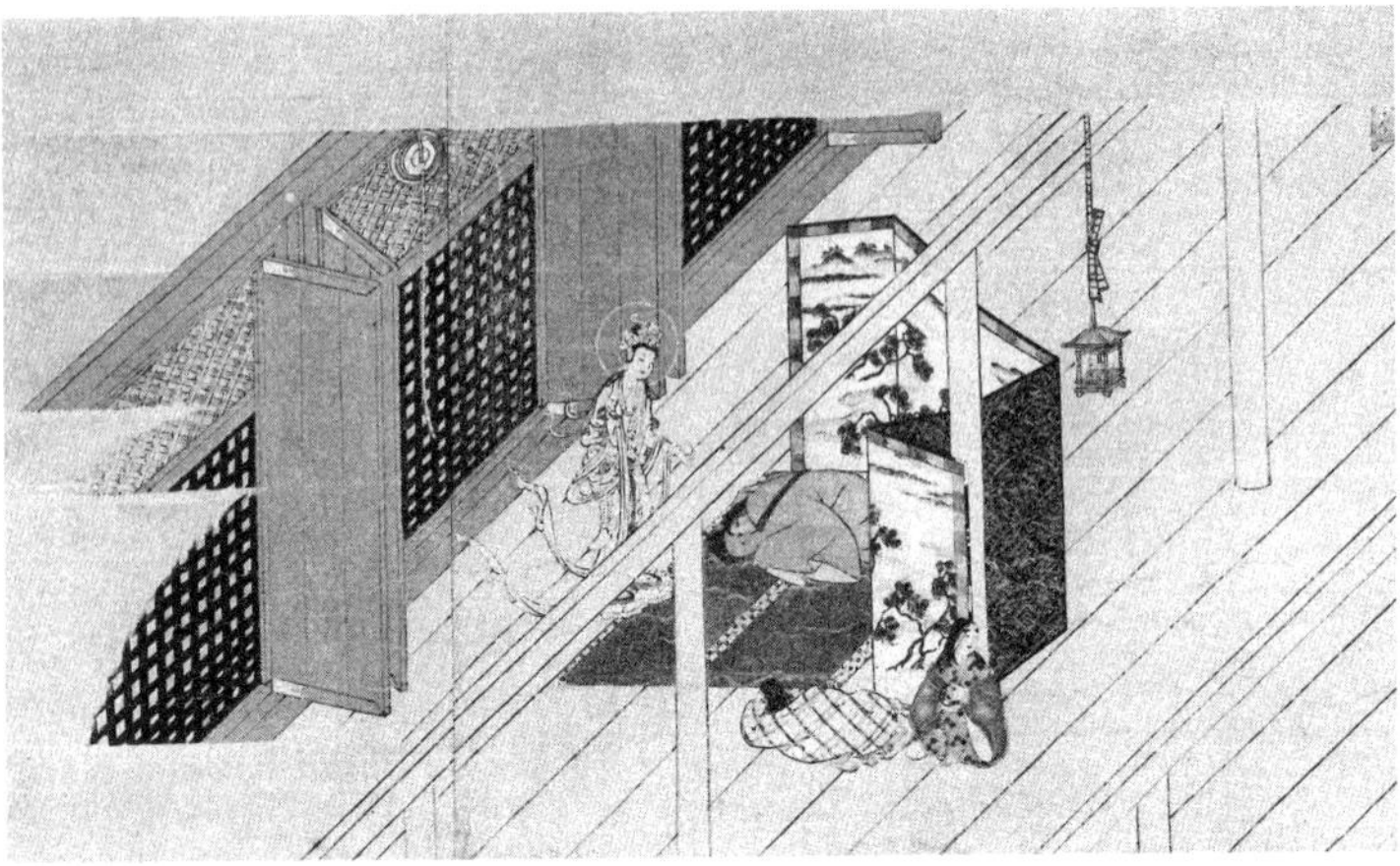

図39　『石山寺縁起絵巻』巻五

1　間《あいだ》を隔《へだ》てる紙

『日欧文化比較』に「日本の仕切りは紙の戸である」と記すように、屋内における空間を隔てるものに御簾《みす》、几帳《きちょう》、屏風《びょうぶ》などが絵巻物に多く描かれている。例えば『法然上人絵伝』には、屏風を三方に立てて産屋にする場面がある。この屏風は白地に雲母で松竹鶴亀などの吉祥文様《きっしょうもんよう》を刷り出したものと決まっていた。『源氏物語絵巻』柏木巻（国宝、徳川美術館）の夕霧が病床の柏木を見舞う場面の右側には、やまと絵の屏風が仕切りに使われている。一扇毎に縁裂《ふちぎれ》がまわっている『石山寺縁起絵巻』巻五（重文、石山寺）にみえる藤原国《くに》能《よし》の妻が参籠の場面では、参籠する場所に高麗縁の置畳を敷き、その周りに屏風を立てている。この屏風は六曲からなり、やまと絵の浜松図が描かれている（図39）。縁取りは全体に回り、大画面に変化している。屏風の裏は黒地に大ぶりな七宝繋文様の唐紙が貼られている。また松君長者の場面にみえる屏風は同じく六曲で、やまと絵が描かれ、裏は雲立湧《くもたてわく》文様の唐紙である。十四世紀初めとされる『駒競《こまくらべ》行幸《ぎょうこう》絵巻《えまき》』（一）（重文、静嘉堂）の宝珠を頂におく葱花輦《そうかれん》が向かう藤原頼通の高《か》陽院《やいん》の寝殿に立てられている屏風は四曲で、裏は花菱繋文様の唐紙である。行啓《ぎょうけい》に供奉する人々の群像の配置と動きとがまとまっている。その色調は華麗であり、王朝的な美を求めたことによるのであろうか。この場面は『栄花物語』巻第二三「こまくらべ」の段を絵画化したものである。

『栄花物語』では、

このたびの御そくゐ、ごけい、大嘗会などのほどのことゞも、すべてかずしらずめづらし、やむことなくて、年中行事の御さうじにも、かきそへられたることどもいとおほくなむあなる

（巻第一二「たまのむらぎく」）

とみえ、宮中には年中行事を記した衝立《ついたて》障子があった。この衝立障子には、一年に宮中で行う恒例及び臨時の行事名と日時とが列記され、清涼殿《せいりょうでん》に立てられていた。『信貴山縁起絵巻』延喜加持巻にも「年中行事障子」と呼ばれる衝立が描かれている。その色は薄墨色であることに注意しておきたい。衝立は風を防ぎ、視線を遮る機能をもつものであった。

障子の一つとして、例えば『東大寺続要録』の東大寺新院談義規式には「春季談義之間者、南面可立明障子、為防寒風也」とある。東大寺では「明障子《あかりしょうじ》」を南面に立てて、寒風除けとして利用している。

鎌倉時代後期の制作になる絵巻物の『法然上人絵伝』には、引戸の覗き窓のある明障子が描かれている。『慕帰絵詞』には、明障子の下の部分だけを板にした腰高障子がみえる。また上杉本『洛中洛外図屏風』（山形・米沢市立博物館）の足利将軍や細川管領の邸内にも腰障子が、舞良戸《まいらど》や杉戸とともに建具として使われている。こうした明障子の組み合わせは、康暦二年（一三八〇）の東寺西院大師堂礼堂の組み合わせに建物遺構として残されている。建具については『庭訓往来《ていきんおうらい》』に「津湊に於て之を買わしむべし」とあり、流通していたことが知られる。

鎌倉時代の文学評論である『無名草子《むみょうぞうし》』の「いとぐち」には「南面の中二間ばかりは、持仏堂などにやと見えて、紙障子白らかにたて渡したり」と白く鮮やかな紙障子が間仕切りとして利用されている。

これらの事例から、明障子は内と外とを仕切る、間仕切るための機能と用途とをもち、かつ障子には強靭な楮紙が用いられるとともに、保湿と断熱の働きが求められていた。平安時代後期における明障子の事例は、紙が日常生活の用具として利用できるまでに生産されるようになってきたことを裏付けるものでもある。侘びの美学を確立し、旅を栖とする松尾芭蕉《まつおばしょう》（一六四四〜九四）

の俳句に「水仙や白き障子のとも映り」とあり、花の影を映し出す明障子の美しさを詠んでいる。

その他、障子には唐紙《からかみ》を貼った衾障子《ふすましょうじ》もみえる（『なそたて』）。絵巻物の『伴大納言絵詞』、『源氏物語絵巻』（国宝、徳川美術館）宿木巻、『枕草子絵詞《まくらのそうしえことば》』、十三世紀後半の作品である『白描《はくびょう》隆《たか》房卿艶詞《ふさきょうつやことば》絵巻《えまき》』（重文、国立歴史民俗博物館）などには、唐紙障子が描かれている。また『宇津保物語』には「御座所楼の天井に三尺の唐紙」とみえ、唐紙が天井に貼られている。大きさが三尺とあり、当時の和紙と比較すると唐紙は極めて大きな紙である。古くは正倉院文書《しょうそういんもんじょ》に「下紙四十四張、張障子二枚料」「出播磨紙廿巻四百張為張文六、堂戸障子料」とあり、下紙や播磨産の紙が障子用紙として使われていた。「下紙」は紙の品質によるもので、紙質の悪い紙であったと思われる。

前述の間仕切とは、別の用途として『落窪物語』に、次のような例がみえる。

いまひとつのおほきやかなるには、さま〳〵のくだもの、いろ〳〵のもちひ、薄き濃きいれて、紙へだてて焼米いれて　（巻之二）

大きなる餌袋に、しい米入れて、紙をへだてて、くだ物、乾物つゝみて、いとくはしくなむおこせたりける　（巻之二）

前者では果物、餅と焼米、後者では強米と果物、乾物とみえ、米とその他の食物とを隔てるために紙が利用されている。

2 ものを敷《し》く紙

(1) 敷紙《しきがみ》

同じく『落窪物語』には、

かたはらなる瓶子をあけて、たゞとりにとるを、「すこしはのこし給へ」といへば、「さよく」といひて、紙にて取りわけて、炭とりに入れて、ひき隠して、持て行きて（巻之二）

とあり、瓶子から紙に取り分けていることがみえる。『和泉式部集』に「語らふ人の来たるに、粽やるとて、敷きたる紙に」という詞書があり、ここで紙は食べ物を盛る敷紙として用いられている。『枕草子』には「青ざしといふ物を持て来たるを、あをき薄様をえんなる硯の蓋に敷きて」（二三九段）とあり、菓子である青ざしの敷紙として青色の薄様の紙が使われている。さらに『沙石集』では「折敷に紙うちしきて、稗《きび》の飯を置きたりける紙に、物を書き付けたる」（巻第五―一四）と折敷に紙を敷いて、稗をまぜて炊いた飯を盛り付けている。敷紙は、紙製の食器として機能している。承久本『北野天神縁起絵巻』巻八の人間界における酒盛りを描いた場面で、板敷きに車座に坐る各人の前には果物など紙の上に置かれている。

『源氏物語』東屋《あずまや》巻では「はこのふたに、もみぢ、つたなどをりしきて、ゆゑなからずとりませて、しきたる紙に」と「しきたる紙」＝敷たる紙の言葉がみえる。『栄花物語』には、章子《しようし》内親王の著裳に際して「そのころ、こほりを扇のかたにて、御すゞりのふたにおきて（中略）しきたるかみにあしでにて」出羽弁《いでわのべん》が「君が世に」云々という和歌を書き付けている（巻第三四「みはてぬゆめ」）。和歌を書いた紙は「しきたるかみ」＝敷たる紙で、それに葦手で和歌が書かれた。『落窪物語』巻之三には「鏡のしきをおしかへして書給ふ」と、鏡の敷紙として使用されており、食べ物でないものにも利用されている。

　敷紙は、どのような紙であったのか。例えば、『今昔物語集』には「蠻絵《ばんえ》ニ蒔タル硯ノ筥ノ蓋ニ、清気ナル薄様ヲ敷テ交菓子ヲ入レテ差出タリ」（巻二四第三一）とみえ、清らかな薄様で硯蓋に敷いていた。また『栄花物語』では「うたをかたりて、すゞりのしたなるしろきしきしにかきつけてえさせたり」（巻第四「暮まつほし」）と白き色紙が硯の下に敷かれている。『大鏡』には「ひとすぢをみちのくにがみにおきたるに、いかにもすきみえずとぞ、申つたへためる」（師尹）とあり、髪の一筋を陸奥国紙の上におろして手を離すと、紙一面が黒くなり白い隙間がみえなくなったとある。『永承五年（一〇五〇）前麗景殿女御《さきのれいけいでんのにょうご》延子歌絵合』には「かねの透筥に心葉して、かねの卯花重ねの紙敷きて」とある。「卯花重ね」とみえているから、銀箔を張りつめた紙と青色紙とを重ねた卯花紙が銀の透筥に敷かれていた。

このように、敷紙には薄様、色紙、陸奥国紙、装飾料紙など、「もの」に合わせた紙が用いられていた。

（2）敷衾《しきぶすま》と枕紙《まくらがみ》

この敷紙と同じようなものに、敷衾がある。長崎学村で慶長八年（一六〇三）に刊行された『日葡辞書《につぽじしよ》』(34)で、敷衾はふとんの下に敷く紙で、ふとんを汚さないようにし、また蚤を防ぐための紙であると解説している。『なそのほん』では「はるなつあきふゆねた」の解を「四季臥す間」で敷衾であるとする。

その他、『建礼門院右京大夫集』には、

夜深寝覚めて、とかく物を思ふに、おぼえず涙やこぼれにけむ、つとめて見れば、縹の薄様の枕の、ことのほかにかへりたれば

とあり、「枕紙」なる紙がみえる。これは枕を覆う紙である。この薄様の「枕紙」は、涙で縹色《はなだいろ》

の色が変わっていることから、色紙であったことがわかる。また「なれぬる枕に硯の見えしをひきよせて書きつくる」と、枕紙には歌までをも書き付けている。

十　張る

1　扇《おうぎ》と団扇《うちわ》

紙を何かに貼り付けることで、紙本来とは別個の機能や用途を与えられる場合が『枕草子』にみえる。その一つは扇である。

中納言まゐり給ひて、御扇たてまつらせ給ふに、「隆家こそいみじき骨は得て侍れ。それを張らせて参らせむとするに、おぼろげの紙はえ張るまじければ、もとめ侍るなり」と申し給ふ。（一〇二段）

朴、塗骨など骨はかはれど、ただあかき紙を、おしなべてうちつかひもたまへるは、撫子のいみじう咲きたるにぞいとよく似たる（三五段）

前者によれば、扇の骨に紙を貼り付けている。「おぼろげ」な紙は貼れないとする。そして、

図40　「扇屋」

隆家《たかいえ》が持つ立派な扇の骨に相応しい紙が求められている。後者では、骨は朴《ほお》や漆塗《うるしぬり》などの違いはあるものの、いずれも赤き紙が貼られ、その色合から撫子《なでしこ》の花が咲き誇ったかのようにみえると評している。同じく『枕草子』には「朴にむらさきの紙はりたる扇」とあり、朴の骨に紫色の色紙を貼った扇もあった（三六段）。また、『大鏡』序には「くろがへのほね九あるに、黄なる紙はりたるあふぎ」とみえ、黄色の色紙を貼った扇があった。舟木本『洛中洛外図屏風』（重文、東京国立博物館）には扇屋が描かれ、なかで扇を作る様子をもみることができる（図40）。

『なぞたて』（『中世なぞなぞ集』所収）や『醒睡笑』には、柿団扇《かきうちわ》がみえる（巻之一―祝ひ過ぎるも異なもの四）。柿団扇は、紙に柿渋を塗った丈夫な団扇のことで、貧乏神の持ち物とされていた。また竹木を骨にして紙を張り、糸を付けて風に乗せて揚げる凧揚《たこあげ》のことが『和名類聚抄《わみょうるいじゅうしょう》』にみえ、「紙老鴟《ろうし》」と記されている。

2　板張《いたば》り

扇のほかに、どんなものに紙を貼っているのであろうか。

大饗せさせ絵に、寝殿のうらいたの壁のすこしくろかりければ、にはかに御覧じつけて（中略）、みちのくにがみをつぶとをさせたまへけるが、なか〳〵しろくきよげに侍ける　（伊尹）

と『大鏡』にみえる。黒くなった寝殿の天井に、陸奥紙を隙間なく貼り付けて、白く綺麗にしている。当時、天井一面に陸奥紙を張ることは、極めて贅沢なことであった。これを過差《かさ》といった。また『落窪物語』には「物や書きたると見れば、白き色紙に、いとちひさくて、舟のうきたる所におしつけたり」（巻之四）とあり、板に白き色紙を貼り付ける場合が見てとれる。『万葉集』六巻の「海原の」という和歌の後に記された注である左注に「白き紙に書きて屋の壁に懸け著けたり」とみえる。ここでは壁に「白き紙」を掲げている。

『醒睡笑』には「見舞にゆかれんに節穴の事を申されば、『短冊や色紙にて張りたまへ』といはれる」とあり、材木の節穴を手持ちの紙にて塞ぎ、気にならないように対処している（巻之一―鈍副子二〇）。紙以外の穴まで繕われており、紙の利用は多様であった。

3 燈籠《とうろう》

十三世紀前半の鎌倉文化の高揚期に制作された『紫式部日記絵巻』（四）（国宝、大阪・藤田美術館）の中の、産後に藤原道長の土御門邸で休んでいる中宮彰子の屋内をみてみると、御帳台のなかに小さな燈籠が掛けてあるのがみえる。燈籠の明かりで、はっきりと照らし出された彰子の伏せている姿と長い黒髪と菊花文様の装束は印象的である。鎌倉時代の理性的な似絵の写実性が取り入れられており、視覚的に解りやすいという趣向がある。金銀泥を多用する艶麗な色彩などには、濃厚な趣があるものの、色調は全体的に華やかさが抑えられている。

『イエズス会日本年報』[35]の天正十三年（一五八五）の復活祭の記述には「キリシタン等は紙をもって種々の形と色の燈籠を多数作り、これを行列の通過する街路および聖堂の中に吊るした」とある。形も色も種々の燈籠が手作りされて、祭に彩りを加えていたのである。

図41　「表布衣師」（『三十二番職人歌合』）

十一　紙に係わる職人と仕立て

これまでは紙の機能と用途とをみてきた。ここでは、①紙に係わる職人、②仕立ての方法、③封式など、紙を取り巻く別の世界に目を向けてみたい。

1　紙に係わる職人

『宗長手記』には「表布衣師《ひようほえし》」による「誂のもの」の記載がみえる（図41）。表布衣師とは「もの」に布などの裂《きれ》を衣として着付けるようにして表具を仕立てる職人の意である。この表布衣師の名から判断して、誂物《あつらえもの》はおそらく掛物《かけもの》であったと想像される。「綾の小路、室町とのあいだ、北のつらにあり」とみえ、京に店を構えていた。例えば『元三大師像《がんさんだいしぞう》』（滋賀・比叡山観月院）の軸木には文安四年（一四四七）の年紀と「表背師京都上北小路能阿弥弟子文阿弥」の銘文とがある。ここにみえる「表背師」と表布衣師とは同じである。能阿弥《のうあみ》（一三九七～一四七一）は室町将軍家の唐物奉行《からものぶぎょう》で多彩な活躍を見せている。同朋衆《どうぼうしゅう》の一人で、幅広い技芸に通じた人物として著名である。

また滋賀・聖聚来迎寺の『十界図《じっかいず》』の軸木には「六道之絵像拾五幅叡山横川霊山院之霊宝也、永享三年九月九日於三条富小路修覆之焉、願主欣求浄土沙門忍阿弥〈敬白〉、世の中をうき身におくることはりのさてもむくはぬはてぞかなしき、能阿弥生年三十五歳」と銘文がある。

掛物の姿は『鳥獣人物戯画《ちょうじゅうじんぶつぎが》』丁巻にみえる。その掛物は蛙の骸骨を描いたもので、その本紙の上と下とに紙か裂かを貼り継いだ二段からなるもので、風帯《ふうたい》のない姿から二段表具といわれる形式である。

その他、三条西実隆の短冊を「一首の懐紙に申うけて、へうしをさせて」（『実隆公記』）とあり、表紙を付ける巻物に仕立てている。『平家物語』の寿永二年（一一八三）の「忠度《ただのり》都落」にも「秀歌とおぼしきを百餘首書き集められたりける巻物」とみえ、詠草を書いた紙が継がれ、巻物として一巻にまとめられ、藤原俊成に預けられた。平忠度（一一四四～八四）の歌は俊成撰になる勅撰集である『千載和歌集《せんざいわかしゅう》』に入集しているが、当時は朝敵なる故に「詠み人知らず」とされた。

さらに、『宗長日記』には「双紙綴細工をあつらへ侍る」ともみえ、冊子の綴じを行う細工職人の存在を想定でき、おそらく製本をする職人集団であったと思われる。紙を扱う職人は時代と共に増えていく。町田本『洛中洛外図屏風』（重文、国立歴史民俗博物館）（図42）に描かれている看板の図に、半紙、筆、扇形などがみえる。これらの図は職種を具象的に表現したものであり、紙屋、筆屋、扇屋を示す目印であった。

図42　「紙屋」

2　仕立ての方法

この職人は、

はしをおくにとぢられて、一丁二丁づゝに成侍り、そのはしをのりにてつけられて、めをつくさる

とあり、綴じ方を間違えている。これを歌にして「おりめをばとぢめになしてとぢめをばきりつぎ双紙手まや入そろ」と詠んでいる。

掛物や冊子などの仕立てには、「おりめをばとぢ」る、「はしをのりにてつけ」る、「きりつぎ」が記されている。

「おりめをばとぢ」る方法は、折り目を糸などで綴じる綴葉装《てつようそう》、「はしをのりにてつけ」る方法は、端を糊を付ける粘葉装《でっちょうそう》、「きりつぎ（切り継ぐ）」は続紙《しょくし》あるいは巻子装《かんすそう》の形状を示唆している。御伽草子『かくれ里』には「唐土、大和の物の本、巻きたるも有り、綴ぢたるも有り」とみえ、唐と大和とを対にして、本には巻物と綴物《とじもの》とがあることを伝えている。醍醐寺文書聖教のうち『金剛王院相承次第抜書《こんごうおういんそうしょうしだいぬきがき》』には「三半紙唐トヂ」「三半紙ノデツシタル草子也」と装丁に関連する言葉がみえる。「唐トヂ」は袋綴装冊子本の古称である。「デツシタル草子」とは粘葉装の冊子本の意であろう。

平安時代後期になると、「紙絵《かみえ》」と呼ばれる冊子本、巻子本の物語絵が現れる。『枕草子』には「絵など取り出でて見せさせ給」、あるいは「三四人さしつどひて絵など見る」と記している。また『源氏物語』絵合巻では「紙絵はかぎりありて、山、水のゆたかなる心ばへを、え見せつくさぬものなれば」と、紙絵は紙幅に限りがあるので広大な自然を描きにくいと屏風絵と比較して述べている。鎌倉時代中期の絵巻物である『男衾三郎絵詞《おぶすまさぶろうえことば》』第一段（重文、東京国立博物館）の北対《きたのたい》の中央には吉見二郎《よしみじろう》夫妻の後ろで寝そべりながら紙絵を見ている娘の慈悲の姿がある。その紙絵は薄藍の見返が付いた巻物と思われる。

『源氏物語絵巻』東屋巻（国宝、徳川美術館）のやまと絵の障子や几帳に水辺に草木をあしらった風景を美しく描いた室内で、色白い若々しい顔の浮舟は冊子の絵物語を見ており、その側で絵物語の詞書《ことばがき》を両手に持って読む侍女の右近の姿も描かれている。浮舟と後姿の中君との間にも絵物語冊子らしきものが置かれている。絵物語とその詞書とは別個であり、絵と詞書とが一つの巻物になる絵巻物との相違に注目しておきたい。

なお『慕帰絵詞』巻五（重文、西本願寺）には、巻物の詞書に則して親鸞聖人の絵伝の制作をしている様子が描き出されている（図43）。皿に溶いた絵具を並べて彩筆をふるう画僧、その前に詞書の紙を広げて指図する僧がいる。

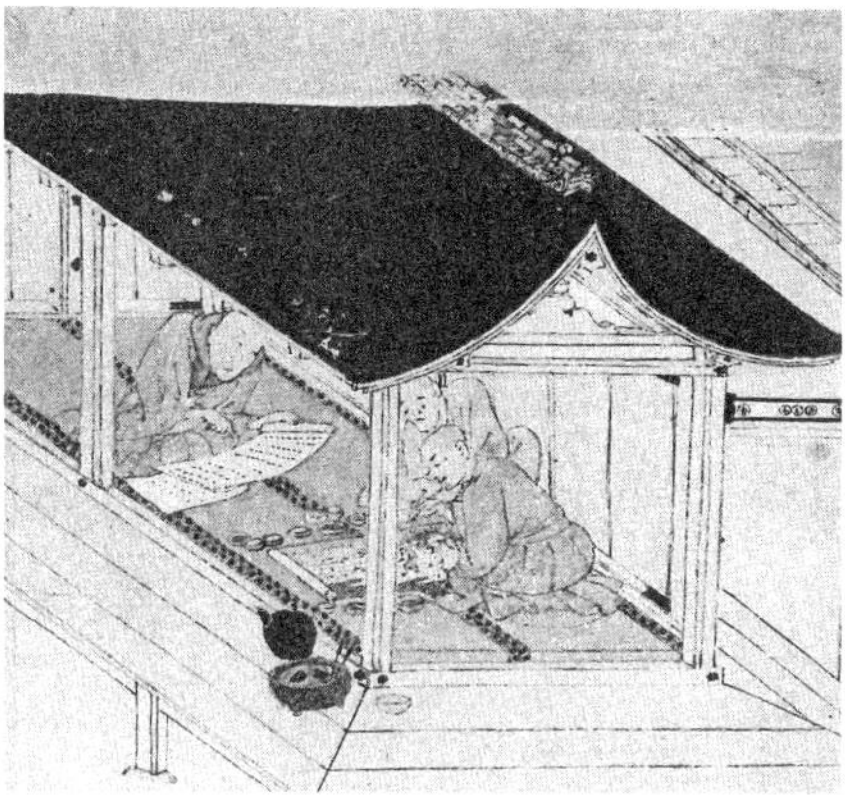

図43　『慕帰絵詞』巻五

『福富草紙』上巻が描く居間には、やまと絵の山水の四曲屏風の前に文机が設えられている。その上には、右から黒漆塗蒔絵の文箱、黒軸の巻物二巻、冊子が並んでいる。このうち、冊子は表紙の左肩に題簽《だいせん》のようなものがみえ、綴じ方は数枚を一括りにして重ね、数括りを糸などで綴じるもので、綴葉装であったと思われる。

『枕草子』には「薄様の草紙、村濃《むらご》の糸してをかしく綴ぢたる」（八九段）とみえ、糸で綴じた冊子が作られている。糸は「村濃」であるから、色に濃い薄いが交じる色糸であった。村濃について一五九段「とくゆかしきもの」として「巻染《まきぞめ》」「くくり物など染たる」といっしょに心惹かれる染物に挙げている。『紫式部日記』にも薄様に物語が書写されている。書写し終わると、綴じたとみえるが、糸で綴じたかどうかは不明である。

鎌倉時代前期の華厳宗《けごんしゅう》の僧であった明恵《みょうえ》（一一七三〜一二三二）の私家集である『明恵上人歌集《みょうえしょうにんかしゅう》』（重文、東京・東洋文庫）の詞書には「義淵房ナニトナキコトドモカキアツメラレタル造紙」とみえ、様々の雑記が一冊の「造紙」＝草紙にまとめられている。また「紙ツグヤウニソクヒ」「紙ツグソクヒ」と歌に詠まれ、飯粒を練って作った糊＝続飯《そくい》で紙を継いでいた。『無名草子』の「いとぐち」には「首に掛けたる経袋より冊子経取り出でて読みゐたれば」とあり、冊子形式の経典があった。この経は法華経八巻で経袋に入れて持ち運んでいることから、小形の粘葉装冊子本と想定できる。実例として『折本《おりほん》法華経』（重文、和歌山・丹生都比売神社）や『法華経』（重文、奈良国立博物館）などが今日まで伝えられている。後者の法華経（縦一三〇・〇cm・横五・五cm）は、黒漆宝篋印塔嵌装《がんそう》舎利厨子に納置されているもので、嘉禄二年（一二二六）に孝阿弥陀仏《こうあみだぶつ》が母の菩提を弔うために書写したことが知られる。

『永承五年（一〇五〇）前麗景殿女御延子歌絵合』には「古今絵七帖、新しき歌絵のかねの冊子一帖入れたり、表紙さま〳〵に飾りたり」とみえ、おそらく歌題を意匠とした表紙に銀箔を貼って装飾していた。

装飾を施した表紙には、箔のほかに、どのようなものがあるだろうか。例えば『宇津保物語』には、清原俊蔭《きよはらのとしかげ》自筆の絵入りの冊子がみえる。また絵巻物の『松崎天神縁起絵巻』では折本の法華経と観音経の表紙は紺色で、一方には金泥で下絵が施されている。

絵以外の装飾としては、

和歌二巻ヲ籠メタリ、其ノ書物ハ、色々ノ紙ニ題目之秋ニ叶フ絵ヲ書キ、絵ノ上ニ和歌ヲ書ク、黄金ノ表紙ニ銀ヲ彫リテ文ヲ置ク

と、『天喜四年（一〇五六）皇后宮《こうごうぐう》寛子春秋歌合』（『歌合集』所収）にみえる。表紙は黄金色で、銀色にて文字を表現するものであった。このように、表紙は、そのものを象徴するのに相応しい品格や色合い、材質などが総合的に考えられて、仕立てられた。「もの」を手にして、最初に目にすることになるのが表紙であることから、その出来栄えは「もの」の印象を大きく左右するものであった。『宗長手記』にも「御短冊を一首の懐紙に申うけて、へうしをさせて御めにかけ」とあり、檀紙を表装した上で見せている。

『慕帰絵詞』巻五（重文、西本願寺）には、歌会の場面が描かれている（図44）。会所《かいしょ》の室礼として、歌聖《かせい》である万葉歌人の柿本人麻呂《かきのもとのひとまろ》の肖像画を本尊に脇に竹と梅の図を配する三幅対の絵が

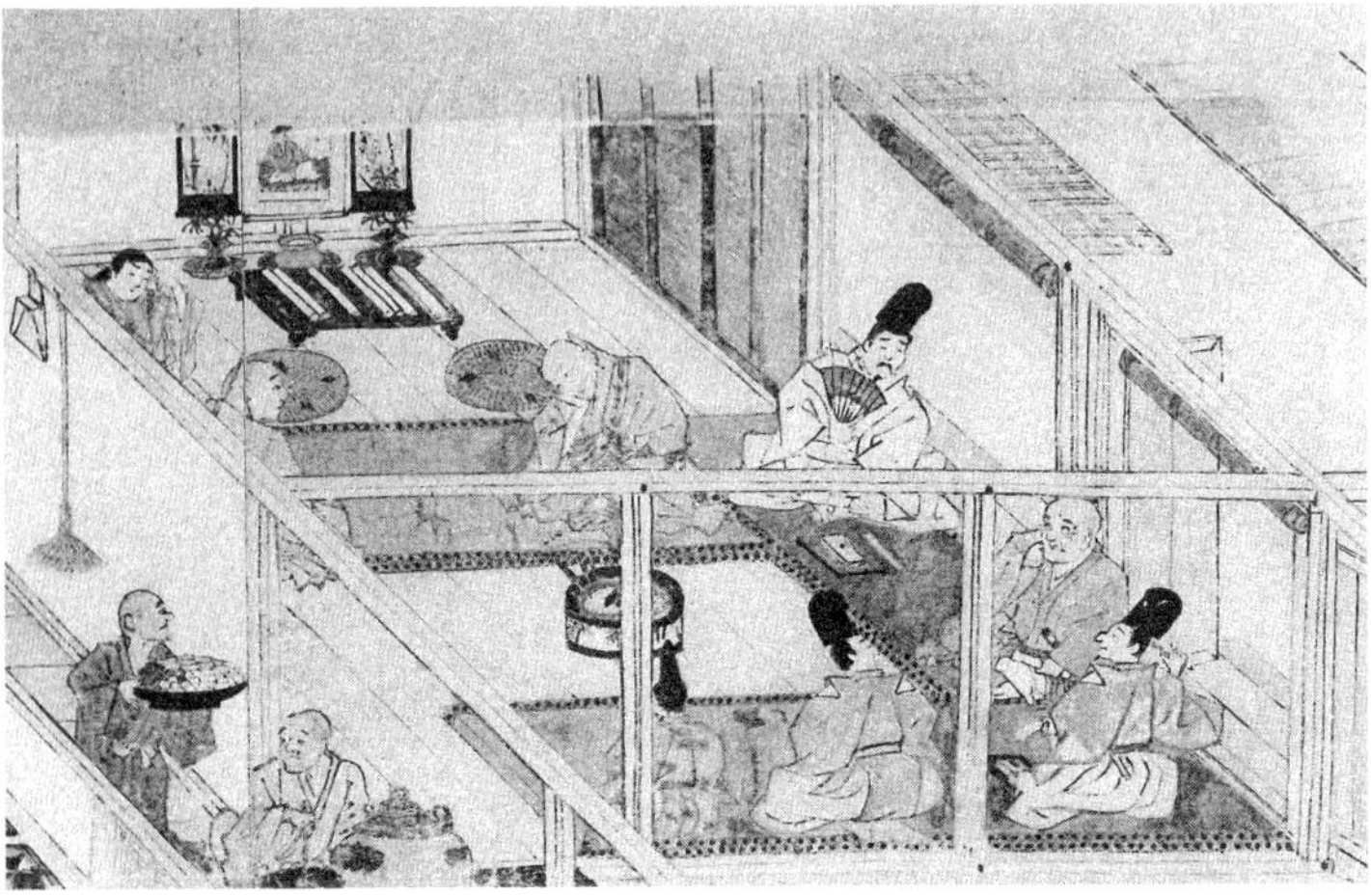

図44　『慕帰絵詞』巻五

掲げられ、その前に香炉を中心に左右に花瓶一対、さらに前の卓上には懐紙と短冊とが置かれている。また歌を思案中の人が手にする丸められたものは、歌を書くための懐紙と思われる。この室礼《しつらい》をみると、人麻呂の絵像を掲げて供養し、その歌徳に与ろうとする人麻呂影供《えいぐ》という祭りの場面かもしれない。人麻呂影供を元永元年（一一一八）に最初に催したのは、六条藤家《ろくじょうとうけ》の顕季《あきすえ》であった。

同じく巻八第三段の覚如が宗康と梅を花瓶に立て歌を詠んでいる場面でも、覚如前の文机の上に懐紙などがみえる。こうした文机の上に紙と巻子などが置かれているのは、室町時代の裕福な高向秀武《たかむこのひでたけ》の生活を描いた『福富草紙』でもみられる。

歌会の場面は武士の日常生活を描いた『男衾

三郎絵詞』第一段にもみえる。釣殿《つりどの》での当座四人の歌会である。硯箱は一つである。折烏帽子に狩衣姿の一人は右に筆を持ち、左手に懐紙を手にする。懐紙には歌が書き付けられている。懐紙は二つに折られ、縦長の折紙になっている。垂髪と法体の二人は構想中である。また歌合絵巻として最も古い鎌倉時代後期の制作となる『伊勢新名所歌合《いせしんめいしょうたあわせ》』（重文、三重・神宮徴古館）の藤波里でも、歌会の場面が描かれている。ここでの懐紙は竪紙である。

『源氏物語』梅枝巻には「さまざまの継ぎの紙の本ども」とみえ、『三十六人家集』（国宝、西本願寺）に代表される継紙《つぎがみ》（破継《やぶれつぎ》、重継《かさねつぎ》）を用いた美麗な装丁が知られる。破継の言葉は「絵の上に破り継がれたり」と『嘉保元年《かほうがんねん》（一〇九四）前関白師実歌合《さきのかんぱくもろざねうたあわせ》』にみえている。土佐光信《みつのぶ》筆『源氏物語画帖《がじょう》』初音《はつね》巻（ハーバード大学美術館）に描かれている装飾された紙が破継である。破継は色違いの紙を曲線的に破って貼り合わせたもので、重継は五枚ほどの薄様をずらして重ねて貼って意匠を表現している。

例えば『三十六人家集』のうちの『伊勢集』の断簡である『石山切《いしやまぎれ》』のうち、「秋月ひとへに」（文化庁保管）の料紙は、金銀泥にて飛鳥、蝶、蜻蛉、折枝や秋草を描いた具引きの唐紙を主にし、同様の具引きの型文様の唐紙との間をほぼ同じ文様に金銀箔を散らした褐色羅文と朽葉唐紙とをもって破り重ね継ぎの状態にして川を意匠としたものである（図45）。おなじく「きく人も」（九州国立博物館）は、一部に夾竹桃を雲母刷りした白胡粉布目地唐紙に、薄縹、茶、黄茶、白茶の染

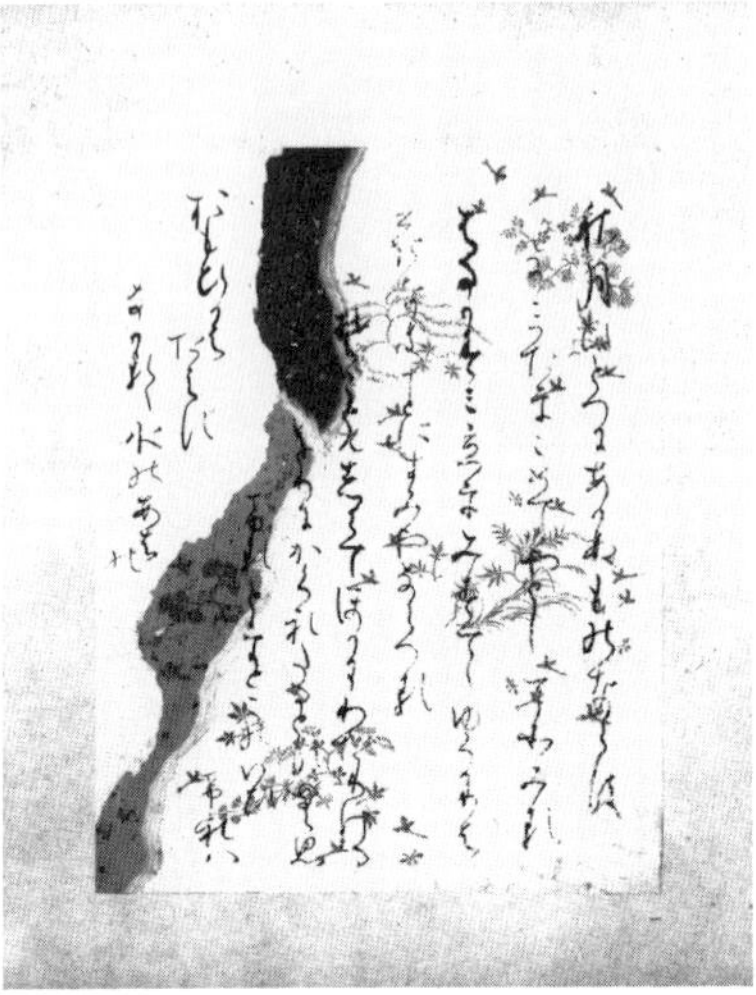

＊図45　『石山切』「秋月ひとへ」（文化庁保管）

紙と薄浅葱胡粉地唐紙の六紙を破り継ぎした上に、全体に群れ飛ぶ小鳥や松、柳、楓の折枝を銀泥にて描き、さらに雲母引きを行っている。絢爛な料紙は装飾の技法の粋を尽くしたものである。

また、「白き唐の紙、四五枚ばかりを蒔つゞけて墨つきなど見所あり」あるいは「つれ〳〵なるまゝに、いろ〳〵の紙を継ぎつゝ手習をし給ふ」（須磨《すま》巻）とあり、光《ひかる》源氏《げんじ》が手習いに色々な紙を使用している様子が見え、当時の豪奢な生活ぶりが偲ばれる。

そのほか『源氏物語』には、

絵は巨勢の相覧、手は紀貫之書けり、紙屋紙に唐の綺を陪して、赤紫の表紙、紫檀の軸、世の常のよそひなり（絵合巻）

白き色紙、青き表紙、黄なる玉の軸なり（絵合巻）

延喜の帝の「古今和歌集」を唐の浅縹の紙をつぎて、おなじ色の濃い小紋のきの表紙、おな

じき玉の軸、だんの唐くみの紐など　（梅枝巻）

とみえる。これら『源氏物語』の記述によれば、料紙には紙屋紙、色紙、唐紙を、表紙には赤紫などの色紙を、軸には紫檀や玉の貴木・貴石を、紐には唐組を用い、巻子本の雅な姿を見事に伝えている。『寛治七年（一〇九三）郁芳門院《いくほうもんいん》媞子内親王根合』にも「続色紙一巻〈銀ノ表紙／瑠璃ノ軸〉、書和歌」とみえており、和歌を書いた巻物には『源氏物語』と共通する王朝貴族の美意識が反映されている。

南北朝時代作の『長谷雄草紙《はせおそうし》』第三段（重文、東京・永青文庫）が描く平安時代の優れた漢学者である紀長谷雄（八四五～九一二）の居室には、黒漆の二階棚が設えられている。そこには冊子と巻物が数多く並んでいる。巻物の軸首は朱と黒で、小口に色が確認できる。また紐は朱で、表紙には薄藍などもみえる。冊子は巻物の大きさと比べると同じで、大型本であることが窺える。この話は『続教訓抄』にみえ、鎌倉時代には知られていたものである。

『華厳宗祖師絵伝《けごんしゅうそしえでん》』元暁《がんぎょう》絵巻一（国宝、京都・高山寺）には、経論の注釈書を講説する元暁の前にある黒漆塗の卓上に巻物三巻と講説中の開かれている一巻が置かれている様子が見える。軸首は黒で、紐は藍、表紙は萌葱色である。その他の場面では「仁王般若経」を手にする老若の僧侶の姿や卜筮の冊子を開いている占師の姿などが描かれている。義湘《ぎしょう》絵でも卓上に開いた冊子がみえる。この他、『石山寺縁起絵巻』など多くの絵巻物に冊子と巻物とを描く場面が認められる。

3　封式《ふうしき》

平安時代中期成立になる最初の歌物語である『伊勢物語』には「昔男ありけり（中略）巻きて、文箱にいれてあり」（一〇七段）とみえ、消息を巻いて文箱《ふばこ》に入れている。

鎌倉時代後期の『なよ竹物語絵巻』第五・六段（重文、香川・金刀比羅宮）には、文箱が描かれている。文箱は黒漆塗に金蒔絵のある美しいもので、赤い紐が掛けられている。蔵人が届けた文箱のなかにあった帝の文は紅と白とを重ねた薄様であった。文箱に書状を入れる行為は『伊勢物語』一〇七段に、願文は『源氏物語』若菜巻に確認できる。

この絵巻は後嵯峨院（一二二〇〜七二）の逸話を題材としたもので、『古今著聞集』第八などに収められている。

『落窪物語』にも「かのおこせたりし文、二たびながらおしまきて」（巻之二）とあり、書状を巻いている。丸く巻き込む形状は、古代の太政官符《だじょうかんぷ》の流れを継承したものである。絵巻物の『彦火々出見尊絵巻』巻六には、書状を持って都に旅立つ人がみえている。書状を縦に包み、その上と下とを捻って裏に折る捻封《ひねりふう》であり、捻ったところに紐を掛けている。また書き終えて、巻き畳まれた書状が二通みえる。文書料紙が数枚軽く二つに畳まれて、硯箱と並んで置かれている。

『當麻曼荼羅《たいままんだら》』上巻第一段にも文を手渡す姿がある。

『大鏡』には、

もしこの事どもの術なからん時は、紙三枚をぞもとむべき、ゆへは、入道殿下の御前に、申文をたてまつるべきなり　（藤氏物語《とうしものがたり》）

とあり、ここでは申文《もうしぶみ》の用いる料紙が三枚であった。こうした文は、どんな形で届けられたのであろうか。

『枕草子』には、

ありつる文、立文をもむすびたるをも、いときたなげにとりなしふくだめて、上にひきたりつる墨などきえて、「おはしまさざりけり」　（二五段）

遠き所より思ふ人の文を得て、かたく封したる続飯《そくい》などあくるほどいと白きみちのくに紙、白き色紙の結びたる、上に引きわたしける墨のふと凍りにければ、末薄になりたるをあけたれば、いとほそく巻きて結びたる、巻目はこまごまとくぼみたるに、墨のいと黒う、薄く、くだりせばに、裏表かきみだりたるを、うち返しひさしう見るこそ、　（一六〇段）

なにごとならんと、よそにて見やりたるもをかしけれ　（二九四段）

『とはずかたり』では、

文を見れば、たてぶみ、こはごはしげに、そくひにて上下につけかかれたり　（巻二—四四）

とある。書状の封式が細かく具体的に記されている。書状はそのままではなく、「立文（たてぶみ）」＝懸紙という包み紙で包み、その上に封として墨引《すみびき》にしている。また糊付けの封が行われていた。糊封は本紙を懸紙で包んで糊付けし、綴じたところに封の墨書きを行う。

『かげろふ日記』の「いどむ男」では「助とものがたりして、たちて硯・紙とこひたり。いだしたれば、かきて、おしひねりていれていぬ」とみえ、捻って封をする捻封という略式の封式であった。折り畳む形状は書礼様文書の場合である。

さらに、『落窪物語』に、文を「引結びて出し給へれば」とあり、結び文の形式が見られる（巻之四）。結び文は懸想文である。この結封は細長く折り畳んだ手紙自体を結び、その上から封を墨書きする。例えば、封としては『大和物語』には「硯を乞ひて文をかく（中略）と、かきて封じて」とあり、墨引による封であった（一四八段）。説経『しんとく丸』には「書きとどめ、山形やうに押し畳み、まつかわ結びひん結び」するとあり、その結んだ形が山形であること、また「まつかわ結び」「ひん結び」という結ぶ方も知られる。『をぐり』では「山形やうではなけれども、また待つ恋にことなれば、まつかはに引き結び」とみえ、「まつかわ（まつかは）結び」とは松の皮の形状に似た結び方であったと想像される。

捻封と結封以外に、折封がある。折封は下文などに用いられる正式な封式である。例えば、醍醐寺文書聖教のうち、貞和二年（一三四六）十月日の諷誦文《ふじゆもん》では「判紙ハ杉原二枚ヲ引重テ書之、立紙ハ一枚ニテ上下ヲ押折テ」とみえ、「立紙」＝懸紙の上と下とを押し折る形の封であることがわかる。

図46　『後三年合戦絵詞』中巻第五段

『後三年合戦絵詞』中巻第五段（国宝、東京国立博物館）の場面には文を認める様子が詳しく描かれている（図46）。料紙は中央で折られ、縦長の状態で置かれている。また、二つに折ったままで筆を走らせている。書き終えた文は小刀で端を切って封を作り、その後に懸紙で文を包み、懸紙の上と下とを捻ねる捻封にしている。こうして封のされた文は文使に託されて届けられる。この場面にみえる文使は馬の口取りである。

これ以外に『今昔物語集』には、

> 硯ヲ取寄テ文ヲ書ク、書畢テ封ジテ上ニ印ヲ差セテ、其レヲ文箱ニ入テ、其ノ文箱ノ上ニモ亦印ヲ差セテ、此レ彼ノ尊ニ給ヘ
>
> （巻一六第一八）

とみえ、封印が文書とそれを入れた文箱にも捺されている。『十訓抄』では「封付たる文を一巻もて参られたり」（第一〇）とあり、どんな封式であるかは不明ではあるが、文は巻状であった。御伽草子『弁の草紙』では、引重ねた薄様の消息を「巻返し涙ぐみ給ひけり」とみえており、消息は二枚重ねの重紙を巻いている。『落窪物語』にみえる道顕《みちあき》から落窪君への懸想文は「おしまきて、御櫛の箱に入れて立ぬ」（巻之二）、「二たびながらおしまきて」（巻之二）とあり、懸想文を畳まずに、押し巻いて巻物状にしていることが確認できる。そして、初めての懸想文は大事な記念として呪術的な意味をもつ櫛を納める箱にしまってなくならないようにしている。櫛箱は化粧道具である櫛を入れる専用の箱で、手廻りの品々を収納する身近な調度品としての手箱とは異なるものである。『日欧文化比較』でも、文は折り畳まずに「日本の手紙は巻く」と記している。例えば『白描隆房卿艶詞絵巻』第二段には、文の束がみえる。その横で桜の枝に結び付けられた

懸想文の結びを解いている女房の姿がある。繊細な線による調度類の描写などが注目される。巻物のよき姿として兼好は、『徒然草』で以下のように述べている。

経文《きようもん》などの紐《ひも》を結ふに、上下《かみしも》よりたすきにちがへて、二すぢの中より、わなの頭《かしら》をよこさまにひき出す事は、常の事なり。さやうにしたるをば、華厳院弘舜《けごんいんこうしゆん》僧正、解きてなほさせけり。「これは、この比《ころ》やうの事なり。いとにくし。うるはしくは、たゞくるくるとまきて、上より下へ、わなの先をさしはさむべし」と申されけり。ふるき人にて、かやうの事知れる人になん侍りける

（第二〇八段）

紐の巻き方にも故実《こじつ》があったことが知られ、そして巻き方を知らないことを憂いている。『絵師草紙《えしのそうし》』第一段（宮内庁三の丸尚蔵館）で、衣冠姿の絵師が宿紙《しゆくし》の綸旨《りんじ》を手にし家族に読み聞かせる室内を描いた場面にある白木の三階棚の甲板《こういた》の上に書状がみえる（図47）。この書状は刷毛《はけ》の上にあって、懸紙の表面に充所と差出のウハ書を示すように墨書があることが確認でき、また上下が裏側に折られている。正式な封式である折封であるとみられる。その側にはひとくくりにされた巻物の束と巻子一巻も置かれている。第三段には、手に文を持つ僧俗各々の姿が同じ場面に描かれている。ともに捻封でウハ書を示す墨点がある。俗人の文は薄墨色、僧侶の文は白色で

図47　『絵師草紙』第一段

ある。また文の束を両手に抱える男の姿がみえる。その文も捻封で懸紙の色は薄墨色である。『伊勢新名所歌合《いせしんめいしょうたあわせ》』藤波里《ふじなみのさと》の祭主《さいしゅ》館では袿姿《うちきすがた》の女房に捻封の文を差し出す姿が描かれている。また、やまと絵の優雅な伝統に写実味のある風景をともなう十三世紀後半の制作である『小野雪見御幸絵巻《おののゆきみごこうえまき》』（重文、東京芸術大学）の第二段と第四段には、白河院から賜った美濃国の庄券がみえる。これは白い紙一枚だけである。時は寛治五年（一〇九一）十月二十八日のことであった。

以上のように、紙の機能・用途として（一）書く、（二）包む、（三）飾る、（四）補う、（五）着る、かぶる、（六）結ぶ、付ける、（七）拭く、撫でる、（八）隠す、（九）隔てる、敷く、（十）張る、などを文学作品と絵巻物から具体的にみてみたが、（一）の書写・記録などの材料と、（二）以下の生活の材料とに大別できること、とくに日常生活の材料には様々に加工された紙製品が使用されていたことが確認できた。紙は何かを書き付けるだけのものであると考えられがちであるものの、実際はもっと複雑多岐にわたっている。それゆえ、各々の機能や用途に相応しい紙には、当然の如く、強さ、厚さ、色、質感、耐久性などといった点が異なっており、それに見合った独自の紙が選ばれていたのである。

――・――・――・――・――・――

三　紙名と紙色

前章でみたように紙の実用性が重視されていくのと共に、各地で地方色豊かな紙が漉かれ、紙に多様性がみられるようになっていく。例えば、『源氏物語』には紙名についての記述が多くみられる。和紙以外では「唐の紙のいとすぐれたるに草に書き給へる」あるいは「高麗の紙のはだこまかに、(中略)色など花やかならず、なまめきたるに」「高麗の紙の薄様だちたるが、せちになまめかしきを」(梅枝巻)と、唐と高麗《こうらい》とからの上質な舶来紙についての記述もわずかにみえる。この高麗の紙の内、「心づかひしたまひて、こまのくるみ色の紙」(明石巻《あかし》)を光源氏が選び、明石君への懸想文の紙に使用し、文使に託して届けているという記述がある。

高麗紙について、四辻善成《よつつじよしなり》(一三二六~一四〇二)による『源氏物語』の注釈書『河海抄《かかいしょう》』(36)では「くるみいろとは、うらはしろくて、表は薄香の色なる紙也」とあり、また学芸に造詣が深い南朝の長慶天皇《ちょうけい》(一三四三~九四)による同じく注釈書の『仙源抄《せんげんしょう》』(37)でも「高麗のうすかうの色なる紙也、面はしろき也」とあり、表面と裏面との関係が逆転しているものの、色の組み合わせはどちらも薄香色と白色とであると同じように理解している。さらに「こまの紙の薄様だちたるが、せめてなまめかしきを」としてあることから、高麗の紙にも薄様と厚様とがあったことがわかる。

安土桃山時代になると、『等伯画説』に水墨画で名高い禅僧である牧谿《もっけい》が用いた紙を敬意を表して「和尚紙」としたとある。和尚紙は「唐紙モ白クブツクトシテ、さまハ杉原ノヤウナゾ」、また「只ノカタイ唐紙ニカ丶レタルモ有之」とあり、牧谿が水墨画の料紙とした唐紙には白くふっくらとして杉原紙の風合いであるものと、硬いものと両用があったことになる。作品による紙の使い分けが、ここでもみられる。

一　紙名

1　紙名と原料

平安時代の紙名として承平年間に源順の編集した『和名類聚抄《わみようるいじゆうしよう》』(38)には「色紙、檀紙、穀紙、紙屋紙、松紙、河苔紙、斐紙、薄用紙」などの紙名が確認できる。また紙は古くは「帋」と書き、「加美《かみ》」と読むと説明している。

紙名のうち、色紙以下の多くはこれまでみてきたところであり、ここでは「穀紙《こくし》」と「斐紙《ひし》」について述べてみよう。

「穀紙」は奈良時代の穀あるいは楮の皮の繊維を原料にした紙で、柔らかく光沢のある紙である。穀、楮ともに桑科の落葉低木である。なお、桑の木のもつ聖樹性から紙の神聖性を導き出すことができるかもしれない。平安時代後期に橘忠兼《たちばなのただかね》が編集した辞書である『色葉字類抄《いろはじるいしよう》』(39)には「穀」を「カヂ」としていることから、正倉院文書にみえる「加地紙」「梶紙」と同義語であるといえる。

例えば『中阿含経巻第二十九』（善光朱印経）（重文、京都・知恩院）の巻末に「用穀紙廿七張」、『増一阿含経巻第二十九』（重文、京都・智積院）の巻末に「用穀紙十九張」、『浴像経《よくぞうきょう》』（重文、京都国立博物館）の巻末にも「用穀紙四張」とみえ、写経用紙として穀紙が利用されている。また、『出《いず》雲国風土記《ものくにふどき》』の郡内における物産に「梶《かじ》」、『豊後国風土記《ぶんごのくにふどき》』（重文、冷泉家時雨亭文庫）に「栲《たち》」がみえる。ともに楮のことである。なお、楮には「かなめ」「あかそ」「まかじ」「たかかじ」「あおかじ」などの種類があり、それぞれの特徴を持った楮紙が抄紙されることになる。

『風土記』は、和銅六年（七一三）に元明《げんめい》天皇の勅命によって諸国でつくられた地誌で、内容は国によって少し異なるが、基本的には地名の由来、土地の肥痩、産物、伝説などで、とりわけ中央に伝承のない地方の説話や歌謡などは古代の貴重な史料である。

穀を繊維を利用したものに「栲綱《たくづの》」「栲襖」「栲領巾」などがみえる。いずれも白に冠して用いられている。穀の繊維が白い色であることによるもので、枕詞のような言葉であった。例えば「白妙」の妙は「栲」であり、穀の繊維で織った布であることは、よく知られているところである。また「栲袴」は『日本書紀』雄略前紀の歌に詠まれている。

次いで「斐紙」は「雁皮紙《がんぴ》」のことで、沈丁花《じんちょうげ》科の落葉低木である雁皮の繊維を原料にして漉いた紙で優美で光沢があり、透明度もある。正倉院文書には「肥紙」とみえている。

『日欧文化比較』では「日本の紙はすべて樹の皮で作られる」と、紙の特徴を的確に捉えている。ただし、前記した「河苔紙」は字義通り、樹皮繊維ではなく河に生える苔を原料とする紙である。

2　地方産の紙名

相国寺鹿苑院《しょうこくじろくおんいん》蔭凉軒主の室町時代中期の公用日記である『蔭凉軒日録《いんりょうけんにちろく》』（『続史料大成』）に「播之産杉原一束」、『宗長手記』に「はりますひはら」と俳諧のなかにみえる。この「はりますひはら（播磨杉原）」は、杉原紙の代名詞ともいうべき名称であるといわれ、『庭訓往来《ていきんおうらい》』でも、播磨杉原は讃岐《さぬき》檀紙とともに名産品として記されている。この杉原紙の文献上の初見は、藤原忠実《ただざね》（一〇七八～一一六二）の日記『殿暦《でんりゃく》』（永久四年七月十一日条）にみえる「椙原庄紙百帖」である。『鎌倉年代記《かまくらねんだいき》』[40]では、承久三年（一二二一）から杉原紙が用いられ始めたと記す。また武家の書札などを記した『書礼作法抄《しょれいさくほうしょう》』（『群書類従』巻第一四五）には「武家ニハ杉原ナラデハ文ヲバカヽヌコト也、引合、檀紙ナドニテハ努々不可書」とあり、杉原紙こそは武家が使用する文書料紙であったとしている。『醒睡笑』には、釈迦の手紙として「紙は日本第一の播磨杉原」と記している（巻之三―文の品々四）。十七世紀初期、播磨杉原は日本一の紙であるという称を得るにまでに至っている。播磨杉原に代表される杉原紙の特徴は、原料である楮の繊維に米粉《こめこ》を填料《てんりょう》に加えて漉いたところにある。つまり、杉原紙は糊入《のりいり》紙の一つである。また、檀紙より小さくて薄い紙である。

平安時代の公家政権の文書料紙である檀紙に対して、武家政権における上意下達文書などに使用される料紙とは明確な相違がある。白さと柔らかさを求めた檀紙系統の紙に対して、硬くて大きい杉原紙系統が使用され、紙質、大きさなどで異なる特徴の紙が用いられた。

鎌倉幕府の源頼朝、室町幕府の足利尊氏、その後の権力者である織田信長、豊臣秀吉の武家による発給文書にあっても、各々を一見して判別できるほどの相違が認められる。それにも関わらず文書料紙としては杉原紙系統が使われ続けられた。

このように、紙は権威の象徴の一つであり、武家政権と杉原紙との関係からすれば、杉原紙を日本一と称するのは当然の評価と認識であったといえる。

また「筑紫紙《ちくしがみ》」が、近衛尚通《このえひさみち》（一四七二～一五四四）の日記『後《ご》法成《ほうじょう》寺《じ》尚通《ひさみち》公《こう》記《き》』（重文、陽明文庫）や戦国時代の公卿《くぎょう》である山科言継《やましなときつぐ》（一五〇七～七九）の日記『言継《ときつぐ》卿《きょう》記《き》』などに散見する。「筑紫紙」は筑紫国の八女《やめ》を中心として、地産の赤楮を原料とした丈夫な和紙として、今日まで伝承されてきている。熊本県の阿蘇家文書（重文、熊本大学）のうち、康治元年（一一四二）の阿蘇《あそ》大宮司《だいぐうじ》宇治《うじ》惟宣《これのぶ》解《げ》には「球磨紙《くまがみ》」なる紙名がみえる。

こうした地方産の紙の名称について、富田正弘氏は「中世における紙の流通」[41]にて、関義城編『和漢紙文献類聚　古代・中世篇』[42]を基にして「地方産紙名称表」を作成している。「修善寺紙」

「美作紙」など、文学作品には見られない紙名もあり、地方産の紙を検討する際の貴重な成果である。

このような地名を冠した紙名は、十一世紀半ばに成立した往来物である藤原明衡《あきひら》（九八九〜一〇六六）の『新猿楽記《しんさるごうき》』（重文、前田育徳会）にもみえる。「諸国土産」として「但馬紙」「陸奥紙」というような地方の紙名が記されている。産地によって紙の地方色が認められたことになる。いずれの紙も原料は楮であるが、産地によって楮の繊維に、太い、細い、硬い、柔らかいなどの差があったことになろうか。なお、長久五年（一〇四四）の後朱雀天皇宸翰御消息《ごすざくてんのうしんかんごしょうそく》（陽明文庫）にみえる「奥紙」なる言葉は「陸奥紙」のことであろう。

楮は栽培できる植物ではあるが、その土壌や気候などの自然環境の相違によって種々の楮が生育されている。その結果、性質の異なる楮は那須楮、土佐楮などのように産地名を冠するかたちで今日でも称されている。

3　品質と規格

ところで、中世前期の実相を伝える『朝野群載《ちょうやぐんさい》』には、蔵人所が但馬と播磨とから「上紙」を召していることが記述されている（巻五）。この「上紙」と同じように紙質の良し悪しを表現するものとして『東大寺続要録』の「楽人禄」に「京下紙」、「世親講興隆條々記録」に「上紙」、「東大寺拝堂用意記」にも御幣用として「上紙」がみえる。『元亨釈書』最澄伝にも「給禁中上紙」(巻第二)とあり、「上紙」とは紙質の差や質感の違いによる表現といえる。

また、鎌倉時代の神宮領の総目録的な史料である『神鳳鈔《じんぽうしょう》』(重文、三重・神宮)には、神宮領《じんぐうりょう》における年貢として「御贄紙」をはじめとして「御幣紙」「起請紙」というように、贄《にえ》、幣、起《き》請《しょう》のために用いられる紙名、つまり用途に由来する紙名が確認できる。これらの紙は東山・東海道諸国に散見され、神宮領だけでも紙漉きが広く行われていた証左になる。

興福寺の大乗院門跡である尋尊《じんそん》(一四〇三〜一五〇八)の筆になる『三箇院家抄《さんかいんげしょう》』(重文、国立公文書館)にも、用途による紙名「御幣紙」「障子紙」「御教書紙」「御消息紙」などがみえる。「御幣紙」には「厚」と「ウス様」とがあり、御幣紙には厚さの異なる斐紙が使われたことがわかる。「障子紙」と「御教書紙」とには「上品、中品」と注記があり、品質の差が認められる。「御消息紙」には「引合」が用いられている。

相国寺鹿苑院歴代の僧録司《そうろくし》の日記『鹿苑日録《ろくおんにちろく》』永禄九年(一五六六)五月七日条には「備中者紙之名所也」とある。備中《びっちゅう》は紙の産地としてその名が広く知られており、「小高檀紙」なる紙を供給している。この紙名にみえる「小」は高檀紙の大きさを明示したもので、紙の規格において細分化が図られていることがわかる。

4　よく見る紙名

中世後期の日常生活の実相を伝える『中世なぞなぞ集』には「ながミ」「ミのかみ」「もみがみ」「うちぐもり」「ひき」などの紙名がみえる。「ながミ」は奈良紙で、楮を材料とする薄くて柔らかな紙質が特徴な紙で、女房詞《にょうぼうことば》で「やわやわ」と呼ばれたものである。この奈良紙と類似する紙名である「大和紙」が『正徹物語』にみえる。「大和紙」は藤原定家が「やまとうた」の読み方を示した時に引用した言葉であり、鎌倉時代には通用していた紙名であった。

「ミのかみ」は美濃紙で、美濃で産する楮を材料とし、丈夫な紙質が特徴な紙で、包紙や障子紙に多く使用された。他方、美濃では「薄白《うすしろ》」「天久常《てんぐじょう》」という極薄の紙が作られている。「薄白」は御湯殿上に奉仕した女官が書き継いだ『御湯殿上日記《おゆどののうえのにっき》』明応六年（一四九七）二月十七日条に「いしらよりうすしろ五十てうまゐる」とみえている。美濃国の伊自良庄より進貢された薄白紙の白さは米糊などを塡料に用いて白くしたものである。「天久常」は京都・真珠庵文書のうち慶長六年『真珠庵本坊東方作事帳』に「天ク帖」とみえ、「ハリ付用」の紙として「厚紙」とともに利用されている。現在では、土佐の特産の紙で「典具帖」「天具帖」などと記されている。

「もみがみ」は漉きあげた紙をくり返し揉むことで、細かな皺《しわ》のある強い紙に仕立てたもの。揉み方は産地などによっても異なるが、揉紙そのものは柔らかな手触りとなる。

「うちぐもり」は、「たゝけどはれぬ」の解として料紙の上と下に藍あるいは紫色の横にたなびくような雲形の文様を漉き出した鳥の子紙のことで、雲紙とも呼ばれて色紙や短冊に用いられる。「打曇」「内曇」「内陰」「裏陰」とも書かれており、十一世紀には抄紙されている。その代表例として雲紙本《くもがみぼん》『和漢朗詠集《わかんろうえいしゅう》』（宮内庁三の丸尚蔵館）が知られ、その他『伏見天皇宸翰源氏物語抜書《ふしみてんのうしんかんげんじものがたりぬきがき》』（重文、国立歴史民俗博物館）、『古今和歌集（亀山切）』（重文、九州国立博物館）などがある。歴博本は、打曇紙の料紙に金銀泥にて下絵も施されている。亀山切は、仮名の珠玉の名筆家である紀貫之の筆跡と伝える『古今和歌集』の断簡で、平安時代における古筆切の優品である。古筆切とは先人の優れた筆跡を尊重する風潮のなかで、巻物や冊子などの姿であったものを数行あるいは一頁分を切断・分割し、掛軸などにして鑑賞したものである。この断簡は手鑑に貼り込まれている。和歌はいずれも繊細にして流麗な筆致の仮名で書かれ、連綿も巧妙にして長めである。紙には、雲母砂子を散らした片面あるいは両面に青い雲が横に長くたなびいているような模様を漉き込んだ独特な和紙を交互に組み合わせている。古筆切は美の追求によって生まれた鑑賞作品である。また墨跡の料紙にも打曇紙が用いられており、例えば、真珠庵の南浦紹明墨蹟《なんぽじょうみょうぼくせき》（重文）などがある。なお、現存最古の打曇紙は、伝藤原行成筆「蓬萊切《ほうらいぎれ》」である。

これ以外に、雲形を表現するものに「飛雲《とびくも》」がある。青空に浮く雲を紙の上に表現したもので、藍と紫を紙上に飛び飛びに散らして雲を表現し、自然の美しさを表している。雲の形や大きさは様々であるが、藍色の部分は楮、紫色の部分は雁皮《がんぴ》の繊維を染めてあり、染める色によって繊維

図48　『和歌躰十種』

の材料を変えている。紫色は紫根《しこん》の染料で染めている。紫根の染料は繊維の中に入りこまず、色素が繊維の周りにくっついている状態になっていて、定着がしにくい染料である。そのため、時の経過にともない茶系色に変色していることが多い。

飛雲の遺例として『元暦校本万葉集《げんりゃくこうほんまんようしゅう》』（国宝、東京国立博物館）、『和歌躰十種《わかたいじゅしゅ》』（国宝、東京国立博物館）（図48）、『歌仙歌合《かせんうたあわせ》』（国宝、大阪・久保惣記念美術館）、『深窓秘抄《しんそうひしょう》』（国宝、藤田美術館）などがある。このうち、元暦校本は平安時代の書写になる『万葉集』の一つとして著名である。この元暦校本の名称は、巻二十の巻末に「元暦元年六月九日以或人校合了、右近権少将（花押）」の奥書があるためかく呼ばれ、この年に他本と校合《きょうごう》したことを示している。本紙は藍と紫の飛雲を漉き込んだ料紙に、雲母《きら》の細片を撒いており、枠の罫を引いて、枠内に歌を書写している。漢字の歌と仮名の歌を並べて書き、題詞《だいし》を低く、歌を高く書いている。書風は、各巻まちまちで十人以上の寄合書と推定されるが、いずれも優美にして典雅な趣があり、よく洗練されており、おっとりとした上品さと自由さとを具えている。この他、『悉曇字母』(醍醐寺)などの聖教に使用されている。なお、飛雲紙の現存最古は伝藤原行成筆とされる「伊予《いよ》切《ぎれ》」と「法輪寺切《ほうりんじぎれ》」と呼ばれる古筆切である。

「ひき」は引合《ひきあわせ》紙の略称であるとする。室町時代の二条家の会席作法を記した『和歌道作法《わかどうさほう》条々』には「当座あらば、必ず詠草の料紙、引合、内々は杉原、文台の主位の端に置くべし」とあり、和歌詠草の懐紙に用いられている。私的な場では杉原紙が用いられており、引合紙は公式用の紙であった。

江戸時代初期にわが国を訪れたドン・ロドリゴはその著『日本見聞録《にほんけんぶんろく》』(43)で、

日本紙の最上等なるものにして、見たる所は甚だ粗末なれども、国外に出ずる重要なる書類及び指令を認むる外には之を用ひず

と記し、引合は紙のなかで最も貴い紙と認められ、かつ公式の紙となる特別な文書料紙であったとする。確かに引合は純白のきめの美しい極めて均一な楮紙で、繊維が縦方向に流れている上質

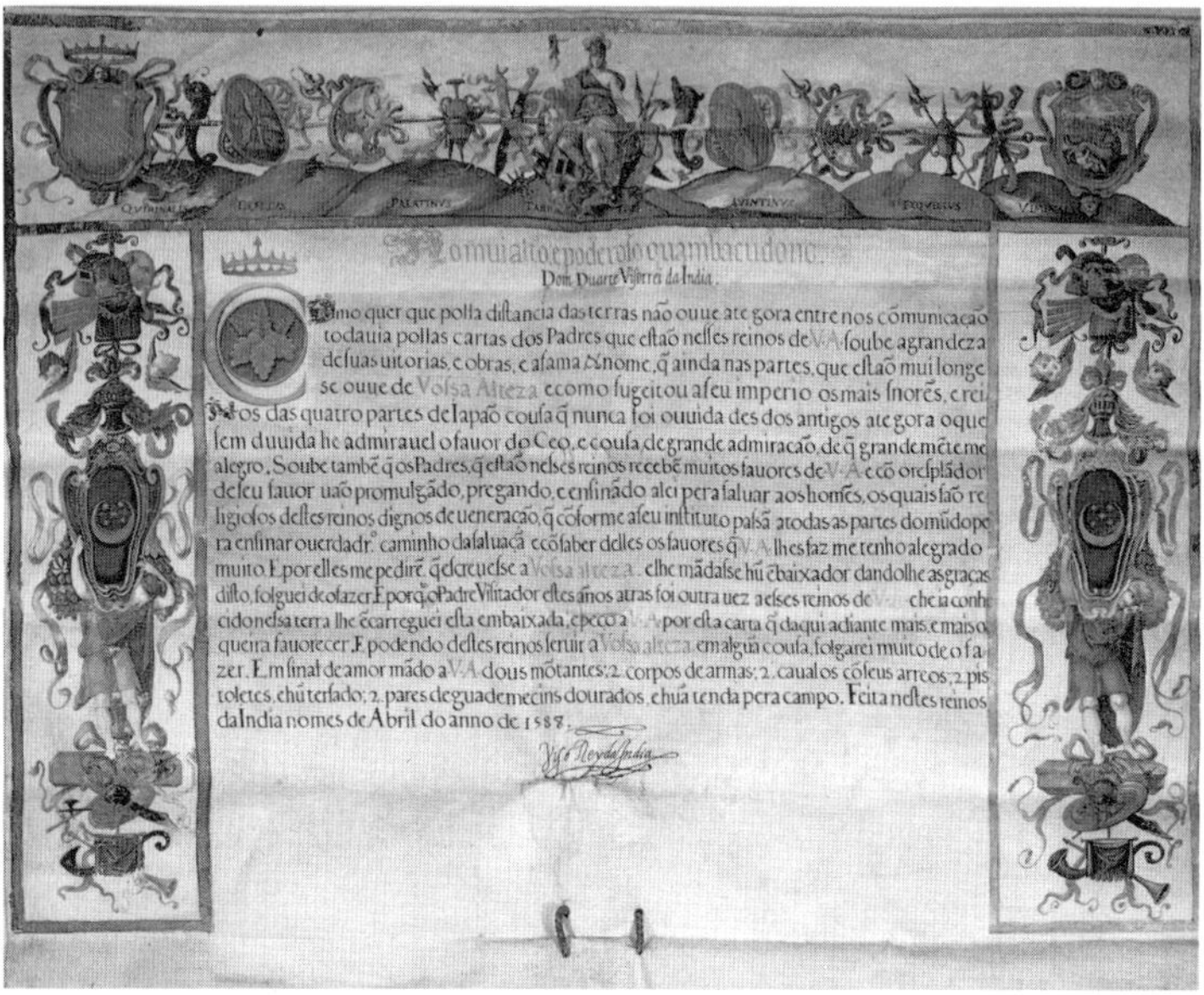

図49　「ポルトガル国印度副王信書」

な紙である。見た目には粗末な紙とする理解は、おそらく羊皮紙《ようひし》（パーチメント）の質感や触感などと比較すると、細かな縦皺が多く見え、筆と異なるペンで書写する上では滑らかさを欠き、書写材としては不適格であることから、ロドリゴは粗末な紙と感じたのかもしれない。また、ポルトガル国印度《いんど》副王信書（国宝、京都・妙法院）（図49）やローマ市民公民権証書（国宝、宮城・仙台市博物館）など外交文書のように周辺の紋章などの装飾や金字の文字が施されていないことによるのかもしれない。なお、細かな縦皺のある料紙として『楞《りょう》伽《が》禅《ぜん》寺《じ》私《し》記《き》』（重文、京都・

海蔵院）などを挙げることができる。

その他、藤本箕山《きでん》（了因、一六二六〜一七〇四）『色道大鏡《しきどうおおかがみ》』（延宝六年序）によると、文を書くのに京の伏見、島原や大津の遊女では端女《はしため》の末までもが奉書紙を使うのに対して、奈良では奉書紙に書くことは稀なことで基本的に杉原紙であったと記していることが見受けられる。十七世紀後半における遊里の百科全書というべき文献である『色道大鏡』では、廓《くるわ》の格式の違いが、紙使いにまで及んでいることが記されている。奉書紙は杉原紙とともに、江戸時代前期には広く世間に行き渡っていたようだ。

図50　「色麻紙」

二　紙色

紙は加工しやすい素材である。なかでも染色することは、その代表的なものであり、奈良時代から確認できる。例えば、正倉院宝物には「色麻紙」（図50）「吹絵紙」という色紙が伝えられている。「色麻紙」の色は紅、白、茶、黄、赤、緑、藍などで、各々濃淡がある。また正倉院文書には「須《す》宜染紙《きそめ》」とみえる。紙を染色する方法には、ここに見える

「漉染《すきぞめ》」のほか、「引染《ひきぞめ》」「浸染《ひたしぞめ》」がある。「漉染」は、紙を漉く前にあらかじめ繊維を染めておく技法で、ほぼ同一の色、同一の紙質に仕上がる。「引染」は、刷毛に染料や顔料をつけて引いて染めるので、斑《むら》になりやすく、大量に必要な場合は同じ色をだすことがむずかしい。「浸染」は、染料の液を大量につくっておいて、その液体の中に漉いた紙を浸すことになるので、液体から取り出して干して乾かしているあいだに皺になりやすい傾向にある。求められる紙の用途によって、染色方法が選択されたに違いない。その紙色の多くには濃淡があり、柔らかく深みのある中間色であることから、洗練された感性による色彩感覚が反映された結果であろう。

『東大寺続要録』の「東大寺勅封蔵開検目録」によれば、中蔵にある「赤漆筥一合」には「納色々紙廿一巻」、「絵櫃一合」に「大色紙二巻」とあり、各種の技法で染色された色紙が保存用の箱内に巻物にして整えられていた。この色紙は寺内における宗教行事等のために準備されていたものと想定される。「お水取り」で親しまれている東大寺二月堂修二会《しゅにえ》に飾られる造花に使われる色紙は、こうした色紙の一つである。

『宇津保物語』（あて宮）には「蘇芳《すおう》の机にまゆみのかみ、青かみ、松かみなとつみて」と紙名と紙色がみえる。「青かみ、松かみ」はともに色紙の名称で表したものと思われ、「青かみ」は藍で染められた青色の紙を意味し、「松かみ」は松の葉の色に染められた色紙、つまり緑色の紙ということになろう。[44]

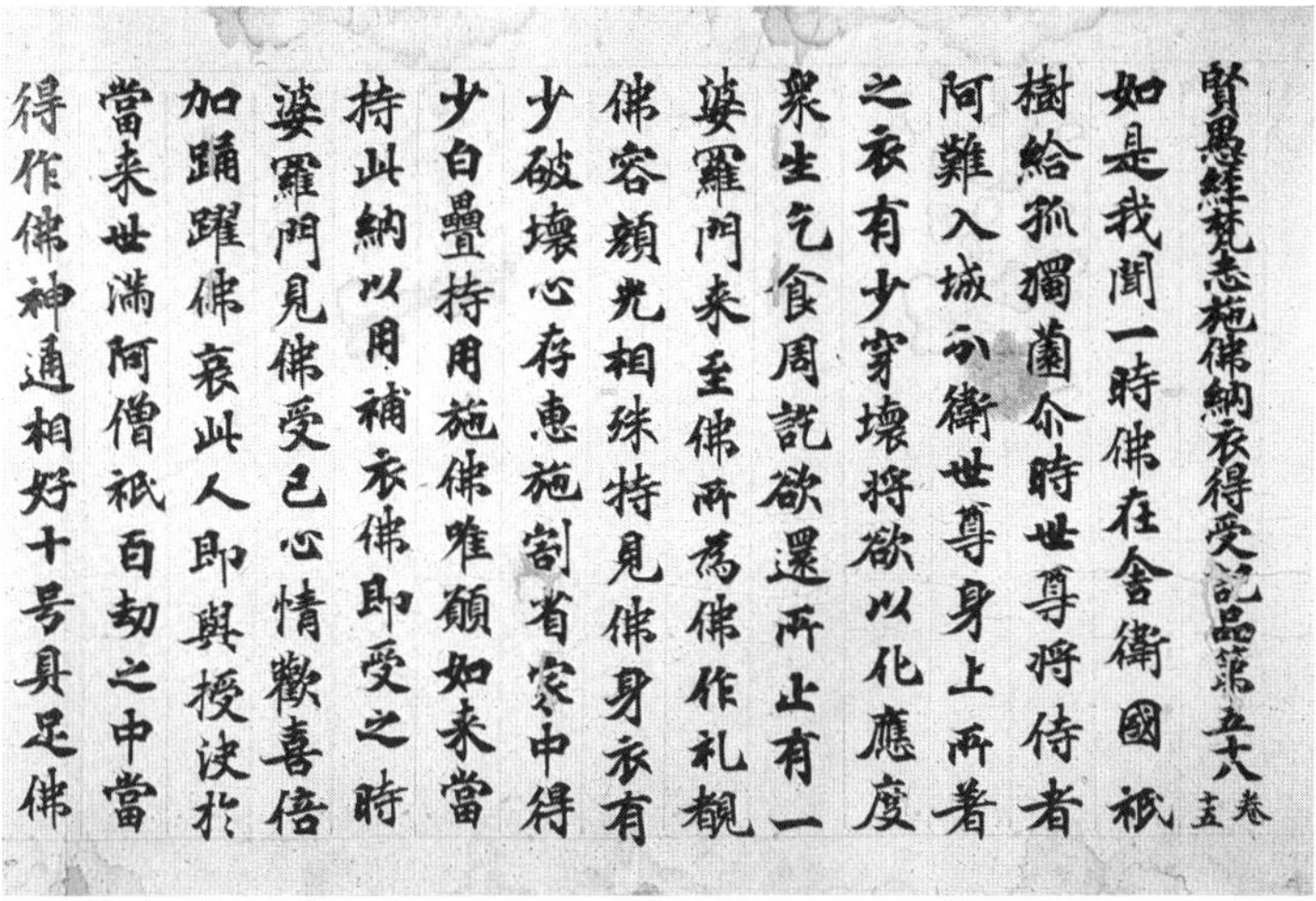
賢愚経梵志施佛納衣得受記品第五十八 巻主
如是我聞一時佛在舎衛國祇
樹給孤獨薗介時世尊將侍者
阿難入城分衛世尊身上所著
之衣有少穿壊将欲以化應度
衆生乞食周訖欲還所止有一
婆羅門來至佛所為佛作礼覲
佛容顔光相殊特見佛身衣有
少破壊心存恵施剳者家中得
少白疊持用施佛唯願如來當
持此納以用補衣佛即受之時
婆羅門見佛受已心情歡喜倍
加踊躍佛哀此人即與授決於
當來世滿阿僧祇百劫之中當
得作佛神通相好十号具足佛

図51　『賢愚経』

「まゆみのかみ」は正倉院文書のうち天平十五年（七四三）写経用紙充受文にみえる奈良時代の「真弓紙」とするのか、あるいは平安時代の穀紙の系統を引く「檀紙」とするのか、名称だけでは判断することは難しい。奈良時代の「真弓紙」はニシキギ科の真弓（檀）を原料とするもので、溜め漉き法による抄造であるとされる。[45]『河海抄』には「陸奥より檀紙をすきはじむ、檀はまゆみの木也、万葉にみちのくのまゆみ紙といへり」と興味深い説明があるものの、決め手にはならない。

ところが、近年の繊維調査や組成分析によって「真弓紙」の実態が明らかになった。『賢《けん》愚《ぐ》経《きょう》』（大聖武。重文、東大寺など）（図51）の料紙は、表面に顆粒状のものがみられる様子から釈迦の骨粉を混ぜ込んだものとして俗に

「茶毘紙《だびし》」と呼ばれ、厚手の上質な麻紙に胡粉あるいは抹香などを漉き込んだものとされてきた。しかし、近年の繊維調査や組成分析によって、真弓から抄紙されたことが確認され、顆粒状のものは真弓の樹脂分の固まりであることが判明した。真弓紙は、『賢愚経』（大聖武）の他に『称讃浄土仏摂受経』（東京国立博物館）などでもその利用が見られ、祈りを宿す経典の紙に使われた。奈良時代にあって貴重品である紙に、大切な教えを記し、祈りの心を伝えるという姿に、古代人と紙との関わりの原風景が映し出されているといえよう。

藤原為家（一一九八～一二七五）の自撰家集である『中院詠草《なかのいんえいそう》』の一首に「あだちのまゆみ」なる言葉がみえる。これは陸奥の歌枕である「安達が原」の特産になる「まゆみ」紙をさしていると思われる。歌題「紅葉」からすると、色付く前の景観として純白さと神聖さとを「まゆみ」に譬えているのであろう。

1　紅紙と紫紙《しし》

（1）紅紙

御伽草子『文正草子』には「紅、紫、色深き薄様」と薄様の紙色がみえる。紅の紙色は、紅花《べにばな》の泥状のものを漉き込むことで発色するもので、回数を重ねることで深い紅色になり、金色のような色合いにもなる。

『源氏物語』には、

紫の紙に書いたまへる

むらさきの紙の年へにければ、はひおくれふるめいたるに

紫のにはめる紙

などとあり、紫の色紙を好んでいる。紫紙は紫根《しこん》から抽出した色素を、椿灰《つばきばい》で沈殿させて濃い紫色の染料をつくり、その紫の染料を刷毛で引染にする。手間のかかる染紙で、かつ最高の紙であるとされる。紫根はむらさき科の多年草で、夏に白い小さな花を咲かせる紫草の根で、染料の他には乾燥させて皮膚薬の薬草としても利用された。

『万葉集』には「紫は灰さすものそつはきちの八十のちまたに逢へる児や誰」（巻一二）の歌があり、また『延喜十三年（九一三）亭子院歌合《ていじいんうたあわせ》』（重文、個人蔵）に、凡河内躬恒《おおしこうちのみつね》の歌として「かけてのみ見つゝそ忍ふ紫に幾しほ染めし藤の花そも」とあり、灰を媒染剤《ばいせんざい》として、何度も染めて色を出す染色の様子が歌に詠まれている。染める回数によって、紫色に濃淡が生じることになり、「紫磨金」なる色彩が『栄花物語』（巻第一八「たまのうてな」）などに見える。

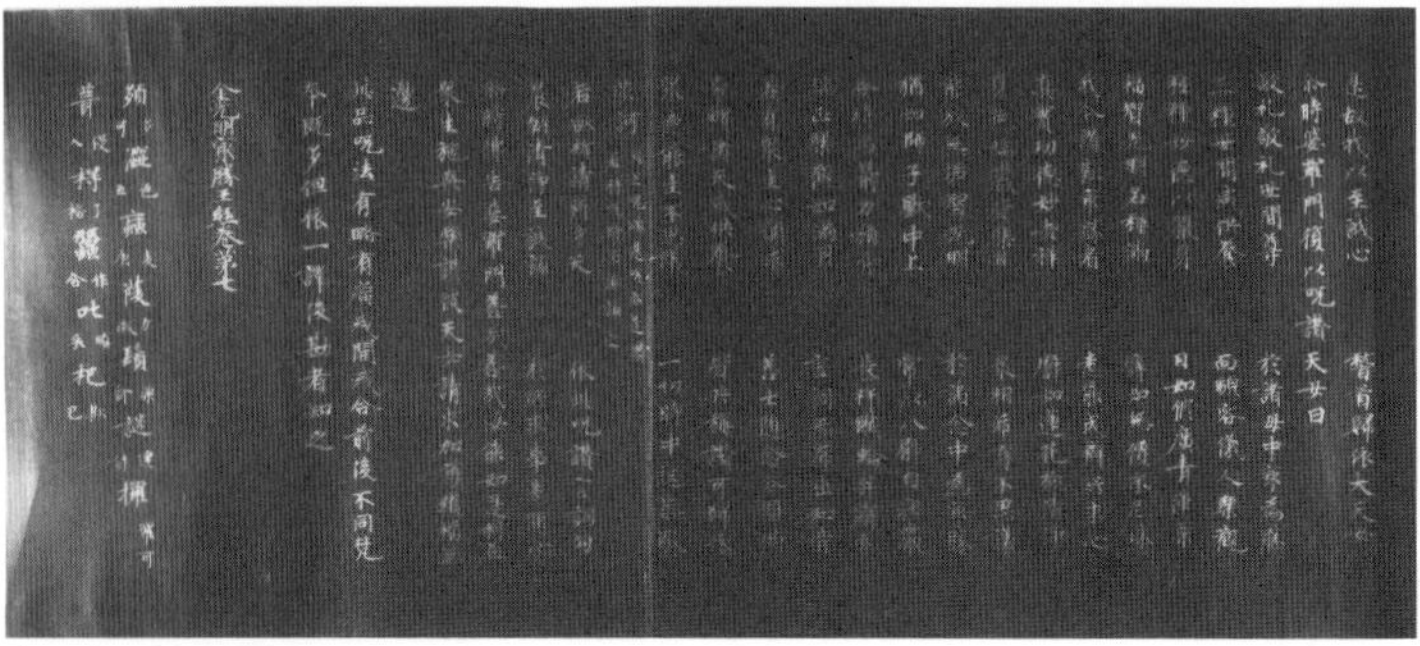

＊図52　『紫紙金字金光明最勝王経』（文化庁保管）

（2）紫紙

紫紙を用いたものとして『紫《し》紙《し》金《きん》字《じ》金《こん》光《こう》明《みょう》最《さい》勝《しょう》王《おう》経《きょう》』（国宝、奈良国立博物館、和歌山・龍光院）（図52）が確認できる。これは濃い紫色の地に金色の文字が燦爛たるもので、料紙、筆致とも奈良朝写経中の逸品というべきものである。天平十三年（七四一）、四天王の加護を願った聖《しょう》武《む》天皇（七〇一～七五六）は諸国に国分寺、国分尼寺の造立を命じたが、そのうち各国分寺の七重塔に安置したのが、この「紫紙金字金光明最勝王経」である。国分寺経とも呼ばれた。正倉院文書によれば、金字の経典を書写するための「写金字経所」が設けられ、天平十八年十月には七十一部七一〇巻の紫紙金字金光明最勝王経が完成した。古代紫を引き染めした料紙に細い金罫を引き、金泥にて文字を書く。雄《ゆう》勁《けい》端《たん》正《せい》な楷書体で書写された経文は、猪牙《ちょき》で瑩《みが》かれて千数百年後の今日も、厳かな輝きを放っている。数少ない奈良時代の色紙経の遺品として貴重なものである。『金光明最勝王経』

は『法華経』『仁王経』とともに、護国三部経として尊ばれた奈良時代経典の代表的なものである。仏教経典の思想にもとづき、天皇に統合される平安な国土を祈ったことの現れである。この他、『紫紙金字華厳経』（重文、五島美術館、藤田美術館）が紫紙の遺品に挙げられる。これらは仏典にみえる「紫磨金色」を具現化したものであろう。

『平家物語』の「殿上諒闇《りようあん》」には「白薄様、こぜんじの紙、巻あげの筆、巴かいたる筆の軸」とあり、「こぜんじの紙」＝濃く染めた紫紙が五節《ごせち》で歌われている。清少納言は「めでたきもの」とし、しかも「花も絲も紙もすべて、なにもなにも、むらさきなるものはめでたくこそあれ」（『枕草子』八八段）といい、紫色のもつ優雅さをことさらに記している。

しかし『源氏物語』末摘花巻では「むらさきの紙の、年へにければ、ふるめいたる」と、年が経った紫色の紙は経年変化によって茶色の色味がちになって、しかも古ぼけた感じになると嘆いている。

2　薄様と襲色《かさねいろ》

（1）　薄様

『枕草子』にも、美なるものとして「薄様色紙」を「よし」とする（一二段）。その色彩は「白き、むらさき、赤き、刈安染《かりやすぞめ》、青き」を挙げている。「刈安染」の色彩は黄色である。刈安は唐より伝来したイネ科植物で、山野に自生する別称「小鮒草」のことである。また『宇津保物語』では「こともなく走り書いたる手の薄やうに書きたる」とみえ、自然な走り書きの仮名を書くために薄様が用いられている。その美しい筆線を「けしきある文」と評している。洗練された連綿《れんめん》の文字を書くのには、その筆使いにあって平滑な薄様こそ相応しいものであった。仮名消息は『源氏物語』をはじめとして『落窪物語』や『住吉物語』などにもみえている。遺例としては、石山寺蔵の『虚空蔵菩薩念誦次第《こくぞうぼさつねんじゅしだい》』や藤原公任編になる儀式書である『北山抄《ほくざんしょう》』（国宝、京都国立博物館）の紙背文書のなかに見い出すことができる。

『建礼門院右京大夫集』をみてみると、「花の枝に紅の薄様」「白き薄様」「縹《はなだ》の薄様」「秋のことなりしかば紅葉の薄様に」「菖蒲の薄様」「花たちばなの薄様」「うへ白き菊の薄様」「紅葉につけて青もみじの薄様に」と色や形容詞の付いた薄様の言葉が頻出している。多くの色彩の薄様が手紙に利用されていたことを示しており、薄様には繊細で優雅な美意識を感じさせるものが多い。

（2）襲色

「御文は氷襲の唐の薄様」と『狭衣物語』にみえる。「氷襲《こおりがさね》」は『とはずがたり』（巻一―二八）にもある。この氷襲とは薄様を重ねた色目のことである。

『康和四年（一一〇二）内裏《だいり》艶書歌合』（『歌合集』所収）の詞書には「紅の七重がさねに、下絵に葦手書きて、銀の桔梗《ききょう》の枝につけたり」「皆薄様に下絵して」とみえ、薄様に下絵を描くとともに、葦手絵《あしでえ》までもが加飾されている。

十四世紀半ばに成立した往来物の代表的な一書である『庭訓往来』の「七月状復」には「薄紙払底之間、所用反古也」とあり、薄紙を手紙に用いていることが確認できる。藤原孝標《たかすえ》女の作ともいわれる『夜《よわ》の寝覚《ねざめ》』には「夜目にはなにとも見えず、薄様をよく重ねたらんやうに見えて」とある。薄様はその名の通り、薄いため、文字を書くときには二枚重ねで用いられている。「薄様」には「紅葉重」の紙色もみえる。「紅葉重」は紅葉の色を表現する表が赤、裏が濃赤になる襲色である。

3　黄紙《きがみ》

見てきたように、日本には色を冠した紙名が多くみえ、それらは染色による色紙である。代表的な染紙《そめかみ》は黄紙であろう。例えば『今昔物語集』には、

其ノ中ニ多ノ経巻ヲ安置シ奉レリ、黄ナル紙朱ノ軸、紺ノ紙玉ノ軸也、皆金銀ヲ以テ書タリ（巻一三第八）

とある。ここにみえる経巻は、黄紙に朱軸、紺紙に玉軸を付し、金銀泥にて書写されている。黄紙の多くは写経料紙で防虫効果と墨色の発色とが期待され、黄蘗《きはだ》で染める中国から伝わった方法で抄造されるものである。古代中国の総合的な農書である北魏の賈思勰《かしきょう》『斉民要術《せいみんようじゅつ》』にも、強い苦みのある黄蘗で染めることで虫除けになり、また長く保存するのに適していると記している。それゆえ、黄蘗染めになる黄紙は、中世の大般若経の料紙に至るまで、写経料紙に利用されているのは周知の事実である。黄紙の宋版一切経のうち、中尊寺に伝わるのは中国・明州吉祥院にあった。

ところで、奈良時代に黄紙を料紙として使ったものに戸籍がある。これには黄蘗染の料紙が必ず使われることになっており、黄蘗に防虫の薬効があることから、公文書用紙に染められたものである。黄紙には、黄色の色味に差がある。黄色は黄蘗染めが多いが、それだけでない。例えば、正倉院文書には「近江刈安」がある。刈安の産地としては、琵琶湖の東に位置する伊吹山《いぶきやま》が有名である。刈安はイネ科の多年草で、茎や葉を乾かして黄檗と同じように黄色の染色に用いる材料である。青さの残る刈安を水に入れて煎じると、黄色の色素が抽出できる。この抽出された染料の液と椿の溶液を交互に交ぜることによって染めの濃度が増していく。刈安染は、黄檗よりも濃い黄色になる。

また、『沙石集』には「経陀羅尼の声を聞きし故に牛に生る。大般若の料紙をおうせたりし故

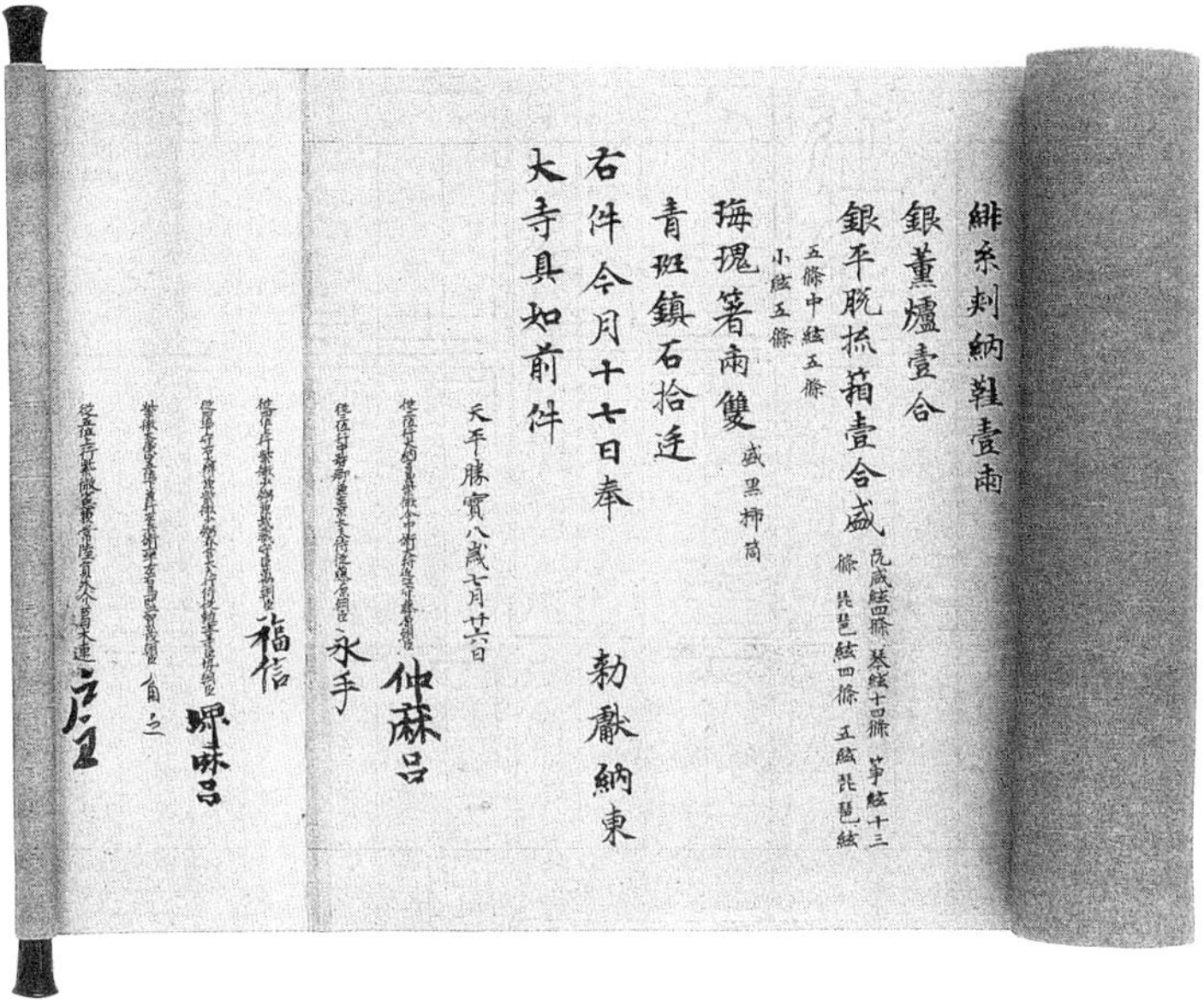
緋糸刺納鞋壹両
銀薫爐壹合
銀平脱梳箱壹合盛
梅瑰箸両雙
青斑鎮石拾廷
右件今月十七日奉　勅献納東
大寺具如前件
天平勝寶八歳七月廿六日

図53　『法隆寺献物帳』

に馬に生る」（巻第二―一〇）とあり、大般若経に用いる大量の料紙が荷駄にて運ばれている。

『徒然草』では、「「経」「仏」など忌みて、「なかご」「染紙」などいふなるもをかし」（第二四段）とあり、経典は染紙であったことを前提にして言い換えられていた。『沙石集』にも「経をば染紙」とする（巻第一―一）。

この他、聖武天皇の遺愛の品々を法隆寺に献納した際の勅書である『法隆寺献物帳《けんもつちょう》』（国宝、東京国立博物館）（図53）には縹色の混合紙（楮紙と斐紙の混合）が使われている。聖武天皇（七〇一～七五六）は、天平勝宝八年五月二日に崩御された。その後ほどなく、天皇の冥福を祈って、第二皇女であった孝謙《こうけん》天皇が遺愛の品々を東大寺以下十八カ寺に献納された。天平勝宝八年七月八日附の法隆寺献物帳は、法隆寺へ献納の品に添えられた勅書である。縹《はなだ》色の楮紙に淡墨界を引き、筆力の充実した唐風の謹厳な楷書で書かれている。本紙の全面に「天皇御璽」の朱方印が捺され、厳粛な趣を漂わせている。末尾の五人の署名はいずれも自筆で、それぞれ特徴ある書体で書かれている。

律令の施行細則である『延喜式』には、およそ宣命《せんみょう》は黄紙で、神宮《じんぐう》は縹紙《はなだかみ》、賀茂社《かもしゃ》は紅紙《くれないかみ》と規定されている。『後三条院即位記《ごさんじょういんそくいき》』に「此宣命書黄紙、件紙自所給也、例用美乃国所進紙、而為美麗、新召紙工令造之」とみえ、美濃国産の紙が美しく上品な紙であることから宣命の料紙に用いられたことを伝えている。『平家物語』の「座主流」では「黄紙に書ける文一巻あり、傳教《でんきょう》大師《だいし》、未来の座主の名字をかねて註し置かれたり」とあり、伝教大師・最澄《さいちょう》（七六七〜八二二）が記し置いた未来記の料紙に黄紙が使われている。

日本における黄色染料の主なものは、黄蘗の他に、刈安、楊桃《やまもも》、槐《さいかち》などの植物の色素によるものであるとされる。

唐では詔書《しょうしょ》などに黄麻紙を用いたので、黄紙あるいは黄巻とも称されていた。山吹の花の黄色を文字の訂正や抹消につかう雌黄に見立てた藤原実頼《さねより》作「点着雌黄天有意、款冬誤綻暮春風（雌黄を点着して天に意あり、款冬誤って暮春の風に綻ぶ）」と、山吹が群がり咲いている様を宮廷の文書係の机上にある黄色の紙に見立てた文人の慶滋保胤《よししげのやすたね》作「書窓有巻相収拾、詔紙無文未奉行（書窓に巻あり相収拾す、詔紙に文無くして未だ奉行せず）」の漢詩が『和漢朗詠集《わかんろうえいしゅう》』（春、款冬）や大江匡房著になる『江談抄《ごうだんしょう》』（第四）に収められている。

4　紺紙と藍紙《らんし》

黄紙以外に、どのような紙が経典に用いられていたのであろうか。

（1）紺紙

四部には、色々の色紙に、黄金《こがね》白銀まぜてかゝせ給ひて、軸には、いと黒うかうばしき沈をして、おき口の経箱に一部づゝ入たり。今五部は、紺の紙に黄金の泥《でい》して書きて、軸には水晶して、蒔絵の箱、蒔絵には経の文のさるべき所々の心ばへをして、一部づゝ入たり。（巻之三）

と『落窪物語』にある。これによれば、四部の経典は写経料紙に色紙を用い、経文を金字と銀字とにて交え書きしていることから金銀字色紙経とされるもので、五部の経典は紺紙に金泥にて書写していることから紺紙金泥経である。紺紙銀字経の代表的遺品は『二月堂焼経《にがつどうやけぎょう》』（重文、東大寺など）、紺紙金字経の代表は鳥羽院発願の『神護寺経《じんごじきょう》』（重文）、美福門院《びふくもんいん》発願の『荒川経《あらかわきょう》』（重文、

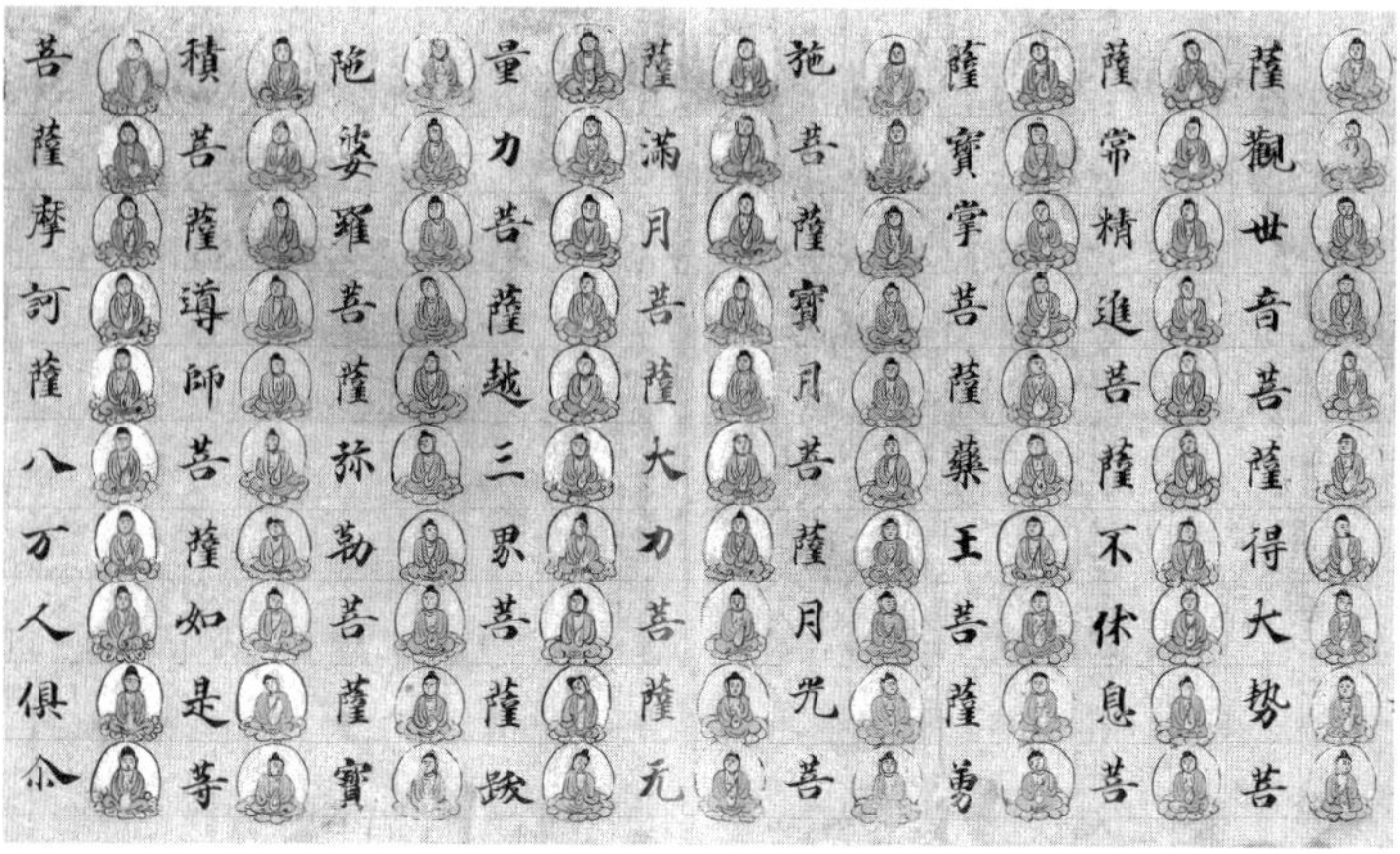

図54　『一字一仏法華経』

金剛峰寺）である。『二月堂焼経』の銀字は、文字が変色する銀焼けもなく独特の白い耀きを今日に保っている。焼痕を残しながらも銀色燦然と輝く姿は、清澄な美しさを醸成している。『神護寺経』は金銀泥宝相華《ほうそうげ》唐草文の紺紙表紙を付し、見返には金銀泥にて釈迦説法図が描かれている。

紺紙は瑠璃地の浄土を現す色であった。紺紙に金銀色に輝く文字は仏そのものであった。一字一《いちじいち》仏《ぶつ》の信仰は一字蓮台《いちじれんだい》あるいは一字宝塔《いちじほうとう》に造形する写経を生み出していく。一字一仏には『一字一仏法華経序品』（国宝、香川・善通寺）（図54）、一字蓮台には『一字蓮台法華経』（国宝、京都国立博物館、福島・龍興寺、大和文華館）、一字宝塔には『紺紙金字一字宝塔法華経』（重文、京都・本満寺）が現存している。これらはまさに『梁塵秘抄』にみえる「法華経八巻が軸々、光を放ち放ち、廿八品の一々の文書、金色の仏にましませ」との表記そのものである。

また『栄花物語』にも、

経の御ありさま、えもいはずめでたし、あるはこんじやうをぢにて、こがねのでいしてかきたれば、こんでいのやうなり　（巻第一六「もとのしづく」）

とみえ、妍子《けんし》皇太后宮《こうたいごうぐう》が書写した経典の姿は紺青地の紙に金色の泥にて写経した紺紙金泥経であった。金銀字色紙経には平泉《ひらいずみ》の藤原清衡《きよひら》の発願による『中尊寺《ちゅうそんじ》経』（国宝、金剛峰寺）が、紺紙金泥経には藤原基衡《もとひら》願経が伝世《でんせい》している。料紙のみならず、軸に黒檀《こくたん》・水晶、蒔絵《まきえ》の経箱というように意匠を凝らしている。

鎌倉時代になると、叡尊《えいそん》（一二〇一～九〇）『興正《こうしょう》菩《ぼ》薩《さつ》御教誡聴聞集《おんきょうかいちょうもんしゅう》』に、

於西大寺〈弘安六年六月廿七日〉、於八幡宮心経ノ秘鍵ヲ講ジ給（中略）昔ノ太上天皇ハ握紺紙爪上書写此経、今某ハ忝クモ以九旬ノ齢写此経

とあり、後嵯峨院は手ずから嵯峨院が書写した紺紙の般若心経を写経している。

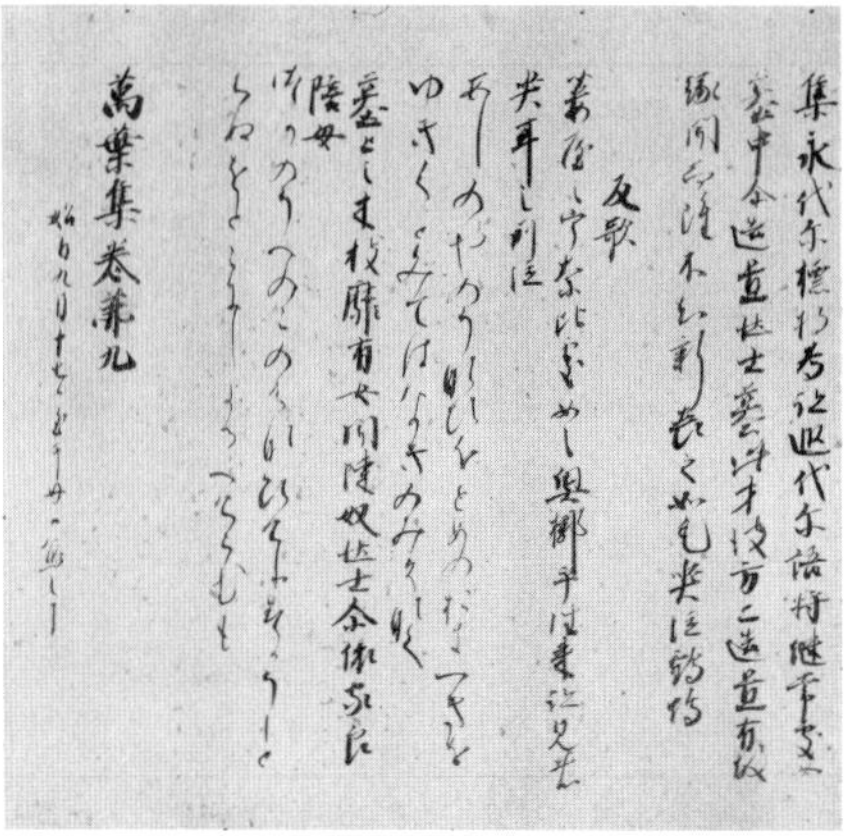
図55　藍紙本『万葉集第九残巻』

醍醐寺には南北朝時代の足利尊氏筆、室町時代の後奈良天皇宸筆、安土桃山時代の後陽成《ごようぜい》天皇宸筆の紺紙金字般若心経が伝来している。

(2) 藍紙

漉き返しの藍紙を料紙に用いたものに所謂「藍紙本」が残されている。例えば、平安時代書写になる五大万葉集の一つの藍紙本『万葉集』（国宝、京都国立博物館）（図55）や京都・千手寺『法華経』（重文）、立本寺『法華経』（重文）などの経典が知られる。

藍紙本『万葉集』は、斐紙を藍で漉き染めした料紙に銀のもみ箔を撒いて装飾している。温雅な書風から、爽やかさに重きを置く書体へと展開しているところが見事な出来栄えである。千手寺本の料紙のなかには墨の痕跡が明確に確認できることから、故人の書状などを集めて、それに藍染の繊維を加えて漉き返した藍色の色紙を作成し、その藍紙に法華経を書写した供養経であるといえる。

立本寺本は、小野道風筆の伝承のあるもので、経文に付されている白点と朱点からは経文を読む声が聞こえてくるような風情がある。

その他、『趙子昂書《ちょうすごうしょ》』（国宝、静嘉堂）は中峰明本に送った趙子昂の自筆書状で、料紙には唐紙の藍紙が使われている。藍紙以外に薄茶の色紙もみえる。

5　色紙《いろがみ》

『今鏡《いまかがみ》』には「それよりぞ、多くの色紙の経は世に伝われりけるとなん」とあり、『落窪物語』以降に色紙経が伝存していたことを記している。源師時《もろとき》の日記『長秋記《ちょうしゅうき》』（重文、冷泉家時雨亭文庫）大治四年九月廿七日条には「紫青相交料紙」とみえ、紫紙と青紙とを使って写経が行われたことがみえる。襲の色目にも通じる配色は平安貴族の趣味にかなうものであり、繊細な心配りが感じられる。例えば、平安時代後期の書写になる『色紙阿弥陀経』の遺巻が愛知・満性寺に存する。料紙には茶、紫、白茶、藍、濃萌葱地の五色の色紙が用いられ、加えて金銀の砂子や切箔を散している。一部に飛雲の装飾もみられる。色紙を色違いに継ぎ合わせ、金泥の界線を引く。紙背にも金箔砂子散が施された美麗な料紙である。

また法華経一品経の遺品である『法華経普門品《ふもんぼん》』（重文、京都国立博物館）の料紙は白、紫、薄茶、藍打曇の色紙に金銀切箔を散し、銀泥界を施したものである。見返は観音菩薩の功徳を称えた経意を表したもので、日輪が山の端より昇る図柄のやまと絵である。前景には流水、洲浜、岩からなる蓮池を緑青、群青、金銀泥にて描き、遠景の山並みと樹木は同様に緑青、群青、墨をもって表現している。日輪は大きく金泥で描かれ、銀泥、銀野毛や金銀切箔、群青の雲霞引きをもって夜の明けゆく様を伝えている。山並みの左右と池中の岩には墨と金泥にて観音讃偈の一文である「无垢清浄光」「照世間」などを葦手絵書きしている。表紙には白黄地紫飛雲に金銀切箔砂子を雲霞に散らしている。平安貴族の嗜好を反映して頗る美麗に意匠されたものである。その他、色紙法華経の遺品が和歌山・金剛峯寺、愛知・笠覆寺などに残存する。

色紙を料紙に用いるものに歌集や漢籍などがある。例えば、歌集では京都・曼殊院『古今和歌集』がある。曼殊院本の料紙は香木の粉末状なものが漉き込まれているようにみえるめずらしいものがある。特殊な色紙と「行成卿真筆」とあるところから、書の手本として書写されたものであろう。『古今和歌集』は紀貫之らが編纂した最初の勅撰和歌集で、貴族の細やかな感情や技巧を凝らした表現に優れ、その後の和歌の手本とされた。現在に至るまで、わが国を代表する歌集として流布し、愛好されている。

漢籍では『群書治要《ぐんしょちよう》』（国宝、東京国立博物館）がある。料紙には濃淡のある紫、縹、茶、黄などの色紙と飛雲のある色紙とが美麗に継がれている。この他、縹色の料紙を用いた古文書が残されている。それは円珍《えんちん》贈法印大和尚位《ぞうほういんだいおしょうくらい》並《ならびに》智証大師《ちしょうだいし》諡号勅書《しごうちょくしょ》（国宝、東京国立博物館）である。縹

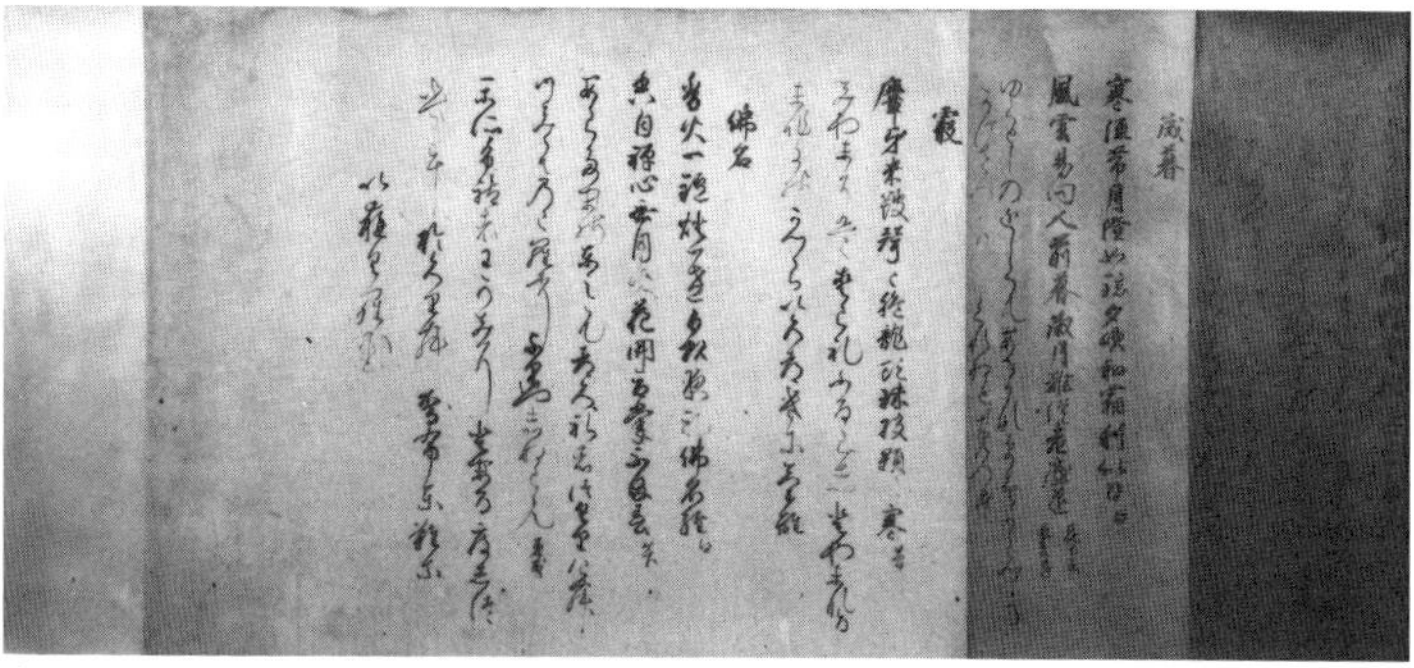

＊図56　関戸本『和漢朗詠集』（文化庁保管）

色を料紙に用いることは、『延喜式』僧綱位記式の記述に一致している。永仁六年（一二九八）に鎌倉極楽寺の忍性《にんしょう》が施入した『東征《とうせい》伝絵巻《えまき》』巻五（重文、奈良・唐招提寺）の淳仁天皇の前に描かれている詔勅は、黄色の料紙に墨書している。『和漢朗詠集《わかんろうえいしゅう》』には「雁飛碧落書青紙」とあり、雁が青い空に飛ぶ様を青い紙に散らし書きした文字の姿に擬している。『和漢朗詠集』は藤原公任撰になるもので、貴族の間に口ずさまれた漢詩文の佳句と和歌の詞歌選集を並列したもので、漢字とかなが交互に書写されている。漢詩では白楽天《はくらくてん》（居易《きょい》、七七二～八四六）が最多で、次いで菅原道真等が続き、和歌では紀貫之《きのつらゆき》、柿本人麻呂が多い。当時の貴族の朗詠の流行を背景に成立したことを示している。撰述当初から美麗な写本が作られ、後には習字の手本として広く行われたので、古写本が多く伝存している。

　そのなかで東京国立博物館本は優美な趣の装飾料紙が、料紙装飾の高度な技法の粋を尽くし、漢字とかな書きを華麗に演出している。和歌と和紙を巧みに利用して格調高く洗練された王朝貴族の美意識の世界を展開している。

また関戸本（文化庁保管）は緑、紫、萌葱、茶、縹などの濃淡のある色紙に打曇や飛雲などの装飾を加え、雲母引を施す彩色豊かなもので、装飾的な効果をより高めるための彩色法である繧繝《うんげん》に配している（図56）。真名は行草体で、字形は端正である。仮名は女手で、しかも自然な連綿で優美典雅である。

青紙はまた、『狭衣物語』（三中）に「雁のあまた列ねて鳴き渡るはたが玉章《たまずさ》をとひとりごちて、せいたいの紙の色紙とずんじ給へる御声など」とある。この「せいたい」とは水中の青苔の意であり、青苔で作られた紙を苔紙と称し、青色をしている。この青苔紙は『本朝続文粋《ほんちょうぞくもんずい》』に「紫磨之字、青苔之紙」とみえる。

さらに『建礼門院右京大夫集』には「花の紙に箔をうちちらしたるによう似たり」とあり、「花の色」＝縹色の染紙に金銀の箔を散らす装飾は、夜空の鮮やかな星月のきらめきと似て、素晴らしいと比喩している。

また、美しく装飾した法華経の遺品として、料紙を下絵、染紙、色紙、金銀箔散らしなどで装飾した法華経がみられる。貴族の耽美性と信仰生活とが結びついて生まれたもので、蝶鳥下絵経としては十一世紀半ば頃の書写と推定される伝光明皇后筆《でんこうみょうこうごうひつ》の鳥下絵経切が知られている。例えば

『法華経（蝶鳥下絵《ちょうとりしたえ》料紙）』（奈良国立博物館）は斐紙を用い、銀泥にて界線を引いている。天地界の欄外には金銀泥や緑青を用いて、愛らしい蝶、鳥、楽器、松折枝、草花などが描かれている。料紙に蝶や鳥などを描いた装飾経の一つである。なお、伝光明皇后筆になる鳥下絵経切と呼ばれている平安時代後期の作である。経文には読み仮名や送り仮名が詳しく付けられている。十一世紀半ばの書写になるものである。伝称筆者の光明皇后（七〇一〜六〇）は『続日本紀』によると熱心な仏教信心者と記され、『元亨釈書』には「我みづから千人の垢をのぞかん」とみえている。鎌倉時代後期作の『東大寺縁起』（東大寺）には風呂にて病者を手づから澡浴《そうやく》させている姿が描き出されている。

十二世紀末頃の『寝覚物語絵巻《ねざめものがたりえまき》』第四段（重文、奈良・大和文華館）には、紺表紙の経巻などが黒塗りの経机の上に並んでいる。写経には趣向を凝らした色紙が用いられ、宗教的な作善が美化されて残されている。また涙している帝の前に寝覚の君からの消息が置かれている。その消息は白く大きな重紙として描かれている。経机には藍染の表紙を付した巻物二巻と冊子二冊が整然と並んでいる。絵の趣は濃厚で、華麗な色調であり、金銀泥や箔による光彩を加えて煌びやかな美を表出しつつも、季節の風物を取り入れた静かな雰囲気を描き出している。同時に詞書には装飾した料紙に流麗な仮名で、紙を継いで長く文章を書き連ねている。

『明恵上人歌集』には「空イロノカミニヱガキテ見ユルカナキリニマギルヽ松ノケシキハ」という一首がある。この「空イロニカミ（空色の紙）」について、詞書に「サ夜フケ月カタブクホドニ雨フル空ニ雲スキニ見レバ」とあることから、月の光が雲間からのぞき、霧が立ち込めている空の色ということになる。色彩としてはぼんやりとした薄鈍色で、墨絵のような絵画表現をたたえる色であったといえようか。

鎌倉時代の優品として『松浦宮物語《まつらのみやものがたり》』（重文、東京国立博物館）がある（図57）。雲紙や染紙ととも

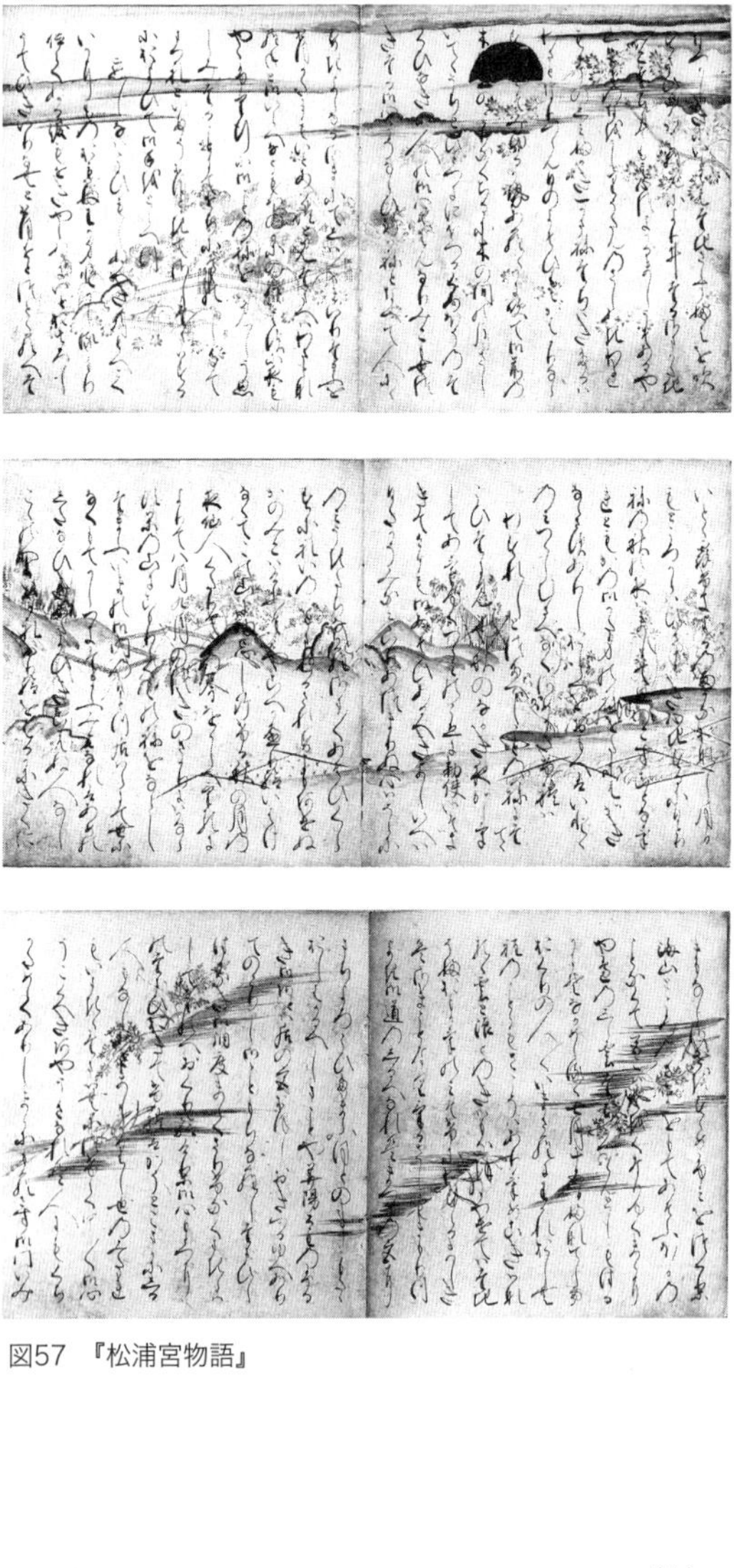

図57　『松浦宮物語』

に、金銀泥にて優雅な下絵が描かれた料紙を用いる。中世の美意識を伝えるものとして注目される。また『松浦宮物語絵巻』では、帝の姿はさえた灰色の僧衣に銀の袈裟を付けて優美である。対する延暦寺座主は黄褐色をまとっている。部屋の障子には蓮花の文様が描かれている。

ところで『日本高僧伝要文抄《にほんこうそうでんようもんしょう》』慈覚《じかく》伝（重文、東大寺）には「近曾賊闘国分寺、掠金泥大般若経、更於野外焼経取金」とみえ、掠めとられた金泥で書写された大般若経六〇〇巻が野外で焼かれ、写経に使われた金を取っている（巻二）。同じことが『沙石集』にもあり、そこでは「紺紙に金泥にてかきたる経（中略）大般若の泥をとらむとて焼つる」とあり、洛中では経を火鉢におきて焼いて金銀泥を採るという罰当たりなことが行われており、その結果目が抜け落ち、多却地獄に落ちたことを伝えている（巻第八―六）。

6　装飾紙《そうしょくし》

これら色紙経の他に、藍紙、「香の紙」というものが『枕草子』三六段に見える。色とりどりの料紙を使ったものに『秋萩帖《あきはぎじょう》』（国宝、東京国立博物館）がある（図58）。第一紙は、縹の染紙に和歌一首を四行書に緩やかな運筆で悠揚迫らぬ書風を展開する。第二紙以下では、藍・黄・茶・緑・白などの濃淡の染紙を継いでいる。「安幾破起《あきはき》」云々の書き出しから「秋萩帖」と呼ばれている。はじめに、草仮名で和歌四十八首を流麗な草仮名で記したもので、『万葉集』『古今集』な

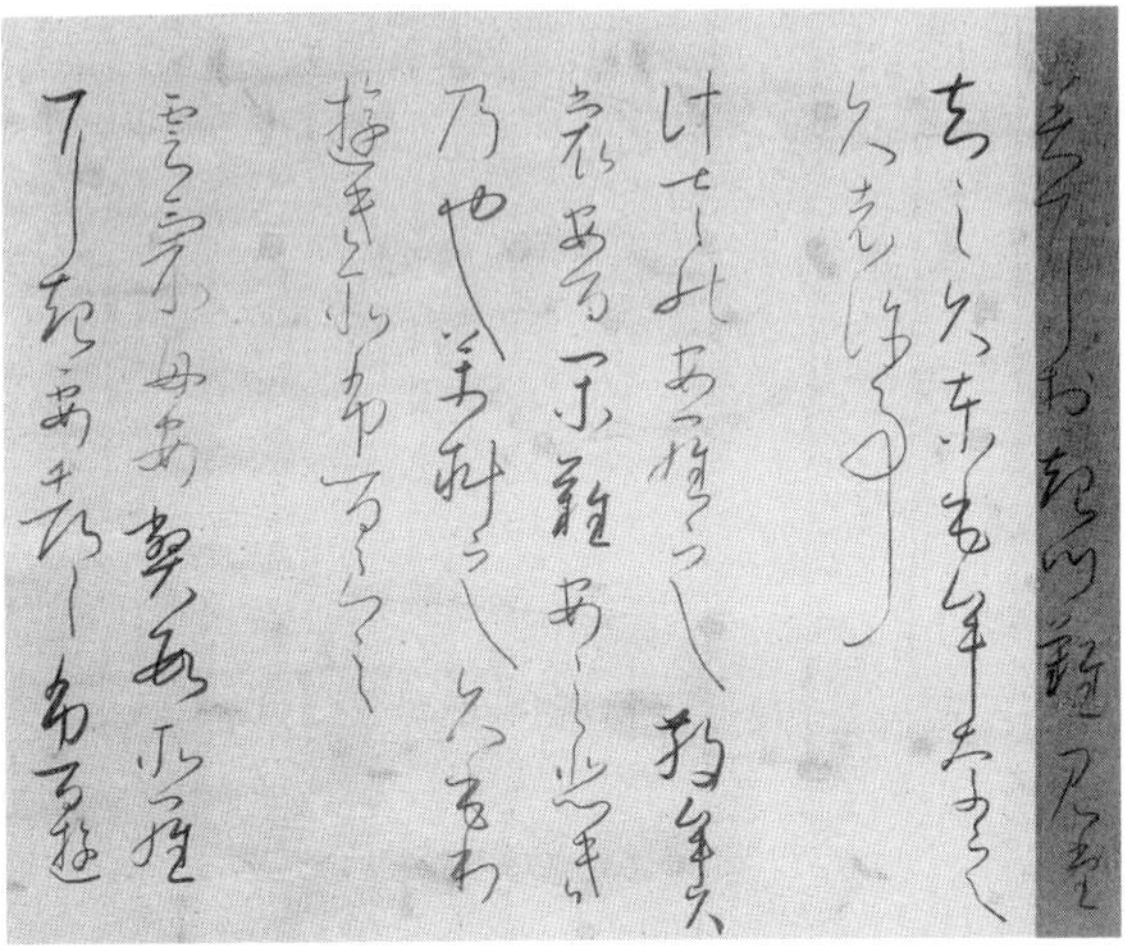
図58 『秋萩帖』

どと重なる歌を含んでいる。その後に王羲之《おうぎし》の書状十一通分を臨書している。紙背には唐時代の写本とみられる「淮南鴻烈兵略間詁《えなんこうれつへいりやくかんこ》第二十」が端正雄勁《ゆうけい》な楷書体で書写されており、紙背の料紙は麻紙で、唐紙である。古来、十世紀中頃に活躍した能書家・小野道風の筆と伝えられている。また、小野道風筆と伝えられるものに、継色紙がある。寸松庵色紙（伝紀貫之）、升色紙（伝藤原行成）とともに三色紙と称される古筆切の名品である。料紙には、素紙の外に、紫、茶、緑、藍、黄に染められた色紙を贅沢に使い、料紙の表側にのみ文字を記す片面書写である。例えば継色紙「よしのかは」（文化庁保管）は、藍色の濃淡のある色紙料紙が使われている（図59）。粘葉装冊子本を分割した寸松庵色紙「あきはきの」（東京・五島美術館）の料紙には、雲母で瓜などの型文様を刷り出した唐紙が使われている。色紙の位置に注目してみると、二枚を左右に並べる「重」とい

＊図59　「よしのかは」(文化庁保管)

う貼り方、左右をずらし、他の真ん中になる「半」という貼り方、下辺の角と上辺の角とを突き付けにした「角」という貼り方がある。これらの張り方は『酒飯論絵巻《しゆはんろんえまき》』(静嘉堂)にみえている。

十三世紀初期の作になる蜂須賀家本『紫式部日記絵巻』第六段の紫式部が小袿姿の中宮彰子に『新楽府《しんがふ》』を進講する場面には、金蒔絵の紅葉を散らした文机に巻物が二巻置かれている。一巻は進講中で開いている。もう一巻は閉じたままになっている。料紙、表紙ともに紫と藍による装飾的なものがみえる。傍らには唐草文の唐紙に金字にて「すみよしの」と葦手のある屏風が立てられている。同じく第七段の箏《こと》をひく紫式部の前には綴葉装冊子と思われる二冊の楽譜、金銀泥の霞引を施した表紙の巻物がみえる。また後ろの菊蒔絵の棚には色紙を用いた冊子と装飾した表紙の巻物が並んでいる。画中に葦手がみえる絵巻物として『白描隆房卿艶詞絵巻』がある。第一段では月下の桜の幹に「のとかに」、第二段では藤の花が咲きかかる松の木に「木たかき」、同じく新柳と梅が咲いている幹に「としたち」とある。いずれの葦手も詞書の長歌の一句である。

『枕草子』にみえる「香の紙」は「にほひいとをかし」とあり、『宇津保物語』にも「きよらかなる香のいろ紙」とみえており、香をしみ込ませた香染めの紙で、丁子《ちょうじ》で染めた丁子紙であると推測される。色紙であると同時に薫りを楽しんだ紙である。濃淡の丁子紙を交互に貼り継いだ料紙に金銀箔を散し、金界を施したものに『観普賢経《かんふげんきょう》』（根津美術館）がある。その姿は典雅で清楚な美に溢れている。

『今昔物語集』には法華経を色紙に書写している話（巻一七第二一）を収めている。『栄花物語』にも、万寿元年（一〇二四）九月に中宮威子《いし》が多宝塔供養に用いた法華経は「色紙の御経、下絵かゝせ給へり、表紙の絵に経の内の心ばえを皆かゝせ給へり」とあり、写経に色紙が用いられ、下絵までもが描かれて荘厳されている（巻第二三）。表紙にも経意絵が描かれている。例えば、『一字蓮台法華経』（国宝、奈良・大和文華館蔵）には、濃麗な作り絵の手法で描かれた見返を付している。その絵には、僧侶が堂内で法華経を読誦し、貴族や女人がそれを聴聞している姿がみえる。

僧侶が手にする法華経の表紙は装飾が施され、軸首は朱である。経机の上には蒔絵の経箱が置かれ、七巻の法華経が入っている。また『竹生島経《ちくぶしまきょう》』（国宝、東京国立博物館、滋賀・宝厳寺）は下絵に大ぶりな瑞鳥、草花、蝶、霊之雲《れいしうん》、宝相華などが金銀泥にて描かれ、より一層優雅さを伝えている（図60）。

こうした美しい装飾料紙から、『法華経（久能寺経《くのうじきょう》）』（図61）や平家の栄華を象徴する広島・厳島神社『平家納経《へいけのうきょう》』などのような美麗な装飾した施した装飾経が出現することになり、ともに今日に伝えられている。

『久能寺経』（国宝、静岡・鉄舟寺など）は久能寺に伝来したことにちなんだ名称である。各巻、結縁者の意向もあって装飾を異にするが、料紙には斐紙を用い、さまざまな色に染め、金銀の切箔や砂子を撒き、さらに金銀泥の下絵を施すなど華麗なもので、王朝貴族の美意識を反映している。豪華な装飾は経巻の表面のみではなく裏面にまで及ぶ完璧な経典である。このような華麗な写経は荘厳経といわれている。その中で最も華麗な装飾が施されているのが、紅茶色の料紙に草花文様を描いた「安楽行品《あんらくぎょうほん》」である。また「薬草喩品《やくそうゆほん》」の見返絵の意匠は、藤原俊成『長《ちょう》秋詠藻《しゅうえいそう》』（国宝、冷泉家時雨亭文庫）の「春雨は」云々の和歌を文字と絵画とで表現した歌絵である。同じ歌絵の表現は葦手と水辺の景観とを描く「随喜功徳品《ずいきくどくほん》」にもみられる。さらに「化城《けじょう》喩品《ゆほん》」に用いられる水紋紙は上海博物館に伝世する沈遼《しんりょう》筆になる『行書動止帖』にみえる落花

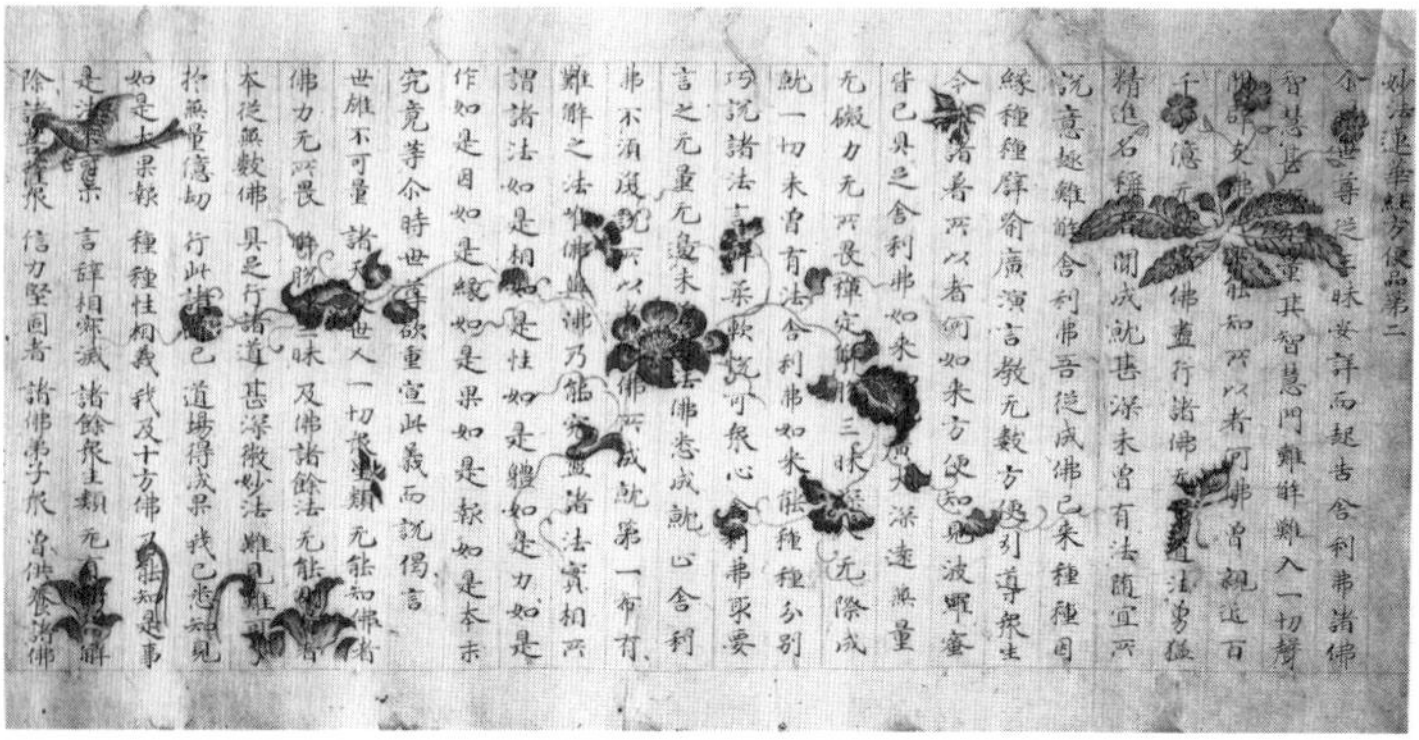

図60　『竹生島経』

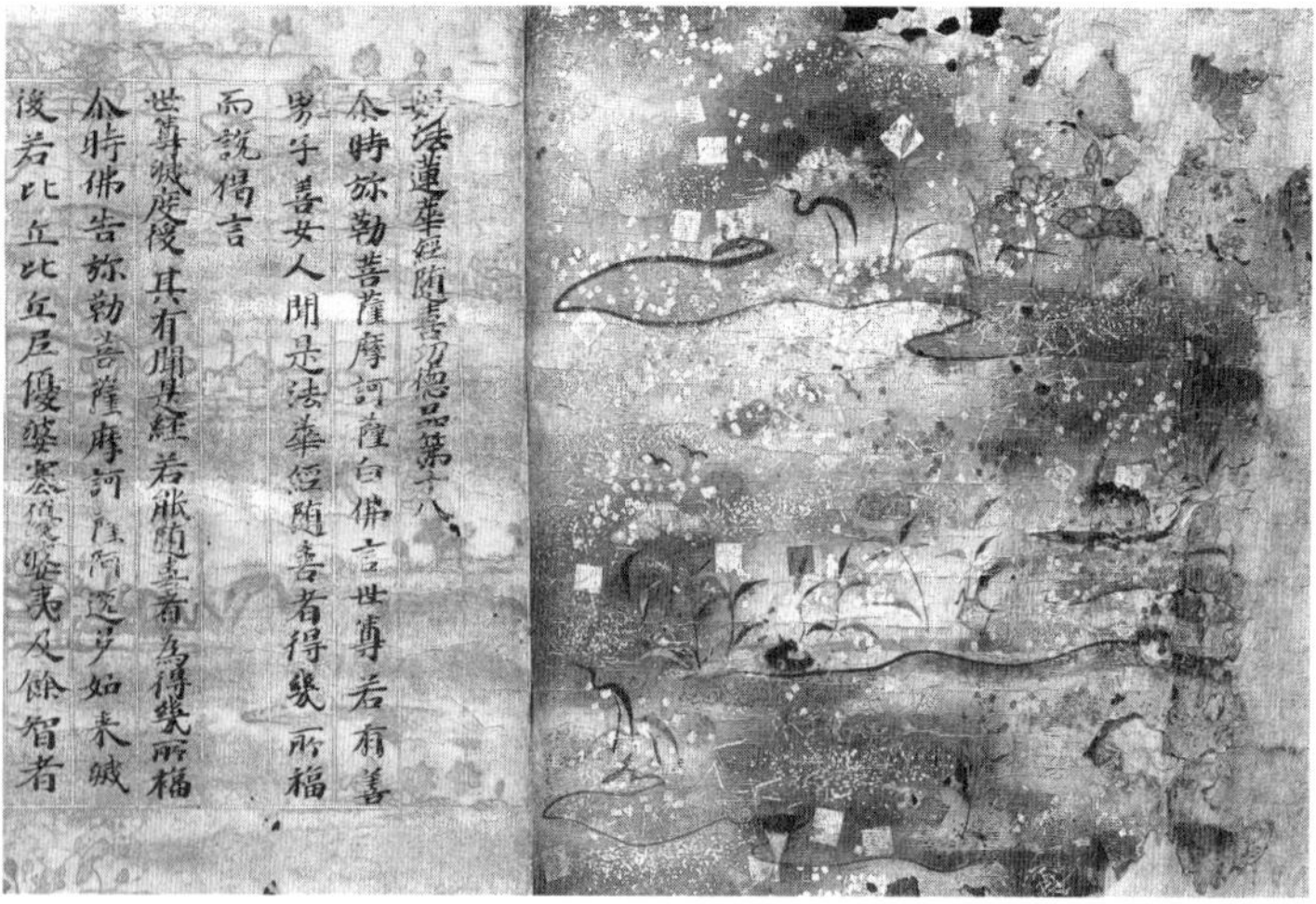

図61　『久能寺経』

流水文様の研花箋に通じるものがあるように思われる。巻末に結縁者名が加えられており、永治二年（一一四二）二月の待賢門院《たいけんもんいん》璋子《しょうし》の出家逆修にあたって、鳥羽法皇や女院を中心とする人々によって供養されたものと知られる。

『平家納経』（国宝、厳島神社）の料紙には金銀切箔砂子散しのみならず、見返にもやまと絵や唐《から》絵《え》が優美に可憐に描かれ、また意匠化された葦手などの文字が書かれている（図62）。平清盛が一門栄華の祈請と報謝のために文化の粋を結集させた無比の美しさの一品法華経である。経巻の装飾の金銀の眩惑するような趣は、清盛の好尚を反映しているともいえなくもないが、当代最後の光芒を華やかに留めた遺例であることに相違ない。

平安時代の色紙は、染色する本来の機能から脱して、色そのものを美的対象へと変化させていったことが紙名にても示されている。具体的には襲色目等による表現に見て取れる。

このように、染紙は虫害に強い書写料紙として、次いで写経料紙として、さらに美しさを求めた装飾料紙として時代的な変遷を遂げながら、王朝文化と深い結びつきをもって展開してきたことが知られる。

鎌倉時代の装飾料紙の例を『前十五番歌合』（重文、大阪青山学園）にみてみよう（図63）。これは、古来の歌仙三十名の優れた和歌一首ずつを左右に結番した歌合形式の秀歌撰である。梅折枝文様、花菱文様、紅葉文様、波文様の四種類の文様を雲母刷りした上に、金銀の砂子、切箔、野毛を霞

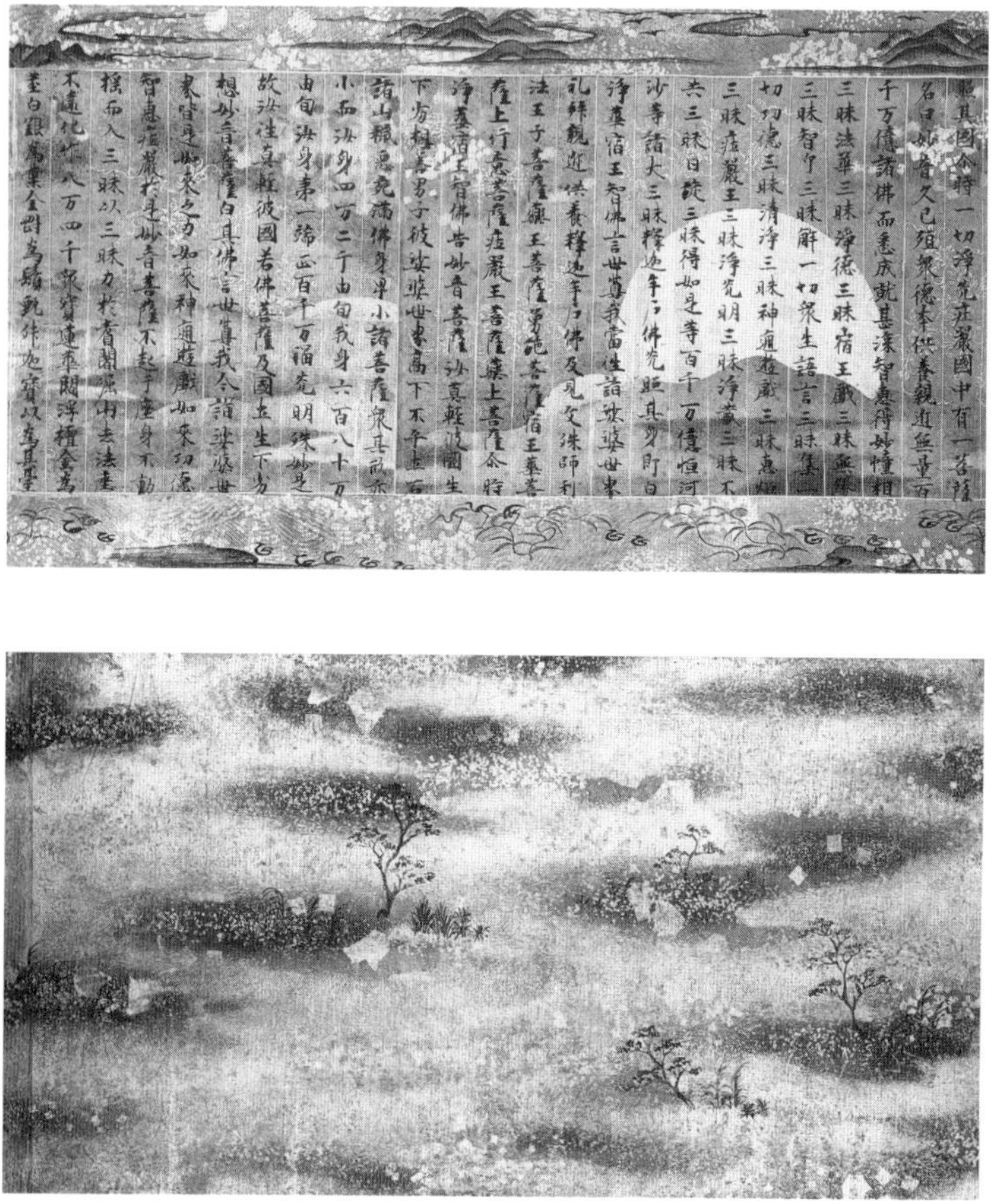

図62 『平家納経』

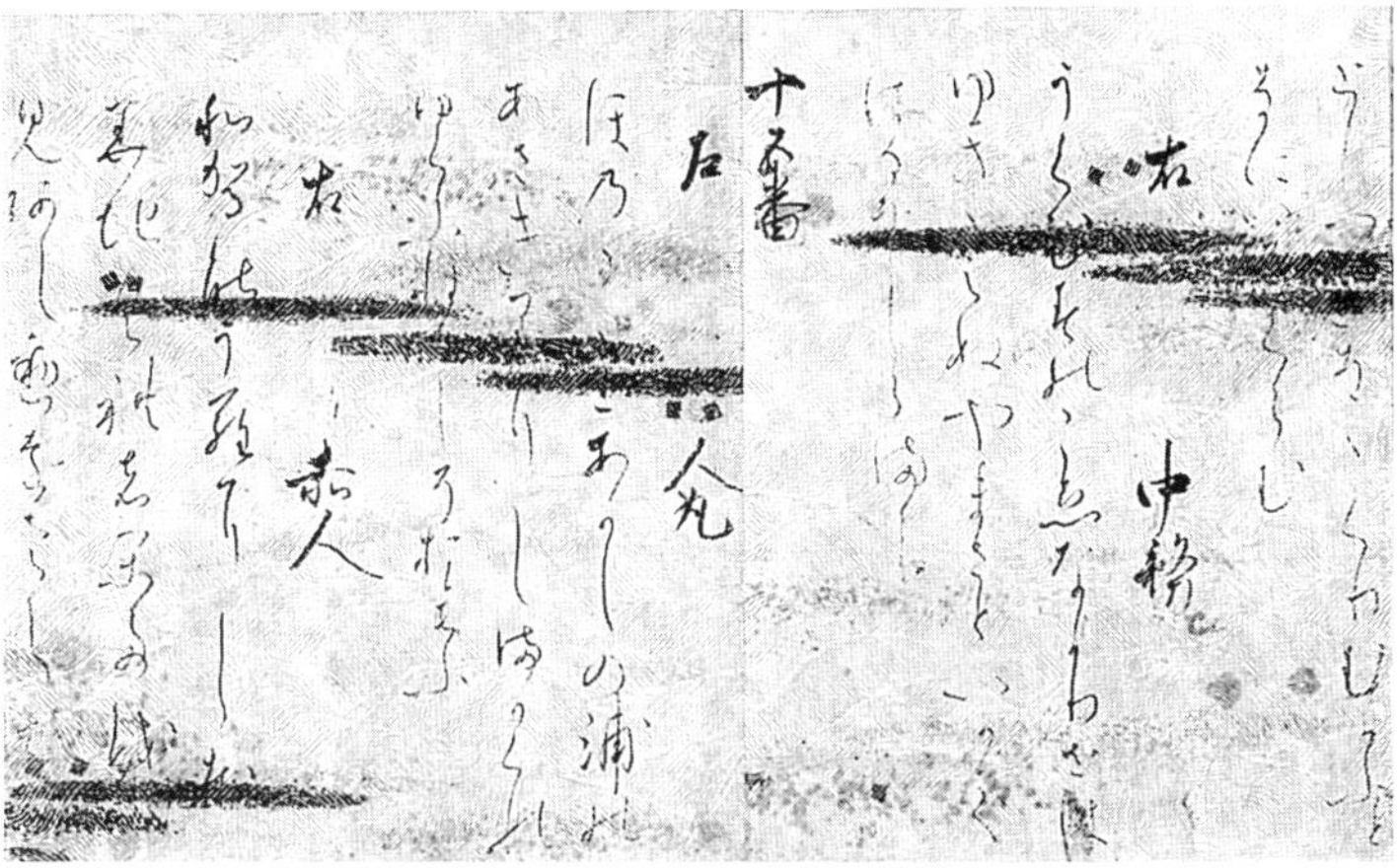

図63　『前十五番歌合』

状に散らす装飾料紙が使われ、大らかで優雅な筆致による書風は天皇の筆跡に相応しいもので、宮廷の調度手本として制作されたものである。『前十五番歌合』の僚巻に御物本『後十五番歌合』があり、光厳天皇宸筆と伝えられおり、大らかで優雅な筆致には『前十五番歌合』と相通じるところが認められる。

また、惟康親王願文《これやすしんのうがんもん》（重文、京都・金地院）も将軍の願文に相応しく華麗な装飾料紙が用いられた実例である（図64）。鎌倉幕府将軍惟康親王が父の宗尊《むねたか》親王の百か日の忌辰を迎えて作善供養、法要を勤修した時の文永十一年（一二七四）十一月日附の願文で、その料紙には金銀の切箔を散して霞を表した上に、岱赭《たいしゃ》、緑青、胡粉、朱などの具材にて秋草などの下絵を描いている。法会の願文は意匠を凝らすのが通例であり、伏見天皇願文《ふしみてんのうがんもん》（重

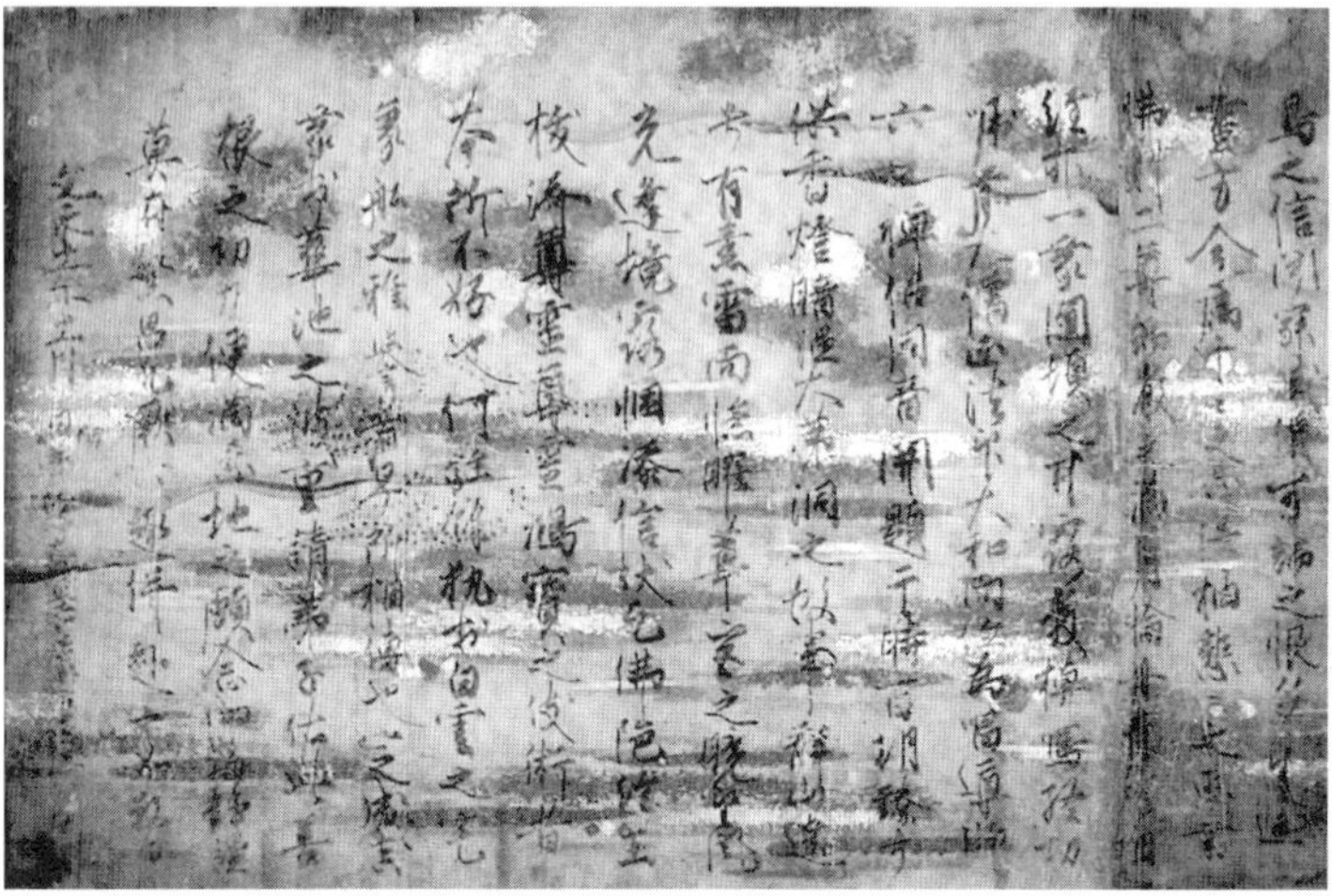

図64　『惟康親王願文』

文、兵庫・黒川古文化研究所）は、春日社ゆかりの藤花文様を金銀泥にて刷り出した料紙を用いている。その他、西園寺《さいおんじ》実氏《さねうじ》夫人《ふじん》願文《がんもん》や平行政《たいらのゆきまさ》願文《がんもん》（重文、東京国立博物館）などが伝存している。

　室町時代の遺例としては代表的なものに『融通念仏勧進帳《ゆうづうねんぶつかんじんちょう》』（重文、京都・禅林寺）があり、巻子装の紺地表紙には鳳凰桐文の金泥下絵、そして金泥地の見返に童子像が描かれ、八双には蓮花文透し彫りの金具を備えている。料紙には、下絵として四季草花の風景を金銀泥にて描き、天地欄外と裏面には金箔銀野毛金銀砂子散霞引きを施すなど荘厳な意匠を加える（図65）。金銀泥による下絵料紙が類似するものに『後小松天皇宸翰《ごこまつてんのうしんかん》融通念仏勧進帳《ゆうづうねんぶつかんじんちょう》』（重文、大阪・大念仏寺）がある（図66）。

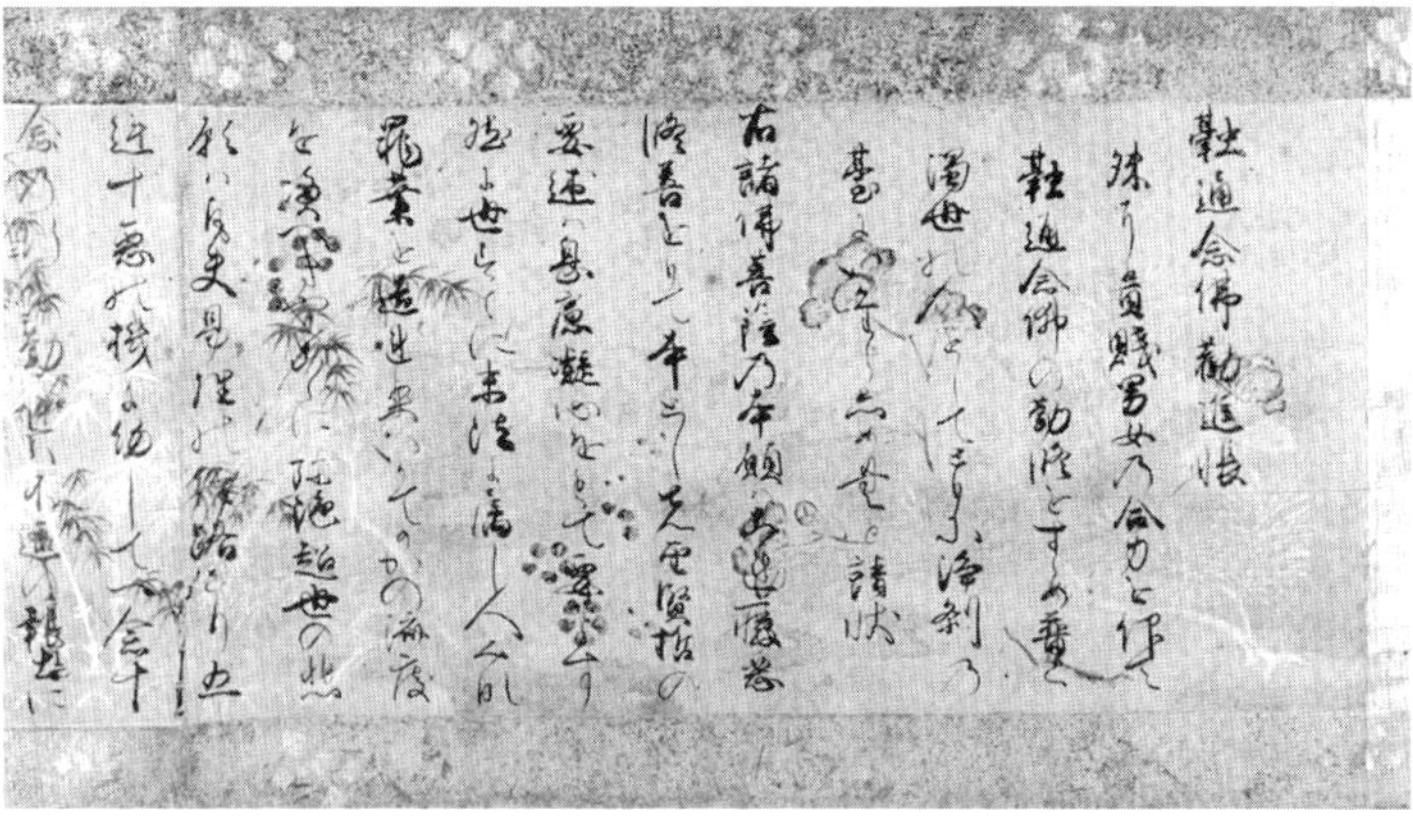

図65　『融通念仏勧進帳』

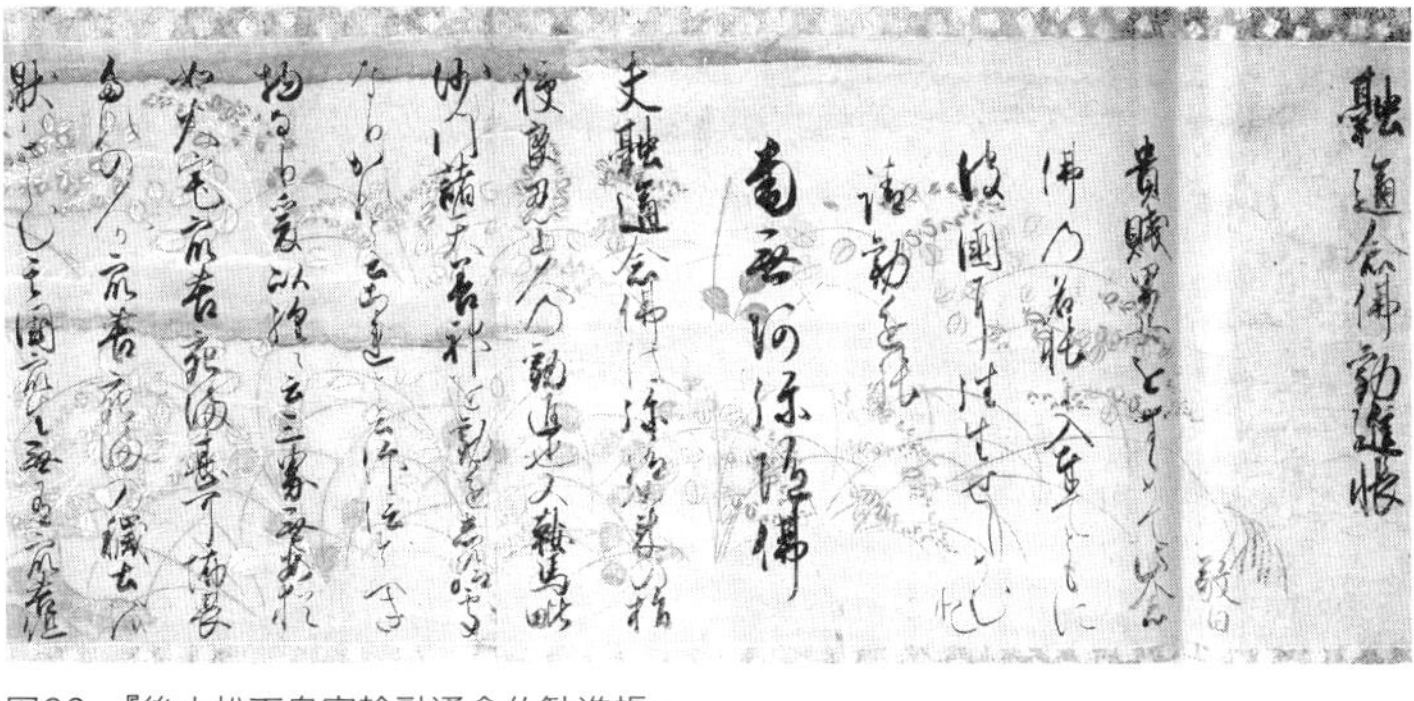

図66　『後小松天皇宸翰融通念仏勧進帳』

この他、奈良時代から鎌倉時代にかけての装飾古写経の断簡を集めた名品『染紙帖《そめがみじょう》』(東京・五島美術館)や『紫の水』(奈良国立博物館)なる手鑑が作られている。また高野切(第一種)や石山切などの平安時代の代表的な古筆のみを集めた優品の手鑑に『かりかね帖』(文化庁保管)がある。『かりかね帖』の装丁は、『平家納経』の複製者で著名な田中親美の仕立てになるものである。

鎌倉時代末の作になる『稚児観音縁起《ちごかんのんえんぎ》』(重文、兵庫・香雪美術館)には「一日法華経」の供養を行う僧侶の姿がみえる。この料紙は素紙である。「一日法華経」は一日に法華経八巻を書写して菩提を弔うものであり、写経の方法が独特である。親本となる法華経と新たに写す巻物の二巻を片手に持ちながら書写していくやり方である。一行毎に写しては確認しながら進めていくため、集中力と慎重さが求められる。

三　鳥《とり》の子《こ》と厚紙《あつがみ》

紙名としての「鳥の子」は、室町時代の国語辞書『下学集《かがくしゅう》』によれば、「紙色鳥卵の如し、故に鳥子というなり」とあり、綺麗な色であることが分かる。文献上の初見は『愚管記《ぐかんき》』延文元年(一三五六)十月廿五日条の「鳥子」とされている。町田誠之氏は「王朝貴族に賞用された斐紙は「鳥の子紙」あるいは「鳥の子」と通称された。これはその色が雁や鶏の卵の色に似るからであ

る」と記している。(46)

ところで『伊勢物語』に「鳥の子を十つゝ十は重ぬとも思はぬ人をおもふものかは」(五〇段)とみえる。これまで、この「鳥の子」は鳥の卵と解釈されているが、重ねることの意味合いを重視すると、卵ではなく紙を意味していると想定される。つまり、「鳥の子」という紙に書いた文を重ねても、思いが通じないことを含んでいる。「十つゝ十」=百紙という数字は、深草中将《ふかくさのちゅうじょう》と小野小町《おののこまち》との百夜通いの伝説や謡曲『卒塔婆小町』に相通じるところである。このように理解することができるとするならば、色紙としての「鳥の子」は、他の色紙と同じく平安時代中期には使用されていたことになる。鎌倉時代になるが、東宮関係の事蹟を記した三条長兼《ながかね》の『東進記《とうしんき》』正治二年(一二〇〇)四月二十六日条には「鳥子色々紙」とみえており、鳥の子色の色紙が確認できる。

鳥の子紙の厚いものを「厚紙《あつがみ》」あるいは「厚様《あつよう》」ともいう。これには、白紙と色紙とがあり、どちらも打曇、飛雲などの装飾が加えられている。『平家物語』の「文覚《もんがく》被流」に、

怪しかる紙を得させたり。文覚大きに怒って、「かやうの紙に物書くやうなし」とて投げ返す。さらばとて厚紙を尋ねて得させたり

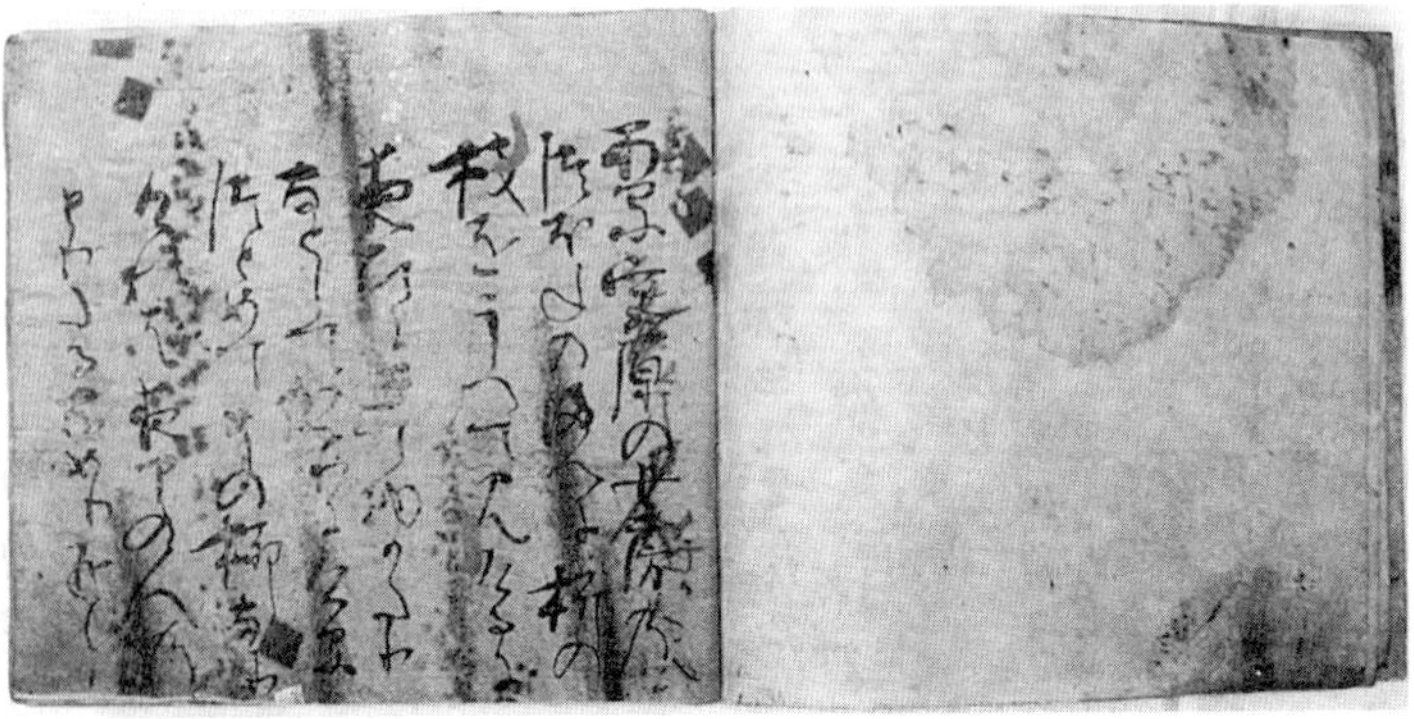

図67　『讃岐入道集』

とみえ、粗末な紙に対して厚紙が求められている。

さて、斐紙を用いたものに歌集がある。例えば、歌人藤原顕綱《あきつな》の私家集である『讃岐入道集《さぬきのにゅうどうしゅう》』（重文、京都・野村美術館）の料紙には、斐紙、装飾料紙、唐紙の三種類が用いられている（図67）。斐紙は薄様と厚様、装飾料紙は金銀砂子、切箔、野毛散し、唐紙は波文様というように多種多様の料紙を一帖の中で組み合わせている。時には歌との関連性にまで紙の使い方に意を注いでいる。

四　唐紙《からかみ》と空紙

『栄花物語』（巻第三二）には、

> 御かへし、宮、藤のはなかみさびにけるみなもとに
> にほひおとれるするゑぞおりうき、からかみに、いと
> いまめかしくおかしくかゝせ給へり

と「からかみ（唐紙）」に華やかな返歌を書いている。また御伽草子『天狗《てんぐ》の内裏《だいり》』にも「唐紙百帖に寫し給ひける」とあり、「唐紙」が書写用紙としてみえる。私家集『躬恒集《みつねしゅう》』（重文、冷泉家時雨亭文庫）の奥書には「料紙色々、唐紙、色紙等、切続破続以泥下絵、青羅表紙泥絵」とあり、様々な唐紙があり、色紙とともに私家集の料紙に用いられ、加えて切継、破継の加工による装飾が施されていることがわかる。

さらに『枕草子』には「唐の紙のあかみたる」とみえ、唐紙にも色紙があった（一八四段）。これは中宮定子が清水寺に参籠中であった清少納言に遣わされた歌の料紙である。『宇津保物語』にも「唐の色紙を中より押し折りて、大の草子に作りて、厚さ三寸ばかりにて」とあり、唐紙の色紙で大きな冊子本が作られている。

唐紙において著名な色紙は「桃花箋《とうかせん》」である。晋《しん》の桓玄が蜀《しょく》にて作らせた紙で、その色は縹、緑、青、赤からなる。例えば「唐縹色紙」は『天徳三年《てんとくさんねん》（九五九）内裏詩合《だいりしあわせ》』において漢詩を書く料紙に用いられている。また『李白仙詩巻《りはくせんしかん》』（重文、大阪市立美術館）は、元祐八年（一〇九三）に蘇軾《そしょく》が筆をとって写したもので、葦の草群に雁が休んでいる文様を刷り出した料紙が使われている。宋代の紙の遺例である。

唐紙は書写用紙だけでなく、その装飾性を生かして表紙にも利用されている。例えば『九条《くじょう》殿御集《どのぎょしゅう》』（重文、文化庁保管）の表紙は唐紙で、表が薄茶四ツ目菱襷文銀箔散、裏は花襷文雲母刷

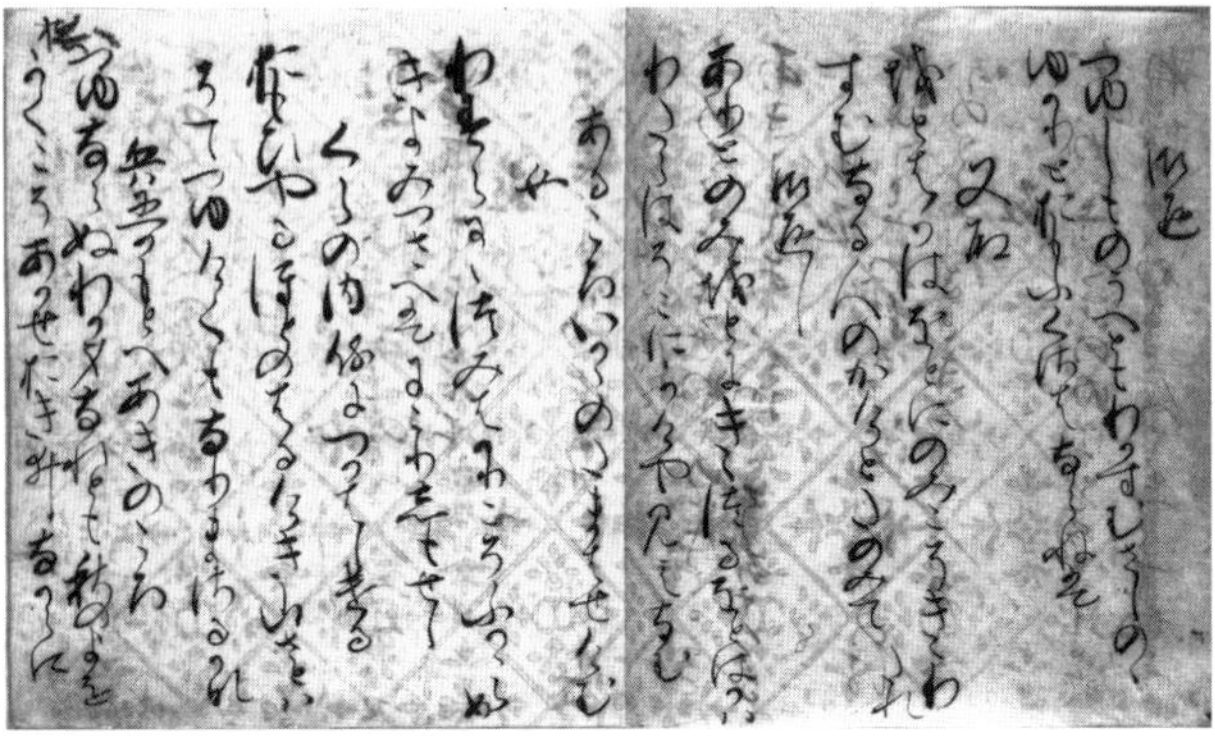

＊図68　『九条殿御集』（文化庁保管）

りの原表紙である表紙も入れる（図68）。本文の料紙は花襷文雲母刷唐紙と楮紙打紙と斐紙（厚様）の三種類を用いている。また『斎宮女御集《さいくうにょうごしゅう》』（重文、徳川美術館）の本文料紙には文様を雲母刷りした唐紙を用いており、その文様は花唐草文、輪花繋文、菊花文、花襷文の四種類からなる。端正な味わいを表す反復文様に文学的情趣を求めたことによる。このように、唐紙は色以外に和様の文様が認められ、日本製になる唐紙が抄紙されていたことが知られる。

唐物荘厳の世界の規式を示した『君台《くんだい》観《かん》左《そ》右《う》帳《ちょう》記《き》』の奥書には、

> 料紙は白唐紙本候、たかさは此本たけ也、唐紙のうらあと打也、表紙は打曇、軸は檳榔子《びんろうじ》木也、紙のつぎ目に相阿判一々に見也

とあり、白い唐紙が巻物の料紙に使われている。

『等伯画説』では、

> 能登ニくじしト云在所有之、総持寺ト云寺有之、そこニ雪舟ノ十六羅漢アリ、唐紙一枚ヅ、ニ墨絵也

とあり、雪舟《せっしゅう》（一四二〇〜一五〇六）が描いた水墨の十六羅漢図《じゅうろくらかんず》の料紙に唐紙が各々一枚づつ使用されていることが示されている。

その他『狭衣物語《さごろもものがたり》』（二）に「御文は氷襲の唐の薄様にて」とあり、唐紙を用いて襲の色目を表現している。

唐紙は高価な輸入品であり、その遺品として現存しているものに彩牋《さいせん》を貼り継いだ巻子本『古今和歌集序（彩牋三十三枚）』（国宝、東京・大倉文化財団）、同じく本阿弥切本《ほんあみぎれぼん》『古今和歌集《こきんわかしゅう》』（国宝、京都国立博物館）、『入道右大臣集《にゅうどううだいじんしゅう》（彩牋）』（国宝、前田育徳会）などがある。いずれの料紙も、藤原時代の優雅な趣向を物語っている。「巻子本古今和歌集」（重文、文化庁保管）の料紙は、白、薄黄、縹、薄紅など彩色豊かな具引《ぐびき》地に、蓮唐草、花襷《はなたすき》、孔雀《くじゃく》に宝相華唐草、亀甲、楼閣人物、鶴に杏葉などの雲母刷り、あるいは蠟牋《ろうせん》文様のある唐紙が使用されている（図69）。雲母の色は、白と

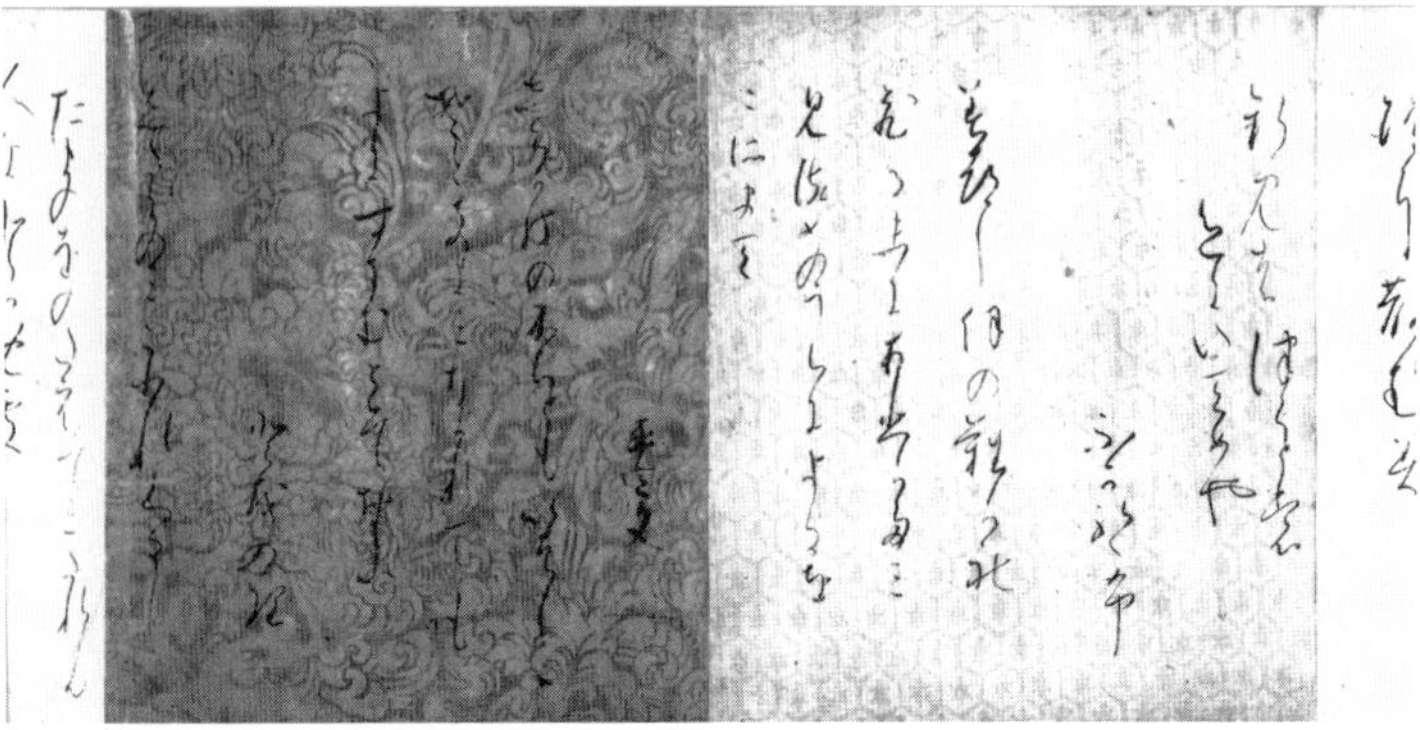

＊図69　「巻子本古今和歌集」（文化庁保管）

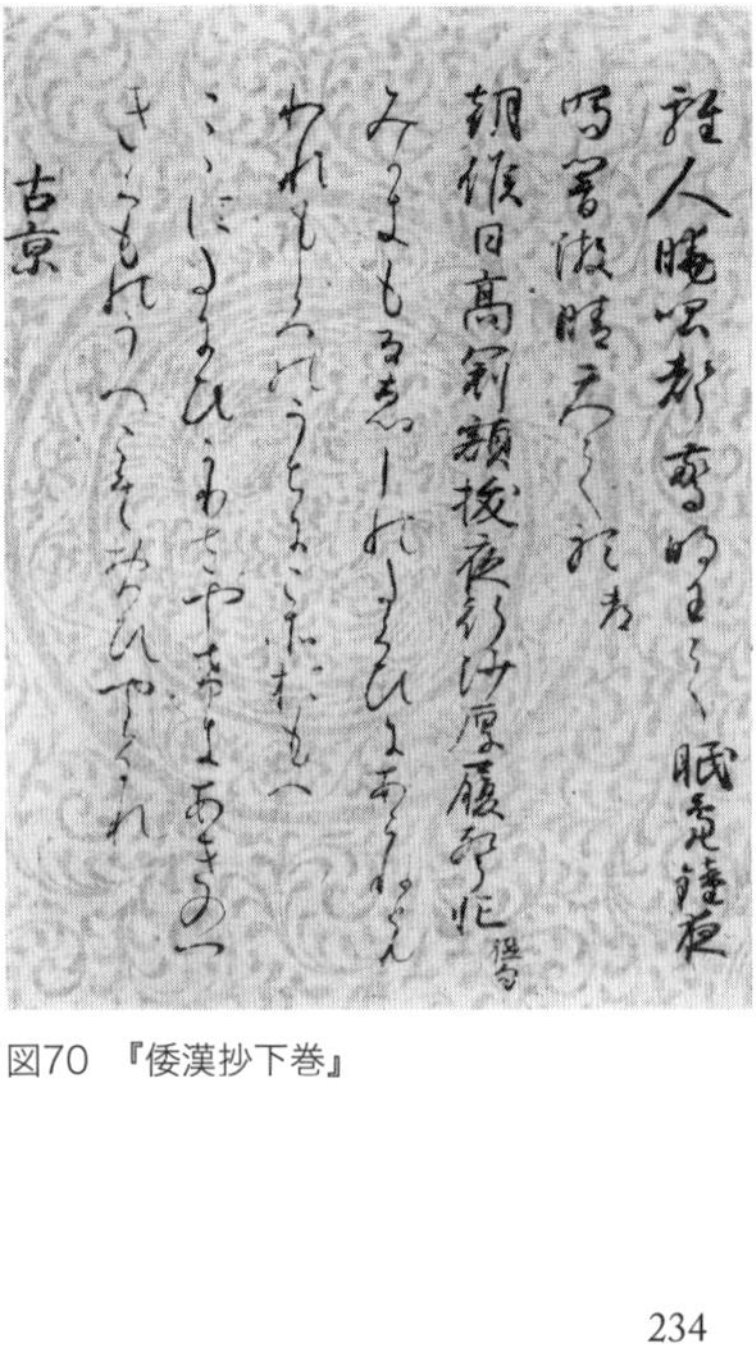

図70　『倭漢抄下巻』

黄の二種類からなる。本阿弥切本の料紙には、布目の白唐紙に夾竹桃《きょうちくとう》の文様を雲母刷り出したものなどがみえる。文字は無雑作ながら、しっとりとした味わいを持っている。『倭漢抄下巻（彩牋）』（国宝、陽明文庫）（図70）と『十五番歌合（彩牋）』（国宝、前田育徳会）の料紙は、色と文様とに同種のものが多く、筆者や伝来などからも注目され

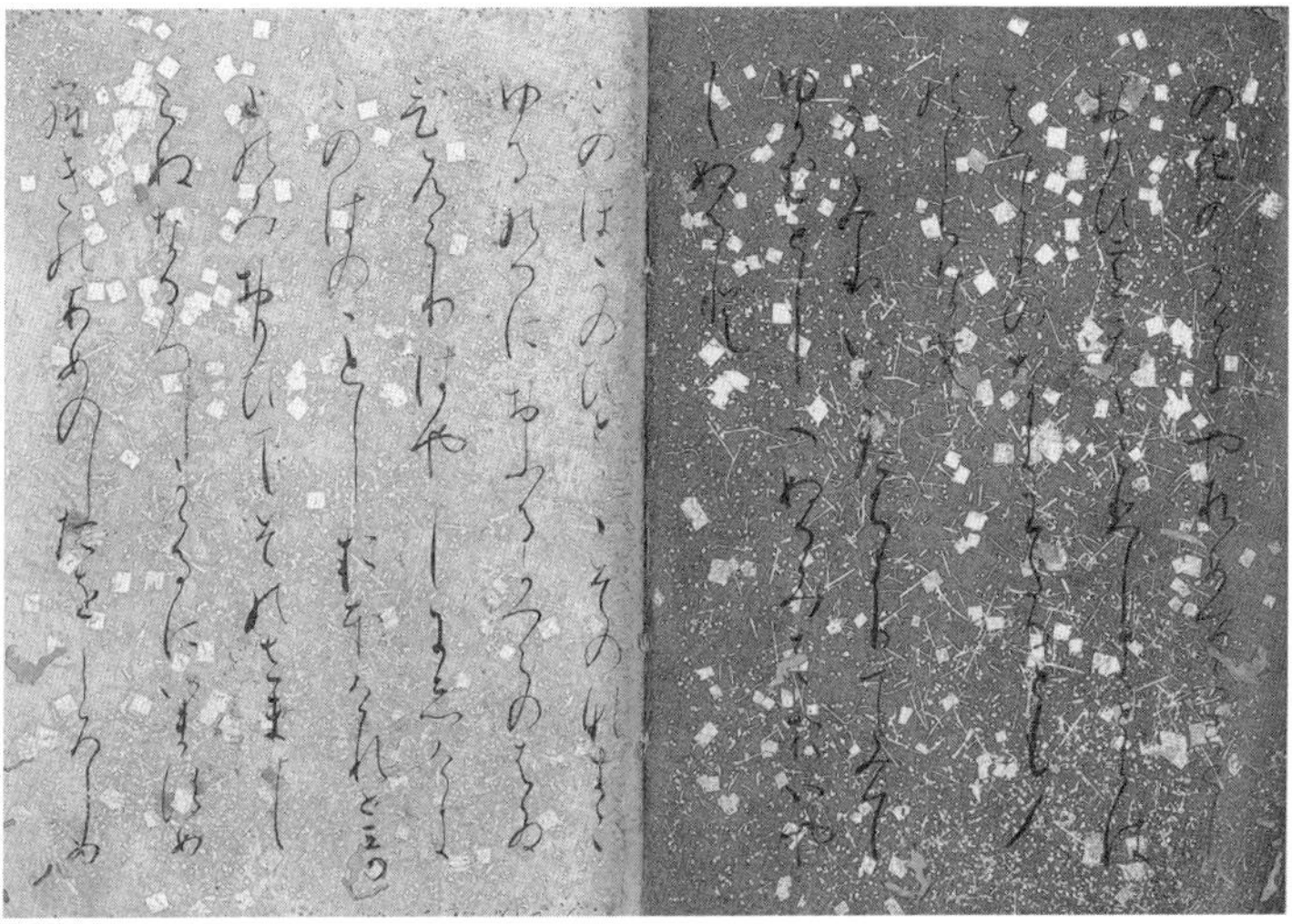

図71　『古今和歌集』

る。枯れた草書風の文字を離して並べる形で、品よくまとまっている。

冊子本では金沢万葉と呼ばれる『万葉集』（国宝、前田育徳会）、『古今和歌集』（元永本、国宝、東京国立博物館）（図71）などの料紙は紫、黄、赤、茶、緑、白などの色唐紙の濃淡の色の配色を考えて綴じ合わせ、雲母刷文様には種々の唐草文、孔雀、大波、花襷、七宝、亀甲などがあり、さらに金銀の箔を散らしている。

また冷泉家時雨亭文庫には唐紙を用いて書写された鎌倉時代の私家集が残されている。物語では『彩牋墨書大和物語』（文化庁保管）が、経典では『理趣経種子曼荼羅』（重文、東京・出光美術館）がある。文書では石清水《いわしみず》八幡宮《はちまんぐう》田中宗清《たなかむねきよ》願文《がんもん》（重文）の料紙

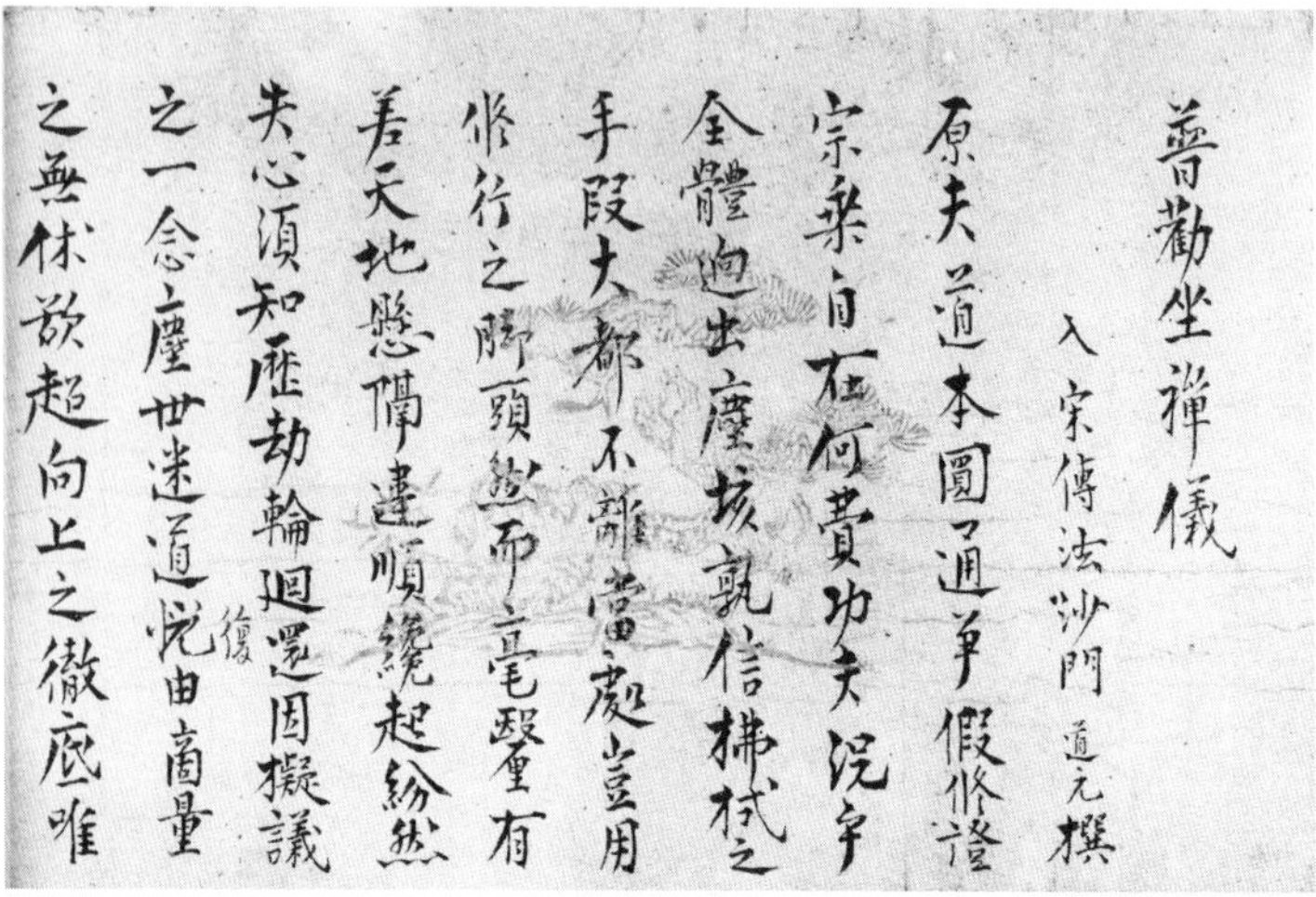

普勧坐禅儀
入宋傳法沙門道元撰
原夫道本圓通爭假修證
宗乘自在何費功夫況乎
全體迥出塵埃孰信拂拭之
手段大都不離當處豈用
修行之脚頭然而毫釐有
差天地懸隔違順纔起紛然
失心須知歷劫輪廻還因擬議
之一念塵世迷道復由商量
之無休欲超向上之徹底唯

図72　『普勧坐禅儀』

に藍染と雲母引きの蠟牋《ろうせん》が用いられている。

さらに禅僧の墨蹟などを中心にして舶載品の蠟牋が使われている。臨済宗を伝えた栄西筆の誓願寺盂蘭盆縁起《せいがんじうらぼんえんぎ》（国宝、福岡・誓願寺）、東福寺開山の聖一国師墨蹟《しょういちこくしぼくせき》（法語）（重文、大阪・久保惣記念美術館）、曹洞宗の開祖・道元筆の普勧坐禅儀《ふかんざぜんぎ》（国宝、福井・永平寺）（図72）などがある。栄西筆の誓願寺盂蘭盆縁起の料紙には、雲と鳥の地文のある白、紅、藍色の彩牋の唐紙が用いられている。道元筆の普勧坐禅儀は、松などの景物を刷り出した蠟牋の唐紙である。色替りの蠟牋の唐紙を用いたものに、泉涌寺の開祖・俊芿《しゅんじょう》筆の泉涌寺勧縁疏《せんにゅうじかんえんそ》（重文、京都・泉涌寺）が伝存する。

南北朝時代以降になると後醍醐天皇宸翰天長印信《ごだいごてんのうしんかんてんちょういんじん》（国宝、醍醐寺）（図73）、建武四年（一

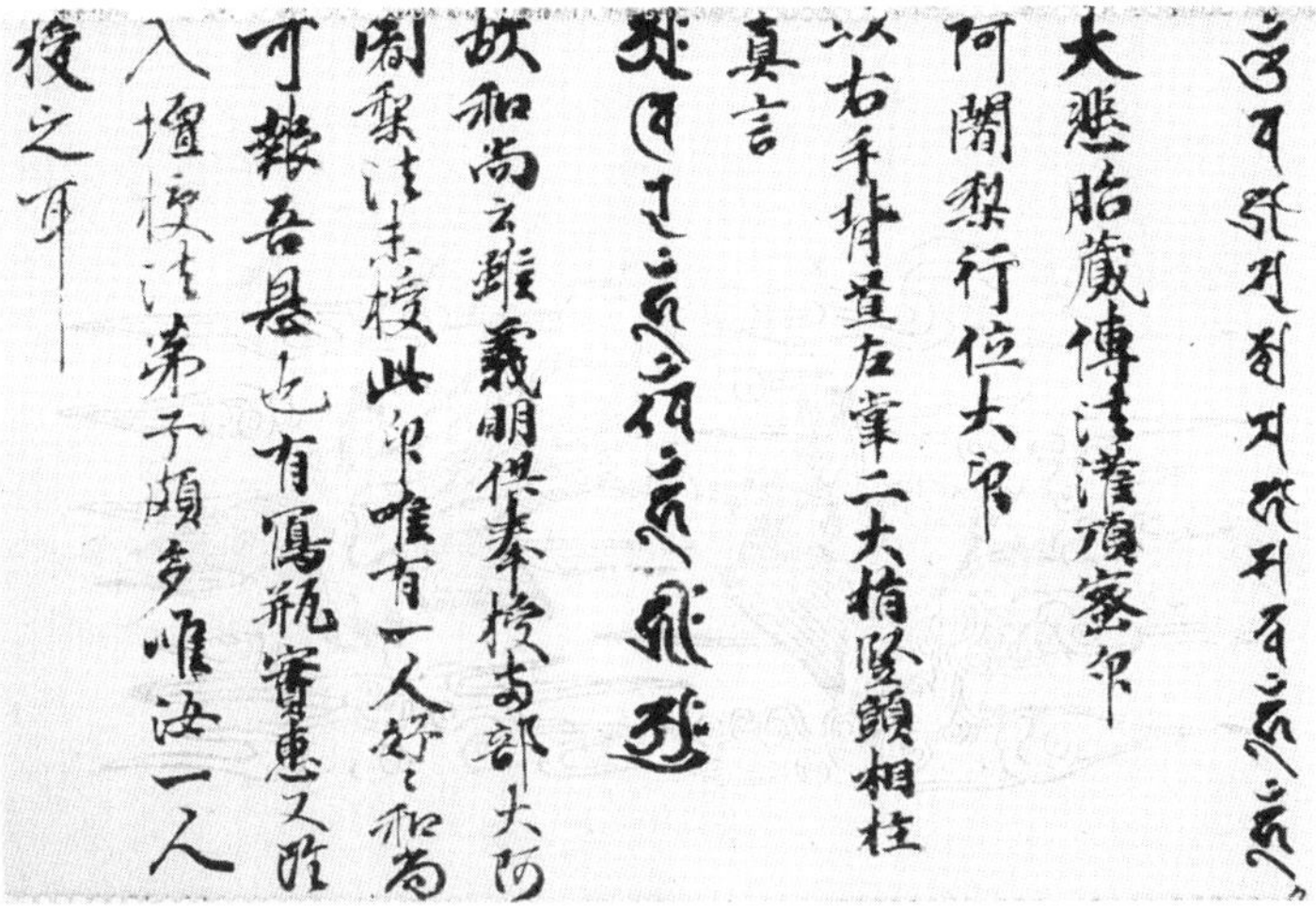

図73　『後醍醐天皇宸翰天長印信』

三三七）清拙正澄《せいせつしょうちょう》墨跡《ぼくせき》（重文、個人蔵）、寂室《じゃくしつ》元光墨蹟《げんこうぼくせき》（越谿字号弁字説）（重文、滋賀・退蔵院）、絶海中津《ぜっかいちゅうしん》筆の十牛頌《じゅうぎゅうしょう》（重文、京都・相国寺）などがある。後醍醐天皇宸翰天長印信の料紙は、雲中を飛翔する有翼の仙人などの図様を刷り出した蠟牋紙である。清拙正澄墨跡は梅樹文様を摺った蠟牋紙である。

ところで、『今鏡』に、

ゆふだちのそらものをそろしく、なる神を、をどろ〳〵しかりけるに、御経よみてゐさせ給へりけるを、かみをちて御経なども紙の所ばかりはやけてもじはのこり、御身には露の事もおはしまさゞりける

（巻第四）

とあり、夕立ちをもたらした「なる神」が経を読んでいるところに落ち、経ばかり焼けて文字は残ったと記す。また『古事談』でも「雷騰り天晴る。眼を開きて経を見れば、空紙焼けて字残る」とあり、「雷」が落ちて、写経していた紙は焼けてなくなったけれども、経文《きようもん》ばかりが焼け残ったとする。『古事談』の「空紙」は、写経料紙の経文のなくなった紙を指している。さらに『十訓抄』では、

彼経を巻てこと〱く虚空へふきあげて（中略）しばらく有りて経巻みな白紙となって落、たゞ大文字の四句の偈ばかり此帋に顕現せり、其文に云、檀那不信故、料紙還本土、経師有信故、文字留霊山（第六）

とあり、風に巻き上げられた経巻は白紙となり、わずかに偈のみが残っていた。その偈文の通りに、信心の有る無しが経巻の残り具合に反映している。

鎌倉時代末期の快元による神道書《しんとうしよ》『八幡愚童訓《はちまんぐどうくん》』（『続群書類従』巻三〇）には「日本国東大寺大般若三部の内、馬道の経、白紙花軸」とあり、東大寺にあった大般若経の写経料紙には白紙が、軸の「花」が花色であるならば、薄い藍色の軸首が用いられたことがわかる。

紙の用途による紙名に加え、各地で地方色豊かな紙が漉かれ、紙に多様性がみられるようになると、紙名に産地名を冠するものが出現してくる。同時に紙質・品質の相違を表し、かつ規格を明示する紙名もみえてくる。

また、染色することで紅紙・紫紙・黄紙・紺紙などの色名が付され、また文様などの加飾を施すことで襲色名など、様々な紙名が与えられている。そのなかで、雁皮を紙料とする斐紙は色味から鳥の子とされ、また厚さの相違から薄葉、厚葉（厚紙）があった。その他、唐紙には舶載と国産とがあるものの、名称からだけでは判断できないが、紙そのものが書跡・典籍、古文書などの文化財として現存しており、具体的な解明が俟たれるところである。

四　反古紙《ほごし》

『十訓抄』（第七）に、

すべて文はいつもけうなるまじき也、あやしく見ぐるしき事なども書たる文の、思ひがけぬ反古の中より出たるにも、世の人の心ぎはゝ見ゆる物ぞかし

とあり、手元に残しておいた文が反古になっている姿を描いている。

このように様々に求められた機能と用途とを終えた紙は、反古紙とされる。例えば『なぞのほん』に「ふるはうぐずきんにした」との謎がみえ、反古紙を使って頭巾にすることはよくみられたことであったことを示唆している。このように、反古紙は本来の機能と用途とは別個のものを付与されていく。つまり、捨てることなく再利用されることで、頭巾という新たな機能と用途とが生み出されることになるのである。

四　反古紙

一　奈良時代の反古紙

反古紙は、奈良時代の正倉院文書に「本久紙」「本古紙」ともみえている。正倉院文書の多くは、例えば戸籍などの紙背の再利用によって残ったといえる。直接、目にすることができないと

ころでも反故紙は使われており、正倉院に伝来する八世紀の『鳥毛立女屛風《とりげりゅうじょのびょうぶ》』の裏張《うらは》りには買《ばい》新羅物解《しらぎもののげ》（重文、前田育徳会）という文書が利用されている。下張りに反古紙を使うのは、奈良時代以降、一般的になっていく。今日でも襖を解体すると、古いものが下張に利用されていることを目にすることがあり、例えば永運院文書《えいうんいんもんじょ》（京都市歴史資料館）などは襖下張文書として紹介されている。永運院文書は京都・金戒《こんかい》光明寺《こうみょうじ》の子院である永運院本堂の襖絵の下張りに使われていた文書類のまとまりで、豊臣秀吉（一五三七〜九八）、徳川家康（一五四二〜一六一六）に仕えた宮城豊盛《とよもり》の書状で占められる史料群である。秀吉の直轄領であった豊前国の検地にかかわる詳細な記録を含む貴重な内容を持っている。

二　平安時代の反古紙

『古事談《こじだん》』には「一条院崩御の後、御手習の反古どもの、御手筥に入てありける」とみえる。一条院が手習いに用いた紙は、反古として捨てられたりせずに手箱にそのまま入れて置かれていた。何かに再利用しようと置いたものなのか不明であるが、手元に残されていた。傍《かたわ》らには『古今和歌集』巻第一四恋歌の紫式部詠の詞書にある「かのむかしをこせたりけるふみどもをとりあつめて返す」というような、あるいは『新古今和歌集』巻第八哀傷歌の詞書に「つねにうちとけて書きかはしける文の、物の中に侍りけるをみいでて」「うせにける人のふみの、物の中なるをみいでて」とあるような文があったに違いない。

『建礼門院右京大夫集』では「あらぬ世の心ちして、心みむとてほかへまかるに、反故どもとりしたたむるに」とみえるように、故人の残した「反故」紙への想いを綴っている。『源氏物語』梅枝巻では「ささやかにをしまきあはせたる反故どものかひくさを」とあるように、哀愁を誘う「反故」紙は黴《かび》臭さを残すのみとなってしまっているが、それでも保管している。反古は大事なものであった。

反古紙として残される一方、『源氏物語』浮舟《うきふね》巻では「むつかしき反古など破りて、おどろおどろしく一度にも認めず、灯台の火に焼き、水に投げ入れさせなど、やうやう失ふ」とある。「むつかしき」との言葉から、反古にされる紙は煩わしく不必要な紙であることが窺われる。また『紫式部日記』には「このころ反古もみな破り焼き失ひ、雛などの屋作りにこの春し侍りにし後、人の文も侍らず」とみえ、反古として破られ、焼かれ、捨てられていることを伝えている。なお、焼き捨てようとした行為は、この時代では咎められていたのではないか。わが国を表す言葉として『万葉集』に「言霊の幸ふ国」「言霊のたすくる国」とある。この言霊なるものが生きていた時代では、文字の書かれた紙には書いた人の言葉に宿る霊力があると認識されていたのであろう。それゆえ、紙を焼き捨てるのは、ことさらに忌避されていたと思われるからである。

それでは、どのような紙が反古にされたのであろうか。

河上の方より黄なる物流れ来て、物につきて止まりたるを見れば、反故なり。とりあげて見れば、黄なる紙に、丹して、濃くうるわしく書かれたり。あやしくて見れば、来年なるべき国どもを、除目のごとみな書きて、この国来年あくべきにも、守《かみ》なして、又添へて二人をなしたり。（富士川）

『更級日記』には、富士川の河上から流れてきた反古は、黄紙に丹にて濃く楷書で書かれたもので、よく見ると来年の除目《じもく》であったと記す。未来を予見する内容をもつ紙が反古にされるのは不可解というべきである。この黄紙は破られることもなく、ただ単に破棄されただけであった。

『白描絵料紙理趣経《はくびょうえりょうしりしゅきょう》』（国宝、五島美術館）の建久四年（一一九三）奥書には「後白河法皇□禅尼之御絵、未終功之処、崩御、仍以故紙写此経」とあり、この経は絵が完成せずに終わり、崩御した後白河法皇の菩提を弔うために、完成せずに終わった絵の紙を反古にして写経している。そのため、線描された下絵の料紙の上に書写されている。当初の意図に相違して反古にされたので「故紙」と表現されたのであろうか。

『建礼門院右京大夫集』には、

身一つのことに思ひなされてかなしければ、思ひおこして、反古ゑりいだして、料紙にすかせて、経かき、又さながらうたせて、文字のみゆるもかはゆければ、裏に物をかくして、手づから地蔵六体墨書きにかきまゐらせなど

『新古今和歌集』には、

かよひ侍りける女のはかなくなり侍りけるころ、かき置きたる文ども、経のれうしになさんとて、とり出でて見侍けるに
（巻第八哀傷歌）

『和泉式部集』には、

御文どものあるを破りて、経紙に漉かすとて

とある。ここには、故人の冥福を祈るためにその手跡を留めた反古紙の具体的な再利用のあり方が記されている。

一つは、反古紙を集めて漉き返している。反古紙が料紙の原料になっているのである。できあ

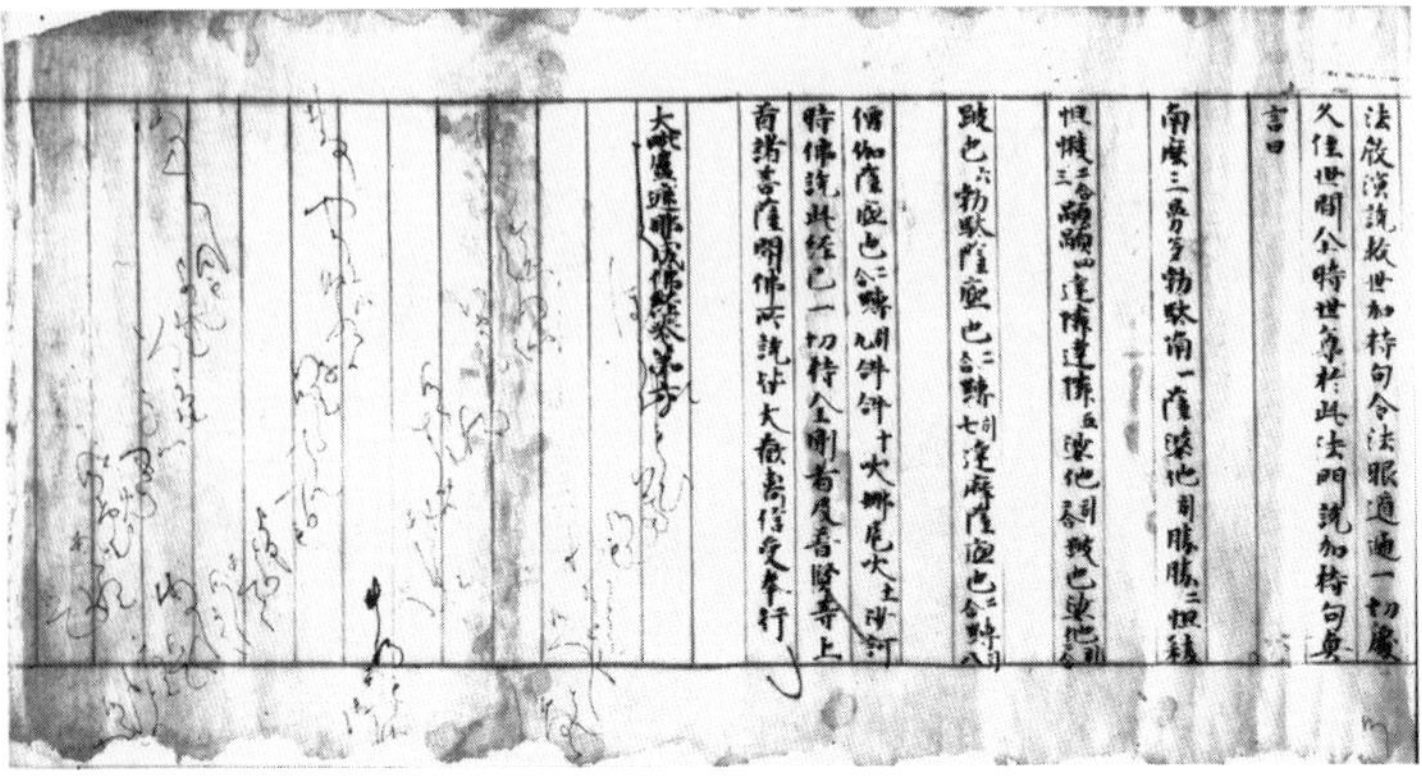

＊図74　『大毗盧遮那成仏経巻第六』(文化庁保管)

がった料紙は写経用であり、写経用紙にするために反古紙の選択が行われている。料紙の用途における聖と俗との相違という認識から選別された可能性がある。

もう一つは、再利用に際して打紙の加工を施している。裏から表の文字がみえるのも「かわゆければ」としながらも、文字のない白紙の裏側に地蔵六体を墨にて書いている。おそらくは供養のためであろう。このように、反古紙は漉き返しの紙料として再利用される場合とその紙背を利用する場合とがあった。紙背を用いたものに『大《だい》毗《び》盧《る》遮《しゃ》那《な》成仏経《じょうぶつきょう》巻第六』(文化庁保管)がある(図74)。料紙に注目すると、変転自在に流麗な草仮名を散らし書きした消息を継ぎ、その上に雲母を引き、金泥にて界線を施した消息経である。仮名は連綿を長く書き、二十巻本『類聚歌合《るいじゅううたあわせ》』(国宝、陽明文庫)にみられる鋭角的な文字の運びなどの特徴がみられ、院政期の時代相が反映している。薄墨の連綿体の仮名の変化の妙と、濃墨の楷書体の経文との対比が美的な効果をもたらしている。また、かな消息の上に金泥にて写経した『仏説転女成仏経《ぶっせつてんにょじょうぶつきょう》』（東京国立博物館）なども伝来している。

他方、『宝篋印陀羅尼経《ほうきょういんだらにきょう》』（重文、大阪・金剛寺）などにみるような供養経では、文字のある表面に写経している。これは故人の消息に金字にて経文を書写し、加えて金銀泥や彩色による葦手絵を施している。表面、裏面に関わりないことに注意すると、供養する人にとっては故人との関係性こそが大事であり、この料紙が選ばれているのである。この他、具注暦を翻して用いたものに『秘密曼荼羅大阿闍梨耶付法伝《ひみつまんだらだいあじゃりやふほうでん》』（文化庁保管）がある。嘉保二年（一〇九五）の具注暦を料紙として大治二年（一一二五）に書写されたものである。

さらに、金剛峯寺蔵になる『紺紙金銀字一切経』所謂「中尊寺経」（国宝）の料紙の一部に、反古紙そのものを紺色に染めた料紙のあることが赤外線撮影にて確認された。同様な事例が愛知・円増寺蔵の『紺紙金字法華経』でも確認されている。写経料紙としての紺紙作りにおいて、紙そのものの抄紙を行わず、染色の作業のみを行うという簡易な手段、方法であった。今後、同じく反古紙を染めるという写経料紙のさらなる発見が期待される。写経料紙をどのように準備したのかを考える際には、時間や費用などの要件も考慮に入れておくべきであるという新たな条件が加わったといえよう。

十二世紀後半の作である『吉備大臣入唐絵巻《きびだいじんにっとうえまき》』第四段（ボストン博物館）には、古い暦の裏に書写した『文選《もんぜん》』がみえる。なお第三段では『文選』三十巻が文箱に収めらている。『文選』は巻物で、軸首は朱色で、三帙にまとめられている。当時の巻物の収納がどのようであったかが、知られて興味深い。詞書は『江談抄《ごうだんしょう》』巻三所収の説話「吉備入唐間事」と一致している。かつて小浜藩主の酒井家に伝来していたものである。

三　中世の反古紙

『とはずがたり』には「御ゆびの血をいだして、御手のうらをひるがへして、法花経をあそばす」（巻一―二四）とあり、後深草院《ごふかくさいん》（一二四三〜一三〇四）が手紙の裏に法華経を血にて書写したことを記している。また「文どものうらに、身づから法花経をかきたりし、供養せさせなどせし」（巻一―一七）「大納言のかきてたびたりしふみのうらに、法華経をかきてまゐらする」（巻二―四七）「ありし文どもをかえして、法華経を書きゐたる」（巻三―六六）「むかしの御手をひるがへして御身づからあそばされける御経」（巻五―一二七）ともみえる。これは、平安時代にみた反古紙の使い方の一例と全く同じである。また後深草院の書状などを翻して料紙に用いたものに、伏見天皇が高山寺の恵琳に命じて書写させた『法華経』（京都国立博物館）がある。正和元年（一三一二）十二月の伏見天皇宸翰処分状案には「以古院御書為料紙給之」とみえている。現状では、紙背文書は相剝のために判読できない状態であり、その点は惜しまれる。
『徒然草《つれづれぐさ》』には、

文の詞《ことば》などぞ、昔の反古どもはいみじき　（第二二段）

人静まりて後、長き夜のすさびに、何となき具足《ぐそく》とりしたゝめ、残しおかじと思ふ反古など破りすつる中に、亡き人の、手ならひ、絵かきすさびたる、見出でたるこそ、たゞその折の心地すれ　（第二九段）

とある。反古紙は破り捨てられるのみならず、古き姿＝形見なるものとして意識されている。具体的には想いを残した反古の手紙などを片付けている。

また『山家心中集』雑下の詞書には、

はかなくなりて年久しくなりにし人の文を、ものゝなかより見出でて、娘に侍りしひとのもとへつかはす

とあり、世を去って久しくなった人の文を遺された娘のために形見として送っている。

さらに藤原定家が独撰奏上した『新勅撰和歌集《しんちよくせん》』巻第一雑歌三の源通具《みちとも》詠の詞書には

参議通宗朝臣身まかりてのち、つねにかきかはし侍けるふみを母のこひ侍ければ、つかはすとてよみ侍ける

とみえ、常日頃の交友を示す文を「かたみとしのぶべき」ものとして母の求めに応じて遣わしている。形見として何かを遺すことは、同じく藤原忠良《ただよし》詠の詞書に「なき人のかゞみをほとけにいさせ侍ける」とあって、形見である鏡を礼拝する仏へと鋳直し、亡き人の存在を身近に感じていられるようにしている。『中院詠草』には「ことの葉ごとにしのぶ」「みずぐきの昔の跡」「いにしへをしのぶ」など、手元にとどまっている昔の人の文などを見ては古を偲んで涙する表現がみられる。『明恵上人歌集』には「ナキ人ノ手ニモノカキテト申ケル人ニ、光明真言ヲカキテヲクリ侍」とあり、おそらく個人の文の裏に光明真言を書くことで離苦得脱することを願ったことが知られる。

伝後伏見天皇筆とする『仮名観無量寿経』（京都・知恩院）は、仮名消息などの反古紙を翻して銀界を引いた料紙が使われる。経文は仮名にて、しかも読み下されていることからみて、女性の菩提を弔うために書写された供養経である可能性が高いといえよう。和歌四天王の一人・兼好の

『兼好法師集』の詞書に「後二条院のかゝせ給へる歌の題のうちに、御経かゝせ給はむ」とある。歌題を記した紙の裏に供養のために写経している。

醍醐寺文書聖教のうち『寛正四年《かんしょうよねん》（一四六三）結縁灌頂得仏書付写《けちえんかんじょうとくぶつかきつけうつし》』の奥書には「殊此反古者、僧正宗典御手跡也（中略）熊此手跡為残末代、用反古者也」と、料紙に反古紙を用いる理由が記されている。つまり、書状の手跡を末代に残す、伝えるために書状を翻して利用したことが知られる。

室町時代後期では、『宗長手記』に「八月より逍遥院殿《しょうよういんでん》奉頼御弔本経廿八品、諸家の御懐紙申調侍る」とある。「逍遥院」＝三条西実隆の中陰供養のために法華経二十八品の写経が行われ、その料紙として懐紙《かいし》が諸家から集められている。集められた懐紙は、写経料紙の準備のために漉き返された。また「たび〳〵の文、つゝの中より見出して、そのうらを返し、こんがう経、承葩十三、幼にしてかゝせて、薪心伝庵に侍し」とみえ、書状を翻して金剛経を書写させている。しかも、幼くして写経した金剛経をその後に薪《たきぎ》にある心伝庵にて見出したと記している。

紙背を利用した例として『再晶草』の詞書には「廿日、故冷泉大納言入道、明日一廻なり、彼遺札を翻して金剛経摺写して、少将為豊もとに送るとて、その裏に書きそへて」とある。冷泉政《まさ》為《ため》の一周忌を前にして政為から三条西実隆充の書状を翻して、裏面の白紙を写経料紙として金剛経を摺って、孫の為豊《ためとよ》に送っている。『実隆公記』大永四年（一五二四）九月二十日条には「金剛経裏書和歌、遣為豊許、卅疋遣之、乏少可恥貧女之一灯也、亡霊可知之（金剛経の裏に和歌を書き、為豊のもとに遣わす。三十疋これを遣わす。乏少を貧女の一灯と恥づべきなり。亡霊これを知るべし）」と記している。また「さすが積りにける反故なれば、おほくて尊勝《そんしよう》陀羅尼《だらに》なにくれ、さらぬこともおほく書かせなとする」とみえ、反古紙が積もるほどに実隆の手元に置かれており、身近にあったようである。この反故紙の実情は実隆であればこそであったのではなかろうか。つまり、当時の文化人として多くの人と交流する実隆であったからこそ、他からの書状などが反古として積まれたといえる。この書状などの紙背を使って実隆の日記である『実隆公記』が書かれており、現在、東京大学史料編纂所蔵となって伝わっている。

その他、中世後期の世相を記す『醒睡笑』には、次のようにみえる。

策伝某小僧の時より、耳にふれておもしろくをかしかりつる事を、反故の端にとめ置きたり

（序）

鱠を反古につつみ焼き、（中略）ある時、反古に大根をつつみ焼きふるまひて

（巻之三―自堕落八）

前者は小さい時から面白い話を反古紙の余白に書き留めていたとあり、忘備のために利用され

ている。また後者では料理の包み焼用の紙として使っている。さらに「焙炉の紙」がみえ、厚く貼った製茶用具にも用いられている（巻之八―茶の湯一三）。

何かに再利用されるだけでなく、狂言『花子《はなご》』には「一日進じた文をさもしてお捨ちゃったとの、のう腹立ちや」と、恋文は引き破られ、捨てられることを語っている。説経『さんせう太夫』では「このやうなる古寺には古経、古仏の、破れた反古のいらねをば、いらいでつつてあるものよ」とあり、要らなくなった破れた反古紙などは皮籠などに入れて縄をかけて吊るしておいたことが知られる。

四　漉き返し紙

漉き返しに関する初見は、六国史《りつこくし》の一つ『日本三代実録《にほんさんだいじつろく》』の仁和二年（八八六）十月廿九日条である。正二位藤原多美子《たみこ》が「平生賜る所の御筆手書を収拾し紙と作す。以て法華経を書写す」とみえる。清和《せいわ》天皇の崩御にともなって法華経を書写するに際して、その写経料紙に「御筆御手」を漉き返した紙を用いていることは、諒闇《りようあん》と深く関係するものである。このことを後述する。

また、故紙を再生して利用した記事もみえる。

この漉き返しに関する話を引用する『今鏡』には

ゆふべのそらのうす雲などのやうにすみぞめなりければ（中略）御ふみどもをしきしにすきて、みのりのれうしとなされたりけるなりけり
（巻第九）

とあり、墨染色の料紙は「しきし」と呼ばれ、また写経料紙になっている。また『十訓抄』では、

朝夕通ひし御文どもを入をかれたる箱の百合にもあまりたるを、あけて見させ給ふにつけても、御心の置所なく覚えさせければ、雲井の烟となさむ事もむげにかなしとて、此を色紙にすかせて多の大小乗経を書供養せられけり（中略）料帋の色のゆふべの空のうす雲などの様にあさぐろなるをみて、この御経は紺紙にもあらず、色紙にもあらず、いかなる様の侍るにぞ尋申せば、さる故有とばかりにてのたまはせぬを（中略）宸筆を破りなどをもはゞかりなりと仰られければ（中略）是よりぞ反古色紙の経は世にははじまりける
（第五）

とみえる。これによれば、遣り取りされた手紙が百合《ひゃくごう》の箱にも達するものであり、それを焼き捨てることも、破り捨てることもできないので、紙に漉かせていることになる。その漉き返し紙は薄墨色の写経料紙である。この薄墨色は浅黒くて、綺麗な色紙とは異なっていることから、当然の如く紺紙でも色紙でもないという。しかし、この薄墨色の漉き返し紙を「反古色紙」であると

し、しかも世の初めであると記している。この「反古色紙」の言葉は『吉記』承安四年（一一七四）二月十六日条に「以反古色紙為料紙、先人御筆在其中」とあるように日記などの記事にも散見する。現存する遺例には、康和三年（一一〇一）四月、心西が極楽往生のために一切経の中として写経された『普賢菩薩行願讃《ふげんぼさつぎょうがんさん》』（京都・興聖寺）などがある。

さらに、『栄花物語』には、

> 七月一日、法住寺には、かの中納言非違別当し給ける折、人の申文、愁文などありけるをとり集めて、紙にすかせて法華経かゝんとおぼしける紙に経書き　（巻第二七「ころものたま」）

とみえる。手元にある申文《もうしぶみ》、愁文《うれいぶみ》などを原料とした紙、つまり漉き返し紙を漉かせている。漉き返し紙には法華経が書写され、写経料紙になっている。法華経の書写は末法の世が到来した藤原道長の時代の状況を反映したものである。

狛家《こまけ》の家伝を中心にして雅楽《ががく》の古伝や古説を正して記した『教訓抄《きょうくんしょう》』（『古代中世芸術論』所収）では、

> コレヲモ心エガタク、一見モモノウキナラバ、スミヤカニ色紙ニナシテ、法華経ヲカキタテ

マツルベシ　（巻第一）

と秘すべきもの、つまり秘説の伝授の内容であったがゆえに、もしもの際には速やかにこの本を漉き返して色紙にして、法華経を書写するように、また漉き返しをしない場合には焼き捨てるよう言いつけている。また女流歌人・和泉式部の家集である『和泉式部続集《いずみしきぶぞくしゅう》』の服忌中の歌の詞書には「御ふみどものあるを破りて、経紙にすかす」とみえ、同じように漉き返し紙を「経紙」＝写経料紙にしている。漉き返すに際して紙を破り、紙の原料として使いやすいように処理しているのがわかる。建治二年（一二七六）に東大寺僧宗性《そうしょう》が発願した『法華経』（重文、奈良国立博物館）の料紙には、墨痕や小紙片などが漉き込まれていることから、おそらく消息などを漉き返した紙を用いた消息経であるといえる（図75）。

　こうした料紙を漉いたのは、特別な職人であったのであろうか。仏師の運慶《うんけい》が寿永二年（一一八三）に発願した法華経巻第八の奥書には「色紙工」がみえる。この「色紙工」はその名の通り色紙を漉く職人であった。色紙工も願主と同様に、法華経書写作法に従って「沐浴精進《もくよくしょうじん》」など厳格な行為を行う必要があった。醍醐寺文書聖教のうち『寿延経事』の奥書には「阿闍梨沐浴着新浄衣、覆面可書之、書写之間無言也」とあり、新しい浄衣を身に着け、息が直接かからないよう覆面をするとともに、無言にて写経するとし、また硯墨筆小刀などは未使用の新しいものを

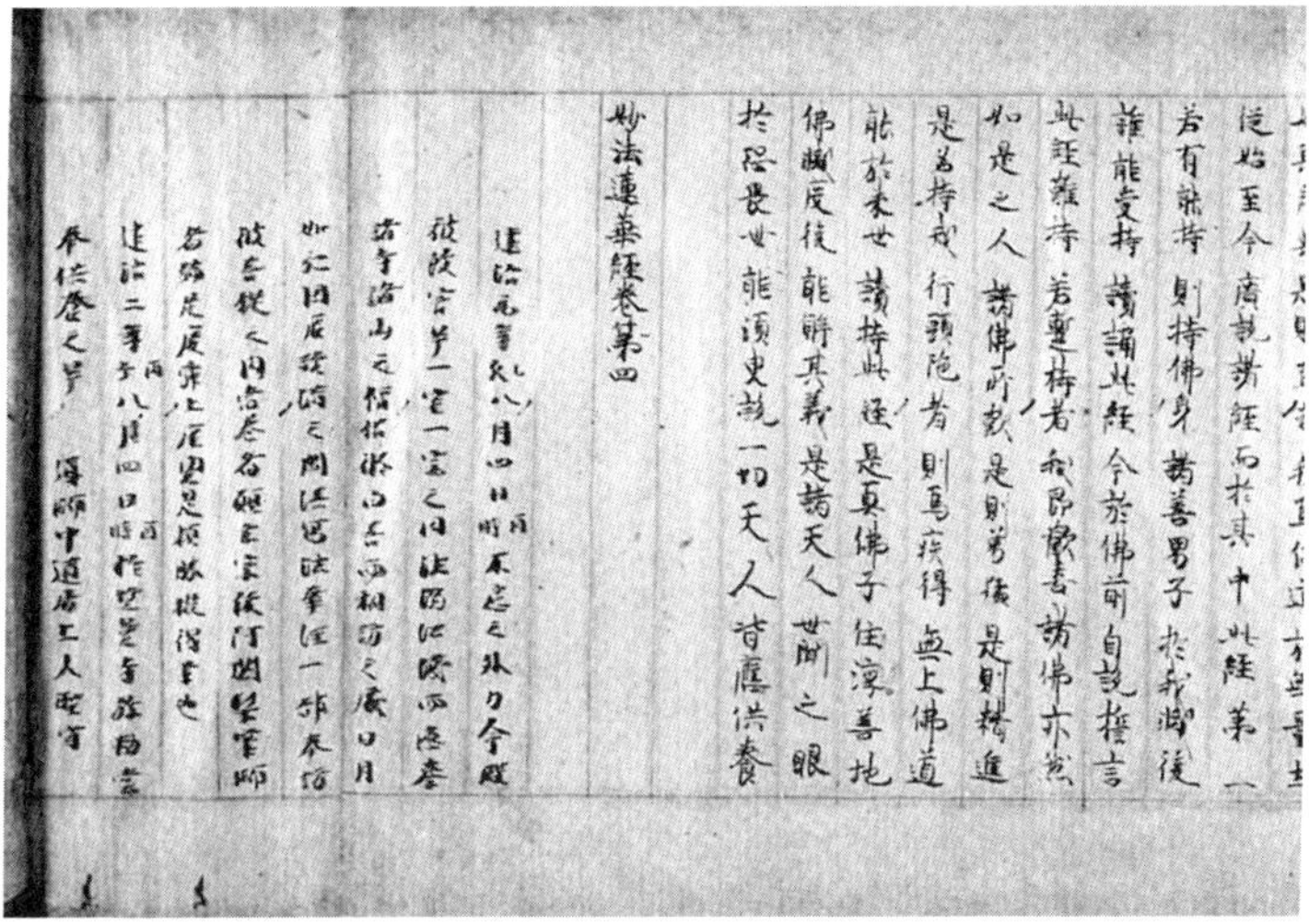
従始至今　広説諸経　而於其中　此経第一
若有能持　則持仏身　諸善男子　於我滅後
誰能受持　読誦此経　今於仏前　自説誓言
此経難持　若暫持者　我即歓喜　諸仏亦然
如是之人　諸仏所歎　是則勇猛　是則精進
是名持戒　行頭陀者　則為疾得　無上仏道
能於来世　読持此経　是真仏子　住淳善地
仏滅度後　能解其義　是諸天人　世間之眼
於恐畏世　能須臾説　一切天人　皆応供養
妙法蓮華経巻第四

図75　『法華経』

用いるとする。『七十一番職人歌合』には「すきかえし薄墨染めの夕ぐれもしろかみ色に月ぞいてぬる」（一九番）と詠われており、漉き返し紙は薄墨色の染紙であるとの認識があったことは既にみたところである。

ところで、平安時代の絵所《えところ》に属していた絵師の生活を描いた『絵師草紙《えしのそうし》』の絵巻物には、薄墨色の綸旨《りんじ》を手にする絵師と綸旨などの束を抱える人物の姿がある。綸旨の束を抱える姿は、十二世紀後半になる田中家本『年中行事《ねんじゅうぎょうじ》絵巻』にも描かれている。後白河院が絵所の常盤光長に命じて作画させたもので、その画態は絵空事ではなく、正確かつ具体的に実相をとらえている。

故人の手跡などの他に、漉き返しの原料

となった紙には、どのような紙があったのであろうか。

絵巻物である『餓鬼草紙《がきそうし》』の伺便《しべん》餓鬼を描いた場面には、籌木《ちゅうぎ》と紙片とが築地塀の側に散乱している。また道元『正法眼蔵《しょうほうげんぞう》』には「屙後使籌あるいは使紙」などとあるが、

屙屎退後《あしついご》、すべからく使籌すべし、又かみをもちゐる法あり、故紙をもちゐるべからず、字をかきたらん紙、もちゐるべからず　（第五四洗浄）

とあり、文字の書かれた「故紙」は「使紙」に用いてはいけないとする。とするならば、「故紙」と「使紙」とは同義語ではなく、厳格な使い分けが行われている。この故紙は反古紙ではなく、漉き返しの再生紙であろう。つまり、紙に書かれたものには魂が宿るもので、不用になった時には元の紙に漉き返すという考え方が当たり前であったのではないだろうか。(47)「故紙」は字義通り、故ある紙で、紙屑となる反古紙とは別であったのかも知れない。

また『日本霊異記《にほんりょういき》』（国宝、京都・来迎院）には、

此の書を写し取れ。人を度するに優れたる書ぞ、といふ。景戒見れば、言の如く能き書、諸教要集なり。爰に景戒愁へて、紙無きを何にせむ、といふ。乞者の沙弥、又本垢を出し、景

戒に授けて言はく、斯れに写さむかな。我、他処に往き、乞食して還り来らむ、という。然して札に弁せて書を置きて去る。（巻下第三八）

とある。ここでは反故紙を使うのは、紙が不足しているから裏面に経文を書写することにとどまらずに、仏教的な善を積むことでもあると説いている。反古紙を使うと功徳があるとする現世利益的な発想に基づく行為であったのかもしれない。『日本霊異記』は、弘仁十三年（八二二）頃に奈良の薬師寺の僧景戒《けいかい》が著した仏教説話集で、説話の大部分は奈良時代に属し、わが国最古の説話文学作品として文学史上に著名である。邪を退けて善を勧める願をもって編纂し、仏教的な因《いん》果応報《がおうほう》の理《ことわり》を説話によって説いたもので、民間説話も吸収しており、史料的にも貴重である。

五　鈍色紙《にびいろがみ》

よく目にする写経の黄紙ではなく、薄墨色の漉き返し紙を写経料紙に用いることは、この色合いである鈍色を意識した行為であった。紙名として「鈍色紙」の名称を確認できる。平安時代には諒闇と鈍色とは、表裏一体の関係にあった。

例えば『栄花物語』に、

かくて月日も過ぎもていきて、正暦三年になりぬ、あはれにはかなきよになん、二月には故院の御はてあるべければ、天下いそぎたり、御はてなどせさせたまひつ、世中のうすにびなどはてゝ、花のたもとになりぬるも、いとものゝはへあるさまなり（巻第四「みはてぬゆめ」）

とあり、円融院の一周忌までは天下すべてが諒闇の「うすにび（薄鈍）」の世になっていた。『建礼門院右京大夫集』では、喪中の人への返しに「薄鈍の薄様」を用いている。また『かげろふ日記』の「藤衣《ふじごろも》」によれば、諒闇の時には服のほか、調度品や扇などまでが鈍色であった。

紙のいろにさへまぎれて、さらにえみたまへず（暦の中きらむ）
紙のいろはひるもやおぼつかなうおほさるらめ（卯の花かげ）

とあり、墨で書かれた文字が紙の色に紛れて、昼でも全く判読できない状況であることを記している。三十六歌仙の一人である凡河内躬恒の『躬恒集』（重文、冷泉家時雨亭文庫）の奥書にも「濃色紙ニハ不被書之、其字難見之故歟」とみえており、文字が見にくいので、色の濃い色紙は書写に用いないとする。また『後拾遺和歌集』に入集した住吉社の神主である津守国基《つもりくにもと》の歌に「薄墨に書く玉づさと見ゆるかな霞める空に帰る雁」とあり、薄墨紙に書かれた文字は霞の空を帰る雁の姿と同じようにみえると、その様子を見立てて詠じている。とするならば、この紙の色は墨書と重なる色の薄墨色であった可能性が高い。

鈍色とは、橡《つるばみ》や矢車《やしゃ》などの樹の実を煎じた汁で染めた後に、色を定着させるために鉄分のある液に浸して墨色にした色である。諒闇の時の鈍色は近親者ほど濃くて墨色に近いものを、遠縁のものほど淡いものを着たとされる。正倉院文書には「橡染紙」「橡汁四斗〈以〉一升染表紙十五張」などとあり、色に関することは、衣服にとどまらず、紙にまで及んでいた。その黒色は変化しない、ある意味で永続性のある色としての性格が求められたものと考えられる。


———・———・———・———・———


様々な機能と用途を終えた紙は、反古紙とされた。奈良時代には、正倉院文書に「本久紙」「本古紙」ともみえ、例えば戸籍などの紙背の再利用によって残っている。また、目にすることができない屛風の下張にも使われていく。

平安時代になると、例えば一条院が手習いに用いた紙は、反古として捨てられたりせずに手箱にそのまま置かれていた。故人の残した「反故」紙への想いが綴られ、反古は大事なものであったがゆえに、故人の冥福を祈るために手跡を留めた。

具体的な再利用としては反古紙を集めて漉き返す「漉返紙」、また再利用に際して打紙の加工を施す写経料紙＝「経紙」があった。漉返紙は脱墨が不十分なために薄墨色であるが、再生された染紙＝色紙であると認識されたので、紙名として「鈍色紙」なる言葉でも表現された。また反故紙は大切にされる一方で煩わしく不必要な紙で破られ、焼かれ、捨てられていることもあった。

中世になっても、反古紙の使い方に変わりはなかった。反古紙は破り捨てられるのみならず、古き姿＝形見なるものとして意識され、書状の手跡を末代に残す、伝えるために再利用したことが知られる。「故紙」なる言葉は、故ある紙の意で紙屑となる反古紙とは別であった。

紙に書かれたものには魂が宿るとされ、不用になった場合には元の紙に漉き返すという慣習があり、反故紙を使うのは現世利益的な発想に基づく行為であり、仏教的な善を積むことでもあった。それゆえ、各時代を通じて反古紙の利用はなくなることはなかった。

おわりに

古典文学と絵巻物を中心にして、日本の紙の展開を追ってきた。日本人と紙のかかわりは深く、その用途や種類、装飾は世界に比類ないほどに発達している。紙の時代的な変遷を提示できるところまでに至っていないのが現状であるが、以下のような様相として把握することができようか。

奈良時代を代表する作品である『万葉集』には、紙に関する言葉はほとんどみえない。『日本霊異記』には反古紙と写経との関係がみえ、奈良時代から反古紙の利用が行われていたことを伝えている。正倉院文書は紙史料の宝庫であり、紙そのものの多彩な状況が窺われるものの、文学作品などの記載は少ないといえる。

その後、国風文化の到来とともに、仮名による文学作品が生まれてくる。『竹取物語』には紙の記載はないものの、女流日記の『かげろふ日記』には「陸奥紙」が初見し、色とりどりの色紙が記述されている。平安時代中期になると、宮廷女房らの周辺で香の文化を取り入れた香染紙や色紙を用いた経典などが日常生活に浸透してきている。

王朝文化を代表する『源氏物語』と『枕草子』には、和歌と仮名と貴族生活とに調和する平安京の紙屋紙や薄様、華やかさに目を奪われる継紙などが抄紙され、紙の世界に彩りを加えてくる。他方、仏教説話には、紙の品質などを示す能紙など現実的な紙名が現れてくると同時に地名を冠した紙名も散見されることになる。

その後、武士の世が出現してくると、紙衣、紙衾、明障子など日々の生活に直結する用途としての紙の記述が多くなってくる。鎌倉・室町・戦国と時代の変遷とともに、包み紙や鼻紙など、より一層生活に根差した紙の話題を伝えている。他方、時代のうねりの中で忘れ去られていった紙は、今や幻の手漉き紙となっている。

次に文書・記録類に記されている紙に関する諸情報とも照らしあわせることで新たに見えてきた特徴的な点を列挙してみることにしたい。

(一) 紙漉きは、文書・記録等では記述が少なく、その実態を知ることは難しかったが、古典文学の作品と絵巻物とにその様相を見出すことができた。そこからは、紙漉きと写経料紙、そしてそれを使う僧との関係が密接であることを見出すことができた。

(二) 紙の機能と用途が広く多彩であることが確認できた。紙の所与の機能のうち、文字を書く材料としての機能と用途は大きな比重を占めることに相違ない。しかし、それ以外の機能に関しても注視していくことが、不可欠であることを認識できた。つまり、紙そのものに美的観念を持っていたことが大きな特徴であり、用を思い、用を越える紙があったといえる。

（三）紙名のうち、「鳥の子」の文献上の初見は、これまで『愚管記』（延文元年）とされていたが、平安時代中期には「鳥の子」の名称が使用されていたことを確認できた。当該期以降における雁皮紙の厚様と薄様とを考える際の新たな視点の一つとなるであろう。

また、紙色については、紫紙や黄紙など、色そのものが象徴性を有し、生活文化と深い結びつきをもって展開してきたことが確認できた。色紙は字義通り「いろがみ」であるが、「しきし」と読むことが多い。「しきし」と「色紙形」の区別は明確に行われている。なお、管見では、間似合紙、三椏紙など古典文学のなかでは確認できない紙名があった。

文書料紙研究における課題である記録上の紙の名称と現存する文化財との関係と同様に、古典文学の作品にみえる紙の名称と現存する文化財との関係を明らかにしていくことは不可避的な命題である。現存する紙文化財を例示したものの、紙名と伝存する紙との関係をどのように整合的に提示できるか、今後解決すべき重要な課題であるといえよう。

（四）反古紙には、各時代に関わらず、そのまま破られ、焼かれ、捨てられている場合と、紙漉きの原材料として漉き返されて再生紙に生まれ変わる場合とがみられた。再生された紙の使用用途などによって、原材料となる反古紙の取捨選択が行われたことを指摘できる。また、漉き返しによって抄紙された薄墨色の料紙は、古文書料紙としての宿紙と、色紙としての性格をもつ鈍色紙との明確に区別すべきものであるとの結論に至った。

このように、古典文学と絵巻物を含めた文化財を網羅的に研究対象とすることによって、紙そのものがもつ多様な機能と用途等が解明され、紙文化の世界を新たに展開できることにつながっていくものと思われる。

本書で述べてきたように紙は多様であり、その世界には大きな広がりと奥深さがあることに改めて感心させられた。紙の文化の豊かさこそ、日本文化の源泉であり、この伝統的な紙文化を次世代に継承していくためにも、紙づくりそのものを守り伝えていくことが何よりも大事になってくる。

近時、ニコラス・A・バスベインズ『紙　二千年の歴史』(48)（原書房、二〇一六年）、マーク・カーランスキー『紙の世界史　歴史に突き動された技術』(49)（徳間書店、二〇一六年）という紙の歴史を語る本が相次いで刊行され、世界の紙のなかにあって、日本の紙とりわけ、手漉き紙の素晴らしさを改めて再確認できる機会を得たことは幸いなことであった。

東京五輪に向けて、世界的にも日本の伝統文化に対する関心が高まりつつあるなかで、消えゆく伝統文化の一つである手漉き和紙を見つめ直し、親しむ機会が増えることを切に願っている。そのためにも、まず身の回りにある和紙を手にし、紙それ自体のもつ様々な感触や紙のもつきめ細やかな肌合い、美しい色合いなどを実感してもらいたい。優れた文化遺産である日本の紙を大事にしていくことは、間違いなく日本人の日々の営みである文化を守り伝え、育み、創造することにつながっていくことになるからである。また、紙のもつ長所や特性を発揮させることができればこれまでになかった新たな用途を見つけ出すことが可能となると思われる。

大事なことは、伝統を過去のものとして考えるのではなく、現在、生きている自分たちの責任において新しい文化として創り上げていくことである。つまり、伝統の継承とは形式ではなく、受け継ぐべきものは活力であり、伝統とは創造そのものであるといえるのである。

注　釈

（1）玉上琢弥『物語文学』（塙書房、一九六三年）。
（2）寿岳文章『日本の紙』（吉川弘文館、一九六七年）。
（3）富田正弘「古代中世における文書料紙の変遷」（平成六年度科研研究成果報告書『古文書料紙原本にみる材質の地域的特質・時代的変遷に関する基礎的研究』一九九五年）、「古文書料紙研究の歴史と成果――檀紙・奉書紙と料紙分類――」（東北中世史研究会『会報』二〇、二〇一一年）。
（4）町田誠之『和紙がたり百人一首』（ミネルヴァ書房、一九九五年）。
（5）増田勝彦編『和紙の研究――歴史・製法・用具・文化財修理――』（財団法人ポーラ美術振興財団助成事業研究報告書、二〇〇三年）。
（6）湯山賢一「和紙に見る日本の文化」（湯山賢一編『文化財学の課題――和紙文化の継承――』勉誠出版、二〇〇六年）。
（7）保立道久ら「編纂と文化財科学――大徳寺文書を中心に――」（東京大学史料編纂所『研究紀要』二三、二〇一三年）。
（8）江前敏晴「中世古文書に使用された料紙の顕微鏡画像のデータベース化と非繊維含有物の分析」（東京大学史料編纂所『日本史史料共同研究の新たな展開　予稿集』二〇一二年）。
（9）高橋裕次「日・中・韓の料紙に関する科学的考察」（『東京国立博物館紀要』四七、二〇一一年）、島谷弘幸編『料紙と書――東アジア書道史の世界――』（思文閣出版、二〇一四年）
（10）保立道久「絵巻に描かれた文書」（藤原良章、五味文彦編『絵巻に中世を読む』吉川弘文館、一九九五年）。
（11）永村眞「中世寺院における紙の利用」（平成6年度科研研究成果報告書『古文書料紙原本にみる材質の地域的特質・時代的変遷に関する基礎的研究』一九九五年）。

（12）『東大寺続要録』（国書刊行会、二〇一三年）。
（13）『日本農書全集』五十三巻所収（農山漁村文化協会、一九九八年）。
（14）ルイス・フロイス著、岡田章雄訳注『日欧文化比較』（岩波書店、一九七九年）。
（15）前掲注3富田論文、「古代中世における文書料紙の変遷」。
（16）町田誠之『平安京の紙屋紙』（京都新聞出版センター、二〇〇九年）。
（17）小林芳規『角筆のひらく文化史　見えない文字を読み解く』（岩波書店、二〇一四年）。
（18）潘吉星著、佐藤武敏訳『中国製紙技術史』（平凡社、一九八〇年）。
（19）勝俣鎮夫『中世人の生活世界』（山川出版社、一九九六年）。
（20）前掲注6湯山編書。
（21）『神道大系神社編』二九・日吉所収（神道大系編纂会、一九八三年）。
（22）『五山文学新集』一巻（東京大学出版会、一九六七年）。
（23）『続群書類従』三〇輯（続群書類従完成会、一九七九年）。
（24）前掲注23、一三輯。
（25）『文房四譜』巻四（便利堂、一九四一年）。
（26）拙稿『日本の美術　書跡・典籍、古文書の修理』四八〇（至文堂、二〇〇六年）。
（27）岩波文庫（岩波書店、二〇〇〇年）。
（28）鈴木棠三編『中世なぞなぞ集』所収（岩波書店、一九八五年）。
（29）勉誠社文庫一〇四（勉誠社、一九八二年）。
（30）文書の封式は前掲注11永村論文。
（31）前掲注6湯山論文。
（32）前掲注15富田論文。
（33）片桐洋一監修『八雲御抄――伝伏見院筆本――』（和泉書院、二〇〇五年）。

(34)『日葡辞書』(岩波書店、一九六〇年)。
(35)『イエズス会日本年報』(雄松堂書店、二〇〇二年)。
(36)『天理図書館善本叢書』和書之部七〇・七一(八木書店、一九八五年)
(37)『古辞書叢刊』(古辞書叢刊刊行会、一九七七年)。
(38)『諸本集成倭名類聚抄(本文篇)』(臨川書店、一九六八年)。
(39)佐藤喜代治『色葉字類抄』(明治書院、一九九五年)。
(40)『続史料大成』五一(竹内理三編『鎌倉年代記・武家年代記・鎌倉大日記』所収、臨川書店、一九七八年)。
(41)前掲注6湯山編書。
(42)関義城編『和漢紙文献類聚　古代・中世篇』(思文閣出版、一九七六年)。
(43)村上直次郎訳『ドン・ロドリゴ日本見聞録』(雄松堂書店、二〇〇五年)。
(44)前掲注4町田書。
(45)前掲注6湯山論文、大川昭典「古代の製紙技術」(前掲注6湯山編書)。
(46)前掲注16町田書。
(47)岡田英三郎『紙はよみがえる』(雄山閣、二〇〇五年)。
(48)ニコラス・A・バスベインズ、市中芳江・御舩由美子・尾形正弘訳『紙　二千年の歴史』(原書房、二〇一六年)
(49)マーク・カーランスキー、川副智子訳『紙の世界史　歴史に突き動された技術』(徳間書店、二〇一六年)

図版引用出典一覧

図1　『弘法大師行状絵巻』（『続日本の絵巻』10、中央公論社、一九九〇年）
図2・4〜7・10・19〜21・24・25・27・29・32・40〜42　『職人尽絵』（『日本の美術』132、至文堂、一九七七年）
図3・22　『餓鬼草紙』（『日本の絵巻』7、中央公論社、一九八七年）
図8　『信貴山縁起絵巻』（奈良国立博物館編『特別展　国宝 信貴山縁起――朝護孫子寺と毘沙門天王信仰の至宝――』同・読売新聞社、二〇一六年）
図9・39　『石山寺縁起絵巻』（『日本の絵巻』16、中央公論社、一九八八年）
図11・33　『源氏物語絵巻』（『国宝 源氏物語絵巻』五島美術館、二〇一〇年）
図13　『無量義経』（『日本の国宝』94、朝日新聞社、一九九八年）
図14　『扇面法華経冊子』（『日本の国宝』33、朝日新聞社、一九九七年）
図15　『白子詩巻』（『日本の国宝』44、朝日新聞社、一九九七年）
図16・46　『後三年合戦絵詞』（『日本の絵巻』14、中央公論社、一九八八年）

図17『直幹申文絵詞』（『日本の絵巻』17、中央公論社、一九八八年）
図18『悉曇字母』（『月刊　文化財』417、第一法規出版株式会社、一九九八年）
図23『夜寝覚抜書』（『月刊　文化財』417、第一法規出版株式会社、一九九八年）
図26『福富草紙』（『日本絵巻大成』25、中央公論新社、一九七九年）
図28『一品経懐紙』（『日本の国宝』99、朝日新聞社、一九九九年）
図30・43・44『慕帰絵詞』（『続日本の絵巻』9、中央公論社、一九九〇年）
図31『一遍上人絵伝』（神奈川県立歴史博物館『国宝　一遍聖絵』遊行寺宝物館、二〇一五年）
図34『絵師草子』（『日本の絵巻』11、中央公論社、一九八八年）
図35『醍醐花見短籍』（『日本の美術』430、至文堂、二〇〇二年）
図36『春日権現験記』（『続日本の絵巻』13・14、中央公論社、一九九一年）
図37『鳥獣人物戯画』（京都国立博物館編『鳥獣戯画　修理から見えてきた世界――国宝　鳥獣人物戯画修理報告書――』勉誠出版、二〇一六年）
図38『病草紙』（『日本の絵巻』7、中央公論社、一九八七年）
図47『絵師草紙』（『御即位10年記念特別展　皇室の名宝――美と伝統の精花――』ＮＨＫ、一九九九年）
図48『和歌躰十種』（『日本の美術』430、至文堂、二〇〇二年）

図版引用出典一覧

図49　「ポルトガル国印度副王信書」（『日本の国宝』69、朝日新聞社、一九九八年）
図50　「色麻紙」（飯島太千雄『王朝の紙』毎日新聞社、一九九四年）
図51　『賢愚経』（『日本の国宝』51、朝日新聞社、一九九八年）
図53　『法隆寺献物帳』（飯島太千雄『王朝の紙』毎日新聞社、一九九四年）
図54　『一字一仏法華経』（『日本の国宝』26、朝日新聞社、一九九七年）
図55　藍紙本『万葉集第九残巻』（『日本の国宝』48、朝日新聞社、一九九八年）
図57　『松浦宮物語』（『日本の美術』430、至文堂、二〇〇二年）
図58　『秋萩帖』（飯島太千雄『王朝の紙』毎日新聞社、一九九四年）
図60　『竹生島経』（『日本の美術』397、至文堂、一九九九年）
図61　『久能寺経』（『日本の美術』397、至文堂、一九九九年）
図62　『平家納経』（『日本の美術』397、至文堂、一九九九年）
図63　『前十五番歌合』（『月刊　文化財』489、第一法規出版株式会社、二〇〇四年）
図64　『惟康親王願文』（『月刊　文化財』501、第一法規出版株式会社、二〇〇五年）
図65　『融通念仏勧進帳』（『日本の美術』453、至文堂、二〇〇一年）
図66　『後小松天皇宸翰融通念仏勧進帳』（『日本の美術』430、至文堂、二〇〇二年）
図67　『讃岐入道集』（『月刊 文化財』501、第一法規出版株式会社、二〇〇五年）

図70『倭漢抄下巻』（島谷弘幸編『料紙と書――東アジア書道史の世界――』思文閣出版、二〇一四年）
図71『古今和歌集』（島谷弘幸編『料紙と書――東アジア書道史の世界――』思文閣出版、二〇一四年）
図72『普勧坐禅儀』（『日本の美術』430、至文堂、二〇〇二年）
図73『後醍醐天皇宸翰天長印信』（『日本の美術』430、至文堂、二〇〇二年）
図75『法華経』（『月刊　文化財』597、第一法規出版株式会社、二〇一三年）

日本画の所在
東アジアの視点から

〈歴史〉〈領域〉〈表現〉の視点から、東アジアという場における「日本画」の形成・展開の諸相を歴史的・文化的に把捉し、その概念を未来へとひらく。

北澤憲昭・古田亮 編・本体六五〇〇円（＋税）

書籍文化史料論

チラシやハガキ、版権や価格、貸借に関する文書の断片など、人々の営為の痕跡から、日本の書籍文化の展開を鮮やかに浮かび上がらせた画期的史料論。

鈴木俊幸 著・本体一〇〇〇〇円（＋税）

近世・近現代 文書の保存・管理の歴史

幕府や藩、村方、商家等の文書、公文書や自治体史料などの歴史資料、修復やデジタルアーカイブなどの現代的課題に焦点を当てて、保存・管理システムの実態と特質を解明。

佐藤孝之・三村昌司 編・本体四五〇〇円（＋税）

書物学 第1～17巻（以下続刊）

これまでに蓄積されてきた書物をめぐる精緻な書誌学、文献学の富を人間の学に呼び戻し、愛書家とともに、古今東西にわたる書物論議を展開する。

編集部 編・本体一五〇〇円（＋税）

日本の文化財
守り、伝えていくための理念と実践

文化財はいかなる理念と思いのなかで残されてきたのか、また、その実践はいかなるものであったのか。文化国家における文化財保護のあるべき姿を示す。

池田寿 著・本体三二〇〇円（＋税）

日本の表装と修理

絵画や書、古文書の表装や修理は、どのような価値観や思想のもとに行われてきたのか。表装と修理にまつわる文化史を描き出し、文化財保護の意義と意味を照射する。

岩﨑奈緒子・中野慎之・森道彦・横内裕人 編
本体七〇〇〇円（＋税）

古文書の様式と国際比較

古代から近世にいたる日本の古文書の様式と機能の変遷を通史的・総合的に論じ、文書体系を共有するアジア諸国の古文書と比較した画期的成果。図版約一二〇点掲載。

小島道裕・田中大喜・荒木和憲 編
国立歴史民俗博物館 監修・本体七八〇〇円（＋税）

古文書料紙論叢

古代から近世における古文書料紙とその機能の変遷を明らかにし、日本史学・文化財学の基盤となる新たな史料学を提示する。重要論考計四十三本を収載。附・文献一覧。

湯山賢一 編・本体一七〇〇〇円（＋税）

著者略歴
池田　寿（いけだ・ひとし）
昭和32（1957）年生まれ。
日本女子大学非常勤講師、元・文化庁文化財部美術学芸課主任文化財調査官。
専門は日本中世史。
著書に『日本の美術　第480号　書跡・典籍、古文書の修理』（至文堂、2006年）、『日本の美術　第503号　武人の書』（至文堂、2008年）、『日本の文化財―守り、伝えていくための理念と実践』（勉誠出版、2019年）などがある。

紙《かみ》の日本史《にほんし》
――古典と絵巻物が伝える文化遺産

平成29年3月30日　初版発行
令和2年6月22日　初版第2刷発行

著　者　池田　寿

発行者　池嶋洋次
発行所　勉誠出版株式会社
〒101-0051　東京都千代田区神田神保町3-10-2
TEL：(03)5215-9021(代)　FAX：(03)5215-9025

印　刷
製　本　太平印刷社

ISBN978-4-585-22176-0　C0021

資料名索引

【あ行】

【か行】

【さ行】

【た行】

【な行】

【は行】

【ま行】

【や行】

【ら行】

【わ行】